ENTRETIENS FAMILIERS
SUR LES
ÉLÉMENTS DE L'AGRICULTURE
A L'USAGE
DES ÉCOLES PRIMAIRES & DES CULTIVATEURS

OUVRAGE RÉSUMANT, SOUS UNE FORME SIMPLE, A LA PORTÉE DU JEUNE AGE, LES NOTIONS PRESCRITES PAR LES PROGRAMMES OFFICIELS, C'EST-A-DIRE LA CONNAISSANCE DES TERRAINS, LA CULTURE DES PLANTES, LES ENGRAIS ET AMENDEMENTS, LES INSTRUMENTS DE TRAVAIL, LES ANIMAUX DOMESTIQUES, LA COMPTABILITÉ AGRICOLE, — ET PRÉSENTANT, POUR CHAQUE CHAPITRE, DES PROBLÈMES D'APPLICATION ET DES EXERCICES DE RÉDACTION QUI MONTRENT LE CÔTÉ PRATIQUE DE L'ART DE CULTIVER LES CHAMPS

Par Hubert COLIN,

Ancien Instituteur,
Ancien chef de bureau à la Préfecture des Ardennes,
Bibliothécaire-adjoint de la ville de Charleville,
Officier d'Académie,
Membre correspondant de l'Académie de Reims.

Remettez en honneur le soc de la charrue,
Repeuplez la campagne aux dépens de la rue,
Grevez d'impôts la ville, et dégrevez les champs ;
Ayez moins de bourgeois et plus de paysans.

ÉMILE AUGIER.

CHARLEVILLE
TYPOGRAPHIE ET LITHOGRAPHIE DE C. COLIN
17, ROUTE NATIONALE DE FLANDRE, 17

ENTRETIENS FAMILIERS
SUR LES
ÉLÉMENTS DE L'AGRICULTURE
A L'USAGE
DES ÉCOLES PRIMAIRES & DES CULTIVATEURS

OUVRAGE RÉSUMANT, SOUS UNE FORME SIMPLE, A LA PORTÉE DU JEUNE AGE, LES NOTIONS PRESCRITES PAR LES PROGRAMMES OFFICIELS, C'EST-A-DIRE LA CONNAISSANCE DES TERRAINS, LA CULTURE DES PLANTES, LES ENGRAIS ET AMENDEMENTS, LES INSTRUMENTS DE TRAVAIL, LES ANIMAUX DOMESTIQUES, LA COMPTABILITÉ AGRICOLE, — ET PRÉSENTANT, POUR CHAQUE CHAPITRE, DES PROBLÈMES D'APPLICATION ET DES EXERCICES DE RÉDACTION QUI MONTRENT LE CÔTÉ PRATIQUE DE L'ART DE CULTIVER LES CHAMPS

Par Hubert COLIN,
Ancien chef de bureau à la Préfecture des Ardennes,
Bibliothécaire-adjoint de la ville de Charleville,
Officier d'Académie,
Membre correspondant de l'Académie de Reims.

Remettez en honneur le soc de la charrue,
Repeuplez la campagne aux dépens de la rue,
Grévez d'impôts la ville, et dégrévez les champs;
Ayez moins de bourgeois et plus de paysans.
ÉMILE AUGIER.

CHARLEVILLE
TYPOGRAPHIE ET LITHOGRAPHIE DE C. COLIN
17, ROUTE NATIONALE DE FLANDRE, 17

ENTRETIENS FAMILIERS

SUR LES

ÉLÉMENTS DE L'AGRICULTURE

C'est de la terre que l'homme tire, par la culture, ses principales ressources.

Lorsqu'elle est bien comprise, la culture du sol constitue à la fois une source de jouissances et de richesses.

Malheureusement, les opérations agricoles se ressentent, trop souvent encore, de l'influence de la routine, et les cultivateurs ne retirent pas toujours de leur travail une rémunération en rapport avec leurs labeurs.

De là des plaintes et un découragement qu'on impute à tort à l'ingratitude du métier, au lieu d'en rendre responsable l'incapacité de l'ouvrier.

Dès lors, la vie et le travail des champs deviennent ennuyeux : on quitte le village, où rien ne plaît désormais, pour vivre à la ville, qu'on ne voit qu'avec son prestige séduisant et trompeur.

Il est de la plus haute importance de réagir énergiquement contre cette fâcheuse situation des esprits, car elle compromet, elle amoindrit la fortune publique par la dépréciation qu'elle fait subir à la propriété rurale.

Attacher les jeunes villageois au foyer paternel, tel est le problème économique qui s'impose à la France. Et comment le résoudre, si ce n'est en vulgarisant et en faisant pénétrer dans les campagnes les saines notions de l'agriculture ?

Les pouvoirs publics l'ont si bien compris, que ces notions font aujourd'hui partie du programme obligatoire des écoles primaires. Au lieu de développer chez nos jeunes villageois des connaissances superflues, qu'ils ne pourraient utiliser chez eux, on veut avec raison que l'instruction qui leur est donnée soit appropriée à leurs besoins immédiats, et surtout qu'elle tende à leur faire connaître, aimer et admirer les productions du sol, toutes ces plantes merveilleuses, céréales, légumineuses ou fourragères, au milieu desquelles ils vivent sans se rendre un compte exact de leur utilité, sans se douter qu'il est possible d'en augmenter de beaucoup le rendement.

Maintenu dans des limites convenables, l'enseignement de l'agriculture doit exercer sur les enfants des écoles rurales l'action la plus salutaire, non seulement en mettant un frein à la désertion des champs, mais aussi en initiant la jeunesse aux procédés de culture rationnelle.

Pénétré de cette pensée, et sur les conseils de M. Carré, alors inspecteur d'Académie à Mézières, nous avons, dès l'année 1877, publié dans le *Moniteur scolaire* une suite d'articles consacrés à l'étude du sol, des amendements, engrais, défrichements, plantes agricoles et animaux domestiques, constructions rurales, comptabilité, etc., etc.

Accueillie avec faveur par les maîtres et constamment encouragée par l'autorité, cette publication s'est continuée pendant plusieurs années ; elle réalise ainsi, dans son ensemble, le programme qui nous avait été indiqué.

Nous avons pensé que ce même travail, revu et amélioré, pouvait être reproduit sous forme d'*Entretiens familiers* et contribuer à répandre dans les campagnes l'instruction spéciale qui y fait encore défaut.

Les élèves de nos écoles trouveront dans ces pages nouvelles, non des leçons proprement dites, mais de simples *Conseils* destinés à leur faire apprécier à sa juste valeur cette vie rurale si favorable aux joies de la famille, cette vie si saine et si enviable qui a fait dire au vieux poète des *Géorgiques*, il y a dix-neuf siècles :

« Heureux l'homme des champs, s'il connaît son bonheur. »

Voici, du reste, au sujet de nos *Entretiens*, l'avis émis par un homme dont la compétence ne sera contestée par personne.

Charleville, le 1er Décembre 1884.

Monsieur,

Vous avez bien voulu me faire l'honneur de me demander mon appréciation relativement à vos « *Entretiens familiers sur les Eléments de l'Agriculture.* »

En toute sincérité, je dois vous dire que ces notions élémentaires d'agriculture, présentées d'une façon si simple et si précise, sous forme de dialogue entre un maître et ses élèves, me paraissent bien dignes de former une brochure spéciale, qui ne pourra que contribuer à donner à l'enseignement de nos écoles primaires la direction agricole qui lui a longtemps manqué. On ne saurait, de nos jours, donner trop d'extension aux notions d'Agriculture, si élémentaires fussent-elles, lorsqu'elles sont de nature — et tel est le cas de vos *Entretiens* — à fortifier chez les enfants des campagnes, en les initiant aux progrès agricoles, le goût de la vie champêtre.

Je ne puis donc que vous engager à donner suite à votre projet.

Veuillez agréer, Monsieur, etc.

F. Fiévet,

Professeur départemental d'agriculture des Ardennes.

Les *Entretiens* que nous éditons pour nos écoles sont accompagnés, non-seulement de *questionnaires* qui les résument, mais aussi de problèmes gradués qui en montrent l'esprit pratique. Les élèves des deux cours principaux puiseront dans ces problèmes de nombreux exercices appropriés à leur degré d'avancement. Ils se familiariseront ainsi, sans effort ni fatigue, ayant constamment l'exemple à côté du précepte, avec des notions qui sauront éveiller utilement et agréablement leurs jeunes imaginations.

Enfin, une suite d'exercices de style, dont les sujets sont également empruntés à nos *Entretiens*, terminent chaque chapitre.

Les maîtres savent combien est délicate et difficile cette partie de leur tâche quotidienne : nous avons voulu la leur faciliter en faisant suivre chaque chapitre de petites rédactions, lettres, récits, descriptions, etc., sur les notions étudiées. Indépendamment de l'importance qu'ils pourront avoir au point de vue de l'étude de la composition, ces exercices contribueront à la réalisation d'une haute pensée sociale, celle à laquelle notre poète Autran obéissait en écrivant ces beaux vers :

« Aux voix qui vous diront la ville et ses merveilles,
N'ouvrez pas votre cœur, paysans, mes amis !
A l'appel des cités n'ouvrez pas vos oreilles :
Elles donnent, hélas ! moins qu'elles n'ont promis. »

ENTRETIENS FAMILIERS

SUR LES

ÉLÉMENTS DE L'AGRICULTURE

CHAPITRE Ier.

§ I.

1° Du sol ou terre arable. — Ses éléments : argile, sable chaux. — Classification des terrains selon la prédominance de l'un ou de l'autre de ces éléments : terrain argilo-calcaire, argilo-siliceux. — Ce qu'on appelle terres fortes, terres légères, terres franches ; terres froides, terres chaudes, etc. — Leurs avantages et leurs inconvénients.

2° Du sous-sol. — Il est perméable ou imperméable ; il peut servir parfois à donner plus d'épaisseur à la couche arable, etc. — Avantages des terrains profonds.

Le Maitre. Mes amis, je veux vous entretenir aujourd'hui du *sol* ou *terre arable*, c'est-à-dire de la couche superficielle de terre dans laquelle les plantes se développent et puisent une partie de leur nourriture.

Et d'abord, dites-moi, Eugène, comment appelez-vous cette terre liante, pâteuse, qui ressemble à du mastic ?

Eugène. On l'appelle *terre glaise, terre à foulon*.

Le Maitre. Ou mieux, *terre argileuse*. Et cette autre, dont toutes les parties se séparent entre elles ?

Eugène. C'est de la *terre sableuse*.

Le Maitre. Bien. Et celle dans laquelle la chaux se trouve en grande quantité ?

Eugène. C'est... c'est...

Louis. C'est de la *terre calcaire*.

Le Maitre. Parfaitement. — Ainsi, le sol ou la couche de terre remuée par la bêche, la charrue ou tout autre instrument, lorsqu'on prépare un champ cultivé, se compose de trois éléments : l'argile, le sable et la chaux. Ces trois substances se rencontrent dans presque tous les terrains, en plus ou moins grande quantité. Lorsque l'argile et le calcaire dominent, on dit que le terrain est *argilo-calcaire* ; lorsque c'est l'argile et le sable, le terrain est *argilo-siliceux*.

CHARLES. Quels sont donc les meilleurs terrains ?

LE MAITRE. Les meilleurs terrains sont ceux qui se composent de 40 à 45 centièmes d'argile, de la même proportion de sable, de 6 à 8 centièmes de chaux, et de 3 à 5 centièmes d'*humus* ou *terreau*, c'est-à-dire d'une substance noire, due à la décomposition des plantes ou à la pourriture de débris d'animaux. L'humus est ce qui constitue la richesse des terrains.

GUSTAVE. Mais comment s'y prend-on pour reconnaître et apprécier les différents éléments dont un terrain se compose.

LE MAITRE. On procède de la manière suivante, indiquée dans *Le Cultivateur*. (1)

On ramasse en différents points du terrain quelques poignées de terre que l'on mélange bien et que l'on tamise, afin d'en séparer les pierres. On pèse une certaine quantité de terre tamisée, 50 grammes, par exemple, que l'on soumet à l'action du feu en la déposant sur une pelle ou sur une plaque de fer que l'on fait rougir. Le terreau brûle et disparaît. Pesant de nouveau, on trouve un poids moindre ; la différence est le poids du terreau brûlé.

On recueille ce qui a résisté au feu, et on le met dans un vase contenant du fort vinaigre. Ce liquide dissout le calcaire ou chaux, et l'argile avec le sable restent au fond du vase. Ce reste, séparé du vinaigre et bien séché, nous apprendra, par la diminution du poids comparé à la pesée précédente, la proportion de chaux que contient notre terrain.

Il nous reste à déterminer le poids de l'argile et du sable. Pour cela, nous mettons la dernière pesée dans un verre d'eau claire ; nous remuons et nous débattons bien, sans rien ajouter. L'eau se trouble par l'agitation ; les matières

(1) *Le Cultivateur*, ou Notions d'agriculture et d'horticulture pratiques, par At. Pigeot. — Vol. in-12. Chez l'auteur, instituteur au Chesne (Ardennes). — Prix : 1 fr. 25.

terreuses se répandent dans sa masse. Nous transvasons doucement et avec précaution : le sable à peu près pur restera au fond du premier vase, et l'argile avec l'eau passera dans le second. Faisant sécher séparément et pesant de même, nous connaîtrons approximativement la composition de notre sol.

Louis. Cette opération est très simple, et je ne manquerai pas de l'essayer.

Charles. Lorsqu'elle donne les proportions d'argile, de sable, de chaux et d'humus indiquées tout-à-l'heure, on a donc une bonne terre ?

Le Maitre. Oui : on a ce que les agronomes nomment une *terre franche*, qui se travaille facilement, et qui se laisse également pénétrer par l'eau, par l'air et par la chaleur.

Eugène. Et lorsque les proportions de l'argile excèdent notablement celle du sable ?

Le Maitre. On a une *terre forte*, compacte, lourde, difficile à travailler ; mais elle n'en donne pas moins un bon rendement, lorsqu'elle est bien assainie.

Eugène. Et si c'est le sable qui domine l'argile dans une forte proportion ?

Le Maitre. On a une *terre légère*, qui exige moins de force pour les labours, mais qui est généralement d'un faible rapport.

Louis. Je connais cette terre : on la trouve sur beaucoup de points de notre territoire ; elle a souvent besoin d'être resserrée par le rouleau.

Le Maitre. C'est parfaitement cela. Les terres légères n'ont pas de consistance, et elles ne conviennent qu'à certaines plantes ; mais, de même que les terres fortes, elles peuvent être corrigées par les *amendements*, dont nous parlerons bientôt, et acquérir ainsi des qualités supérieures.

Louis. Il y a encore les *terres d'alluvion*, qu'on trouve surtout dans notre riche vallée de l'Aisne.

Le Maitre. Oui, les terres d'alluvion constituent le sol de certaines vallées, et sont dues aux débordements successifs des cours d'eaux qui les arrosent. Les terres d'alluvion réunissent toutes les conditions de fertilité qui distinguent les terres franches, et, le plus souvent, elles sont exploitées sans engrais.

Eugène. N'y a-t-il pas des vallées dont le sol est, au contraire, marécageux et stérile ?

Le Maitre. Oui, il en est où l'on trouve des bas-fonds, et, par conséquent, des eaux stagnantes ; c'est dans ces vallées qu'on rencontre les *terres tourbeuses*, qui contiennent excessivement peu de sable, d'argile et de chaux ; mais ces terres ne sont réellement stériles que parce qu'elles contiennent un principe acide, aigre, qui s'oppose à la décomposition des débris de végétaux qui ont servi à les constituer.

Gustave. J'entends souvent parler aussi de *terres froides*, de *terres chaudes*, même de *terres brûlantes* : à quel signe reconnait-on les unes et les autres ?

Le Maitre. Les terres froides sont celles qui gardent longtemps leur humidité, et les terres chaudes, celles qui ne la conservent que peu de temps. Les terres froides sont toujours des terres fortes, et les terres chaudes, toujours des terres légères. Quand aux terres dites *brûlantes*, elles sont ainsi nommées parce que la chaux y domine à un haut degré, et qu'elle s'échauffent, en été, au point de brûler, pour ainsi dire, toute végétation.

Charles. La qualité des terres ne dépend-elle pas aussi de l'épaisseur de la couche cultivable ?

Le Maitre. Naturellement. Il y a des terrains cultivés qui n'ont que de 10 à 12 centimètres d'épaisseur, et les plantes y souffrent ordinairement ; il y en a d'autres qu'on pourrait retourner à un mètre de profondeur, et où les plantes se développent à leur aise.

Ceci m'amène à vous dire quelques mots du sous-sol, c'est-à-dire de la partie du terrain qui se trouve sous la couche arable ou végétale. S'il est important pour le cultivateur de connaître la composition de la couche à laquelle il confie les semences, il ne l'est pas moins d'apprécier celle qui lui sert de base.

Comme le sol, le sous-sol est calcaire lorsqu'il est composé de roches formées de pierres à chaux ; sablonneux lorsqu'il renferme des bancs de sable, ou que, du moins, le sable y prédomine ; argileux lorsque la présence de la glaire le rend pateux, très compacte. Retenez-bien ceci, mes enfants : le meilleur sous-sol est celui qui offre les trois éléments connus, c'est-à-dire l'argile pour la plus forte proportion, le sable en proportion moyenne, et la chaux en moindre quantité.

Dans ces conditions, le sous-sol est perméable, il peut être traversé, vivifié à la fois par l'eau, par l'air et par la chaleur ; et, pour peu qu'il ait une certaine profondeur, il sert à améliorer la couche végétale, en lui donnant successivement plus d'épaisseur, et, par suite, plus de sucs nourriciers.

Lorsque le sous-sol est imperméable, l'eau et la chaleur sont retenues dans la couche superficielle, et les plantes y souffrent tantôt de l'humidité, tantôt de la sécheresse.

Je vous parlerai prochainement de la préparation et de l'amendement du sol, et alors vous comprendrez comment le cultivateur intelligent sait tirer de la terre, avec le moins de frais possible, la plus grande quantité de produits.

Questionnaire récapitulatif.

COURS INTERMÉDIAIRE. — Qu'entend-on par *sol* ou *terre arable* ? — Quels en sont les éléments ? — Qu'est-ce que *l'humus* ? — Qu'entend-on par *terrain argilo-calcaire* ? — *argilo-siliceux* ? — Qu'est-ce qu'une *terre franche* ? — une *terre forte* ? — une *terre légère* ?

COURS SUPÉRIEUR. — Comment procède-t-on à l'analyse des terrains ? — Qu'entend-on par terre d'alluvion ? — terre tourbeuse ? — terre froide ? — terre chaude ? — terre brûlante ? — Quel est l'avantage des terres profondes ? — Qu'est-ce que le sous-sol ? — Quel est le meilleur sous-sol ? — Quand le sous-sol est-il perméable ? — imperméable ? — Indiquez les avantages de l'un et les inconvénients de l'autre.

Problèmes sur la composition des terrains.

COURS INTERMÉDIAIRE. — 1. On a pris 500 grammes d'une terre bien mêlée et on a brûlé le tout sur une plaque rougie ; après cette opération, le poids n'est plus que de 425 gr. Combien cette terre contient-elle de terreau ? — R. 75 grammes ou les 3/20.

2. — Un terrain de 26 ares 12 à une couche arable de 0m12. Quel est le volume de cette couche? — R. 0m12 × 2612 = 313m3 440 déc. cubes.

3. — Un décimètre cube de terre végétale pèse 1 kil. 400; quel est le poids du terreau contenu dans la couche arable d'un terrain de 37 ares 05, cette couche arable ayant 0m14 d'épaisseur et terreau s'y trouvant dans la proportion de 3/20? — R. 108,927 kil. ou 1,089 quintaux 27.

Cours supérieur. — 1. Un terrain renferme 40 p. 100 de sable, 1/10 de chaux et 8/100 d'humus. Le reste est de l'argile. Quelle est cette dernière partie? — R. Ce terrain renferme 42 p. 100 d'argile.

2. — On a analysé un terrain et l'on a reconnu qu'il renferme 65 p. 100 d'argile et 6 p. 100 d'humus. Quelle quantité de sable faut-il ajouter à ce terrain pour ramener la proportion d'argile à 45 p. 100? — R. 44 p. 100 de sable en plus.

3. — Un terrain de 67 ares 11 cent. dont le sol a 0m12 de profondeur, renferme 65 p. 100 de sable; quelle quantité d'argile faut-il y mélanger pour qu'il ne contienne plus que 42 p. 100 de sable? — R. 441 m. cubes.

4. — Un cultivateur voudrait étendre, dans un champ trop argileux, ayant la forme d'un trapèze de 85 et 60 m. de base sur 50 m. de hauteur, du sable et de la terre calcaire sur une épaisseur de 8 centim. et dans la proportion de 5 parties de sable contre 4 de calcaire. Quel volume de sable et de calcaire doit-il se procurer? — R. Sable, 161m111; calcaire, 128m889.

§ II.

Préparation du sol. — Défrichement : écobuage; épierrement. — Assainissement : drainage.

Le Maitre. Mes enfants, nous avons suffisamment étudié les différentes sortes de terrains cultivables. Nous allons, maintenant, parler de la préparation de ces terrains, c'est-dire du travail qui doit permettre d'en tirer de bonnes récoltes. Savez-vous, mon petit Jules, en quoi consiste principalement le travail préparatoire de la terre?

Jules. En labours, je crois.

Le Maitre. Oui : les labours sont les principales opérations de culture. Mais, dites moi, Eugène, je suppose qu'on veuille mettre en culture des *triots* ou terrains restés en *friches* : que fera-t-on tout d'abord?

Eugène. On *défrichera*.

Le Maitre. Savez-vous bien ce que c'est que *défricher*?

Eugène. C'est remuer ou défoncer les terres incultes au moyen de labours plus profonds que les labours ordinaires.

Le Maitre. Parfaitement. Et de quels outils se sert-on pour cela?

Eugène. De la bêche, du hoyau, et surtout de la pioche.

Le Maitre. Louis, savez-vous quel est le but du *défoncement* profond indiqué par votre camarade Eugène?

Louis. C'est d'arracher du sol et du sous-sol les grosses pierres qui s'y rencontrent.

Le Maitre. Il y a encore une autre raison.

Louis. Je ne la connais pas.

Le Maitre. Et vous, Eugène?

Eugène. Il me semble que les défoncements profonds ont pour objet principal de faire pénétrer l'air, l'eau de pluie et la chaleur dans le sol, afin de le rendre propre à la végétation.

Le Maitre. C'est bien cela : les défoncements profonds sont toujours indispensables dans les terrains où le sous-sol est de mauvaise nature ; en les poussant jusqu'a 60 et même 80 centimètres, non-seulement on rend le sous-sol perméable, mais on ramène à la surface une terre qui a besoin de subir l'influence de l'air et du soleil.

Gustave. Mais alors n'est-on pas exposé à donner à la bonne terre la place de la mauvaise ?

Le Maître. Non ; car, avant de procéder au défrichement proprement dit, on a soin de réunir en tas, de distance en distance, la couche de terre superficielle, qui contient l'humus, et qu'on répand ensuite sur le terrain défoncé.

Gustave. En effet, je me rappelle maintenant avoir vu agir ainsi, l'année dernière, les ouvriers occupés à la ferme Simon. Je me rappelle aussi que les *Belges* employés en même temps à la Haute-Lande procédaient tout autrement. Pour eux, le travail se réduit à lever, à l'aide du hoyau, toute la surface du sol, dont il forment des plaques rondes de 6 à 7 centimètres d'épaisssseur. Ces plaques isolées les unes des autres et contournées de façon à sécher rapidement, sont ensuite réunies en petits tas ou fourneaux auxquels ont met le feu à l'aide de feuilles et de broussailles placées à l'intérieur. Le tout brûle lentement pendant plusieurs jours .Lorsque la cendre ainsi obtenue est bien refroidie, on la répand sur la surface du terrain. Les ouvriers de la Haute-Lande appellent cela *gazonner*.

Le Maitre. En effet, il s'agit là de l'enlèvement du *gazon*, avec toute la végétation sauvage, tiges et racines, dont il est abondamment couvert. Mais le terme propre est *écobuer*; vous le trouvez au dictionnaire, ainsi que *écobue*, dont il est formé, et qui désigne la pioche recourbée qu'on emploie pour ce travail. Vous y trouverez également *écobuage*, désignant spécialement le procédé d'agriculture que Gustave vient de faire connaître.

Remarquons en passant que l'écobuage est fréquemment employé dans les forêts communales de l'Ardenne (1), où où il est connu sous le nom de *sartage* ou *essartage*, et où il donne souvent une excellente récolte en seigle, pendant l'année qui suit celle de l'exploitation du bois, et une autre, en genêt, pendant les années suivantes.

(1) On évalue à 1,000 hectares, en moyenne, l'étendue des coupes mises ainsi en culture, chaque année, dans les communes forestières du département des Ardennes.

GUSTAVE. Il y a pourtant des terrains où le gazonnage ne réussit pas : du moins, je l'entendais dire par les ouvriers belges, qui avaient pris pension chez mon oncle Charles.

LE MAITRE. Ces ouvriers ont raison: le labour par l'écobuage ne convient qu'aux sols plus ou moins argileux, qu'il rend moins compactes, et auxquels il fournit, par les cendres répandues, les matières fertilisantes qui lui manquent le plus souvent.

CHARLES. Ce mode de culture ne doit donc pas être employé dans les terres sablonneuses, par exemple ?

LE MAITRE. Non, parce que ces sortes de terres sont déjà trop poreuses pour retenir l'humidité nécessaire à la végétion, et que l'écobuage ne ferait qu'accroître ce grave inconvénient.

GUSTAVE. Suivant ce que j'entendais dire aussi, chez mon oncle, le gazonnage, ou l'écobuage, puisque c'est le mot propre, ne doit pas être pratiqué dans les terrains fort en pente.

LE MAITRE. Cela s'explique parfaitement. Sur les terrains fortement inclinés, l'écobuage ne pourrait que contribuer à dénuder le sol par suite de l'action des grandes pluies, qui ne manqueraient pas d'emporter en peu de temps toute la terre végétale.

GUSTAVE. Je comprends maintenant pourquoi les ouvriers de la Haute-Lande *gazonnent*, et pourquoi ceux de la ferme Simon *défrichent* : c'est que les premiers opèrent sur un plateau où la terre est argileuse, et les autres, sur les versants d'un monticule dont le sol est sablonneux.

LE MAITRE. Oui, c'est cela. Mais, ne l'oubliez pas : le défrichement est la règle, et l'écobuage, l'exception. Ce qui veut dire que les cultivateurs judicieux n'emploient ce dernier mode que quand il y a nécessité absolue, et seulement dans les parties où le défrichement est tout à fait impossible.

On comprend que, par suite de leur pente rapide, certains terrains ne peuvent être mis en valeur par l'écobuage. Il en est d'autres, au contraire, qui manquent de pente, qui sont absolument plats, et qui comportent des soins particuliers. Vous, Louis, n'avez-vous pas vu souvent votre père tracer au hoyau, dans sa terre des Aulnaies, des raies ou rigoles plus ou moins profondes, les unes dans un sens, les autres dans le sens opposé? Oui, n'est-ce pas? Eh bien, savez-vous pourquoi il se livrait à ce travail, bien que l'ensemencement fût terminé?

LOUIS. C'était pour *saigner* le terrain.

LE MAITRE. Vous voulez dire, probablement, pour l'*assainir*, en facilitant l'écoulement des eaux de pluie vers les fossés profonds qui limitent la propriété? En effet, sans cette précaution, l'humidité constante du sol ferait pourrir la racine des plantes, et la récolte serait fort compromise. Votre père sait cela, et il prévient le mal au moyen de rigoles d'égouttement de 20 à 30 centimètres de profondeur, qu'il trace de distance en distance, sur toute l'étendue du terrain. Je suis étonné qu'il ne remédie pas également à l'excessive humidité de son clos des Vieux-Prés, en y pratiquant un bon drainage ; car, il faut que vous le sachiez, mes enfants, l'opération qui a pour but d'assainir un terrain se nomme *drainage*, mot qui dérive, paraît-il, d'un verbe anglais signifiant *sécher*.

HENRI. Le drainage s'opère donc de plusieurs manières?

LE MAITRE. Oui : il y a trois principaux modes de drainage :

1° Le drainage à découvert, celui que le père de Louis applique à sa terre des Aulnaies, et qui se renouvelle chaque année;

2° Le drainage maçonné grossièrement en forme de conduit souterrain ;

3° Enfin le drainage au moyen de tuyaux en terre cuite, appelés *drains* et placés bout à bout, de façon à permettre à l'eau souterraine de s'infiltrer par les jointures et de prendre ainsi un cours régulier.

GUSTAVE. J'ai vu pratiquer le drainage maçonné à la ferme des Basses-Terres, où les marécages ont fait place à de bons terrains.

LE MAITRE. Partout où le drainage est intelligemment fait, le sol prend, comme par enchantement, une face toute nouvelle et donne d'ailleurs un revenu qui s'accroît graduellement.

GUSTAVE. Oui : le fermier des Basses-Terres assure que

des parcelles qui ne lui rapportaient presque rien, 10 fr. environ, lui valent aujourd'hui 50 fr. et plus.

Le Maitre. Il en est de même pour les terrains qui dépendent du château de Noirtrou, où de grands travaux de drainage ont été récemment exécutés au moyen de tuyaux en terre cuite : au lieu de marais et de prés fangeux, qui donnaient à peine quelques plantes fourragères de mauvaise qualité, n'y voyons-nous pas aujourd'hui des terrains qui se couvrent chaque année des plus riches moissons ?

Charles. On dit que les travaux exécutés ont d'ailleurs fait disparaître les fièvres qui régnaient ordinairement dans la localité.

Le Maitre. Cela se comprend : en cessant de produire de mauvaises herbes, les terrains assainis ont également cessé de produire les exhalaisons malfaisantes auxquelles étaient dues les maladies périodiques qui sévissaient dans le pays. Le drainage est à la fois une bonne opération et une bonne action ; car, s'il ajoute à la fortune privée, il contribue en même temps à la santé publique.

Henri. Avons-nous donc sur notre territoire des terrains qui se trouvent dans les conditions de ceux du château de Noirtrou ?

Le Maitre. Eh ! oui, vraiment : une grande partie des Vieux-Prés en est là, et je le disais tout à l'heure, je suis surpris que le père de Louis, qui comprend la nécessité d'établir des rigoles d'égouttement dans sa terre des Aulnaies, n'ait pas pris l'initiative d'un drainage sérieux, appliqué à son vaste clos des Vieux-Prés. On y voit des eaux stagnantes, des fondrières dont les bestiaux ne peuvent parfois s'approcher sans courir le risque de s'y embourber. Si, sur certains points, l'herbe est abondante et d'assez bonne qualité, ailleurs l'humidité constante du sol est attestée par la présence de nombreuses plantes aquatiques. On voit là surtout la prêle des marais, dont le nom indique suffisamment la nature et la valeur ; le carex des rives, qui a l'aspect du roseau par son feuillage et son port, et dont la tige triangulaire atteint parfois un mètre de hauteur ; enfin le jonc, que vous connaissez tous, et qui ne croît que dans les terrains froids et marécageux.

Henri. On a toujours les pieds mouillés pour aller chercher des joncs.

Le Maitre. C'est tout simple : les joncs, les prêles, les carex, ne se rencontrent que dans les terrains constamment saturés d'eau, parce que ce sont les seuls qui puissent leur fournir la nourriture qui leur est propre.

Gustave. Il y a encore une autre plante qu'on trouve en abondance dans les Vieux-Prés : c'est le bouton d'or, nommé vulgairement *bassinet* ou *pied de poule.*

Le Maitre. Le bouton d'or n'est pas précisément l'indice d'un terrain aqueux ou marécageux ; vous ne voyez d'ailleurs cette plante que dans la partie haute des Vieux-Prés, et ce n'est pas cette partie que je voudrais voir assainir au plus tôt : c'est la partie basse. La nécessité d'un drainage profond dans cette partie n'est plus à démontrer ; tous les propriétaires intéressés l'ont reconnue ; mais ils ne s'entendent pas entre eux pour l'exécution des travaux. Il faudra pourtant bien en finir un jour ou l'autre, car la loi est là, qui facilite les opérations de ce genre et qui les protège contre le mauvais vouloir des propriétaires récalcitrants.

Louis. On peut donc obliger les propriétaires à prendre leur part de la dépense d'un drainage général?

Le Maitre. Parfaitement : il y a dans cette opération, lorsqu'elle est entreprise collectivement, un intérêt d'ordre public, et c'est avec raison qu'une loi est intervenue pour favoriser spécialement les entreprises de ce genre.

Louis. Mais il doit en coûter énormément pour assainir une prairie tout entière.

Le Maitre. Non, mon ami : énormément n'est pas le mot. Je vais vous le prouver par des chiffres.

Pour réaliser un excellent système de drainage, il faut, en moyenne et par hectare, 3,500 tuyaux de 30 centimètres de longueur : ce qui donne un développement de 1,050 mètres ; soit, à 10 centimes le mètre, une dépense de 105 fr. pour acquisition et transport des tuyaux. Les frais de mise en place reviennent à pareille somme : c'est donc, en totalité, une dépense de 210 fr. environ par hectare, c'est-à-dire 2 fr. 10 par are.

GUSTAVE. Ce n'est pas énorme, en effet.

LE MAITRE. Et notez qu'il s'agit là d'une dépense qui ne se renouvelle plus, et dans laquelle les propriétaires qui se l'imposent rentrent avec usure dès les années suivantes, par l'accroissement et la qualité des produits récoltés.

LOUIS. A combien peut-on évaluer cet accroissement?

LE MAITRE En moyenne, l'accroissement de produit qu'on peut obtenir par un bon drainage, est de 25 à 30 pour cent.

LOUIS. Mais, pour drainer la partie basse des Vieux-Prés, il en coûterait peut-être beaucoup plus cher qu'ailleurs, par suite de la profondeur à laquelle il faudrait placer les drains?

LE MAITRE. Je ne crois pas, et voici pourquoi : les sondages pratiqués sur divers points du terrain ont permis de reconnaître que les tuyaux seraient établis à une profondeur variant entre 80 centimètres et $1^{m},40$. Avec ces chiffres, le prix de revient de la pose et du terrassement serait exactement celui que j'ai indiqué.

GUSTAVE. Dans les terres cultivées, on peut, je crois, se dispenser d'aller à cette profondeur.

LE MAITRE. La profondeur à donner au drainage dépend absolument du niveau des eaux qu'on veut faire disparaître. Le plus souvent, il faut aller chercher ces eaux dans la partie inférieure du sous-sol D'un autre côté, les tuyaux doivent être placés assez bas pour que la charrue ne les atteigne jamais. Le drainage profond a d'ailleurs un autre avantage pour les terrains plantés, celui d'éloigner des drains les racines des arbres, qui s'y introduisent facilement par les jointures et qui s'y ramifient à ce point de former, en peu d'années, ce que les fontainiers appellent des *queues de renard*, c'est-à-dire une végétation chevelue, qui finit par intercepter totalement le passage des eaux.

L'expérience a démontré que, pour assurer, sans inconvénient aucun, le complet assainissement des terres les plus compactes et les plus aqueuses, le drainage doit être établi à une profondeur de $1^{m},20$ à $1^{m},30$. Dans ces conditions, l'opération améliore le sol, non-seulement en lui enlevant son excès d'humidité et de cohésion, mais encore en le réchauffant et en facilitant les labours.

LOUIS. Je ne comprends pas bien comment doivent être

disposés les tuyaux, ni quelles dimensions on leur donne intérieurement pour produire l'amélioration indiquée.

Le Maitre. La disposition des tuyaux de drainage est subordonnée à celle des terrains à drainer. C'est vous dire que la direction à donner aux lignes, ou rangées de tuyaux, est indiquée par les dépressions du sol, par les plis du terrain qu'on veut assainir. Ces lignes peuvent être espacées entre elles de 8 à 16 et même à 20 mètres, lorsque le champ le comporte. Elles aboutissent toutes à une rangée principale, à laquelle on donne le nom de *drain collecteur.*

Louis. Maintenant, je comprends : les drains vont chercher l'eau partout où elle paraît être naturellement amenée par la pente du terrain

Le Maitre. C'est parfaitement cela.

Quant aux dimensions données aux tuyaux, elles doivent être en rapport avec les quantités d'eau que le champ peut fournir aux époques pluvieuses de l'année. Pour la ligne principale, ou drain collecteur, le diamètre intérieur des tuyaux est assez généralement de 50 à 55 millimètres ; pour les lignes secondaires, il suffit de 30 à 40 millimètres. Lorsque les eaux sont quelque peu ferrugineuses, ce qui se reconnaît à une sorte de rouille qu'elles déposent, on fait sagement d'aller au-delà des dimensions ordinaires, en donnant d'ailleurs aux tuyaux une pente beaucoup plus forte. Il est à craindre, en effet, qu'en l'absence d'un fort courant, les eaux qui charrient des parcelles de fer ne produisent des dépôts qui finiraient par obstruer les drains et ne compromettent ainsi le succès de l'opération.

Nous parlerons prochainement de l'irrigation des prairies et de la mise en valeur des vastes terrains crayeux qu'on a baptisés du nom assez impertinent de *Champagne pouilleuse.*

Questionnaire récapitulatif.

Cours intermédiaire. — Qu'entend-on par ces mots : *préparation du sol?* — En quoi consiste le *défrichement* d'un terrain? — Qu'est-ce *gazonner* ou *essarter?* — Où et dans quel cas l'essartage est-il pratiqué dans le Ardennes? — Qu'est-ce que *drainer* un terrain? — Quels s es terrains qui doivent être drainés? — Nommez les plantes qui croissent sur les terrains marécageux ?

COURS SUPÉRIEUR. — Quel est le but des *défoncements* profonds? — Quand sont-ils surtout indispensables? — Quelle différence y a-t-il entre le *défoncement* et l'*écobuage*? — Indiquez des terrains dans lesquels l'écobuage ne réussirait pas, et faites-en connaître les raisons? — Pourquoi le drainage est-il à la fois une bonne opération et une bonne action? — Quels sont les différents modes de drainage? — Donnez le prix de revient d'un drainage pratiqué à l'aide de tuyaux? — A quelle profondeur le drainage doit-il être établi?

Problèmes sur le défrichement, l'essartage et le drainage.

COURS INTERMÉDIAIRE. — 1. — Les trente ménages d'une commune boisée ont à essarter 11 hectares 26 ares de bois. Dites : 1° combien chaque ménage en a pour sa part; 2° le gain que chacun en retire, si, pour un are, les frais de main-d'œuvre sont de 1 fr. 55 et le rendement de 4 fr. 15? — R. 1° 37 ares 50; 2° 97 fr. 50.

2. — Evaluer, d'après le problème précédent, quel est le revenu net des 1,000 hectares de terrain mis ainsi en culture, chaque année, dans le département des Ardennes. — R. 260,000 fr.

3. Combien faut-il acheter de tuyaux de drainage de 0m35 de longueur pour drainer un champ dans lequel il y aura 72 rangées de drains de chacune 668 mètres de longueur? — R. 137,417.

4. — Pour drainer un champ qui a 153 m. de longueur sur 115 m. de largeur, on emploie 18 tuyaux par are de terrain. Quel sera le prix de revient, sachant que les tuyaux coûtent 112 fr. le mille et que les cent tuyaux posés exigent 6 fr. de main-d'œuvre? — R. 514 fr. 72.

5. — Un bois de 56 ares me rapportait annuellement 25 fr. Je l'ai fait défricher. La première année, j'ai récolté 68 douzaines de gerbes d'avoine, donnant un double décalitre de grain, par douzaine et valant 14 fr. l'hectolitre ; la deuxième année, j'ai récolté pour 180 fr. de pommes de terre; et la troisième année, 52 doubles décal. de blé, vendus 3 fr. 85 l'un. Les frais de défrichement ont été couverts par le bois abandonné aux ouvriers. Ai-je gagné en faisant défricher ce champ ? Combien en moyenne par année ? — R. J'ai gagné en moyenne 165 fr. 20 de plus par an.

6. — Il faut 800 m. de tuyaux pour drainer un hectare de terrain. Calculez la dépense nécessaire pour drainer une parcelle de 3 hectares 15 ares, en supposant que le mètre de tuyaux coûte 0 fr. 35; que chaque tuyau ait une longueur de 0 m. 25,

et enfin que la pose soit de 5 fr. par centaine de tuyaux? — R. 1,386 fr.

7. — J'ai fait drainer les 2/3 d'un champ rectangulaire qui a 148 mètres de long et 60 mètres de large, et ce drainage m'a coûté 85 francs. Combien aurais-je dépensé, si j'avais fait drainer aux mêmes conditions une autre terre de 2 hectares 8 ares. — R. 298 fr. 65.

COURS SUPÉRIEUR. — 1. — J'ai fait défricher 45 ares de landes qui ne me rapportaient rien. Ce travail m'a coûté 0 fr. 06 par mètre carré. L'année suivante, ce terrain m'a donné pour 127 fr. de seigle et 29 fr. de paille. Dites ce que m'a rapporté un are, et à combien aurai-je placé mon argent, si les récoltes se continuent ainsi? — R. 1° 3 fr. 46; 2° 57 fr. 77 0/0.

2. — Les tuyaux de drainage ont ordinairement 0m30 de longueur; combien a-t-il fallu de tuyaux pour drainer un champ de 210 m. de long sur 60 m. de large, les conduits étant espacés de 15 m. sur toute la longueur? — R. 2,800 tuyaux.

3. — Que coûterait le drainage d'une terre de 65 m. de large, sur 164 m. de long; les tuyaux coûtant, avec la pose, 17 fr. le cent; leur longueur étant de 0m40 et les conduits étant espacés de 22 m. dans ledit champ? — R. 209 fr. 10.

4. — J'ai fait drainer 3 hect. 17 ares 25 cent. de prés, à raison de 210 fr. l'hectare. Dites la somme totale à débourser. Sachant que moitié de cette somme a servi à l'acquisition de tuyaux, coûtant 0 fr. 10 le mètre, combien a-t-on employé de mètres de tuyaux pour drainer mon pré? — R. 1° 666 fr. 22; 2° 6,662 m. de tuyaux.

5. — Le champ ci-dessus rapportait, avant le drainage, 72 fr. net par hectare. Après cette opération, il donne un revenu de 1 fr. 25 par are. A combien a-t-on placé son argent? — R. L'argent rapporte 25 fr. 23 0/0.

6. — On veut drainer un terrain rectangulaire long de 120 m. et large de 96 m.; les drains doivent être espacés de 12 m., et sont établis dans le sens de la longueur. On remarque que, pour 10 m. 1/2 de tranchée, il faut 32 tuyaux 3/4 coûtant 25 francs le mille. Quel sera le prix des tuyaux nécessaires pour établir ce drainage? — R. 74 fr. 25.

7. — Une équipe d'ouvriers défriche par jour une surface de 85 mètres carrés. Combien emploira-t-elle de temps pour défricher un terrain triangulaire ayant 260 m. de base sur 85 de hauteur perpendiculaire? — R. 130 jours.

8. — Un ouvrier entreprend le défrichement d'un bois; il façonne en moyenne une surface de 2 m. car. 7 déc. car. en trois heures. En combien de temps fera-t-il le défrichement complet, si le bois a une superficie de 2 hect. 4 ares 24 cent.? Que rece-

vra-t-il, s'il est payé à raison de 3 fr. 60 pour six heures de travail ? — R. 1° 29,600 heures; 2° 17,760 fr. (Concours cantonal (*Eure-et-Loir*).

9. — Le propriétaire d'une terre ayant 2?0 m. de longueur et 180 m. de largeur, l'a fait drainer dans le sens de la longueur. Les drains sont espacés de 15 m. en 15 m., le premier rang étant à 7m50 du bord; ils coûtent 0 fr. 70 le mètre courant. Avant le drainage, cette terre ne produisait que 8 hect. de blé à l'hectare et maintenant elle en produit 15. On demande à quel taux ce propriétaire a placé les fonds employés à ce travail, le blé valant 21 fr. l'hectolitre. — R. 27 0/0. (Certificat d'études, Combeaufontaine (*Haute-Saône*).

10. — On veut drainer une pièce de 7 h. 4 a. 3 c. avec des tuyaux ayant chacun une longueur de 0m25. Trouver la dépense qu'exigera cette opération, sachant qu'il faut 2,800 mètres de tuyaux pour drainer 3 hect. 1/2; que le mètre de tuyaux coûte 0 fr. 35, et la pose 5 francs pour 100 tuyaux. — R. 3097 fr. 75. (Certificat d'études, canton de Prauthoy (*Haute-Marne*).

§ III.

PRÉPARATION DU SOL (Suite). — Irrigations.

LE MAITRE. Nous savons maintenant comment on améliore les terrains qui souffrent d'un excès d'humidité ; nous allons voir comment on féconde ceux qui pèchent par excès de sécheresse.

Vous connaissez, sur notre territoire, quelques prés secs. Eugène pourrait-il nous dire ce que font leurs propriétaires pour en obtenir d'abondantes récoltes ?

EUGÈNE. C'est facile : ils y mettent l'eau.

LE MAITRE. Qu'est-ce donc que *mettre l'eau* à un pré ?

EUGÈNE. C'est y conduire, au moyen de rigoles, l'eau des sources voisines, ou celle des pluies, lorsque la propriété tient à un chemin ou à des terres cultivées dont la pente le permet.

LE MAITRE. C'est bien cela : l'eau combat ainsi les effets funestes de la sécheresse du sol, et, de plus, elle fournit au terrain les divers principes fertilisants qu'elle contient. Savez-vous, Gustave, comment on désigne cette opération ?

GUSTAVE. Irrigation, je crois.

LE MAITRE. Oui : l'irrigation est bien l'arrosage des prés au moyen de rigoles ou petits canaux. Mais, dites-moi, est-ce que toutes les eaux sont également bonnes pour cette opération ?

GUSTAVE. Je ne sais ; mais il me semble que les eaux de pluie, recueillies sur les chemins, sont celles dont les cultivateurs se servent le plus volontiers.

LE MAITRE. Cela se comprend : les eaux dérivées, soit des rues, soit des routes et chemins, sont chargées d'immondices qui peuvent tenir lieu d'engrais. Mais les eaux courantes, les eaux de source ne sont pas non plus à dédaigner. Seulement, il faut s'abstenir d'employer celles qui proviennent des mares autour desquelles croissent notamment les joncs et les bruyères. Ces eaux sont ordinairement chargées de particules d'argile schisteuse, et elles ne pourraient que favoriser la croissance des plantes aigres et amères.

Louis. Je n'aurais jamais cru cela.

Le Maitre. Il y a également des eaux froides, crues, que l'air ne vivifie pas. Ces eaux tiennent le plus souvent en suspension certains sels nuisibles à la végétation, et les bons agriculteurs évitent avec raison de s'en servir pour les irrigations.

Louis. Mais comment les reconnaître ?

Le Maitre. Il y a pour cela un moyen bien simple : ces eaux cuisent mal les légumes, et elles dissolvent plus mal encore le savon, lorsqu'on s'en sert pour se laver les mains.

Henri. L'arrosage des prairies peut-il avoir lieu en toute saison ?

Le Maitre. Oui, lorsque les eaux dont on dispose sont parfaitement limpides. Mais il y a surtout deux époques principales pour l'application bien entendue des irrigations : au printemps d'abord, pendant les mois de mars et d'avril, puis en été, après la récolte de la première herbe. Les résultats qu'on obtient ainsi, dans certaines localités, sont réellement considérables, surtout lorsque les intéressés savent convenablement aménager leurs propriétés et qu'il leur est possible d'y amener l'eau en quantité nécessaire.

Henri. On connaît donc cette quantité ?

Le Maitre. Oui : on l'évalue à 10 mètres cubes, en moyenne, par are de terrain.

Louis. C'est beaucoup ; mais est-il indispensable que cette quantité soit donnée en une seule fois ?

Le Maitre. Non : il est même très important de ne l'atteindre qu'en quatre ou cinq jours et plus. Du reste, les cultivateurs bien avisés ne *mettent l'eau* que pendant la nuit ; de cette façon, la chaleur du jour aide, sans perte de temps, au bon état et à l'accroissement graduel des plantes arrosées.

Henri. Mais, à supposer qu'il soit toujours possible d'apprécier le cube de l'eau qu'on détourne pour l'arrosage, comment parvient-on à distribuer cette eau de façon à la répandre uniformément sur la surface du terrain ?

Le Maitre. Pour cela, on établit d'abord sur la partie la

plus élevée de la propriété qu'on veut irriguer un canal principal, dit de dérivation, lequel part du ruisseau dont on utilise les eaux. Ce point de départ s'appelle *prise d'eau*.

Au moyen du canal de dérivation, auquel on donne excessivement peu de pente (1 centimètre par 20 mètres environ), les eaux dérivées se déversent dans une rigole horizontale par de petites écluses qui s'ouvrent et se ferment à volonté à l'aide de gazons levés à cet effet. On creuse de même, de distance en distance, d'autres rigoles parallèles à la première, et d'où les eaux débordent successivement, de manière à *ruisseler* sur toute la surface du terrain sans rester nulle part stagnante. J'ai dit *ruisseler*, et non *se répandre*, parce qu'en effet ce mode d'arrosage, conforme à celui que M. Hallez d'Arros décrit dans son *Agriculture primaire*, est connu des agriculteurs sous le nom *d'irrigation* par *ruissellement*.

Louis. Les propriétaires riverains d'un cours d'eau peuvent donc s'en servir pour l'irrigation ?

Le Maitre. Oui, quand ce cours d'eau n'est pas navigable, et à charge seulement de rendre les eaux dérivées à leur cours ordinaire à la sortie de la propriété. Différentes lois, entre autres celles des 29 avril et 11 juillet 1847, ont réglementé l'exercice de ce droit. Il est même question, depuis longtemps déjà, de faire plus encore par le vote d'une loi qui faciliterait l'entente des propriétaires pour l'utilisation de tous nos petits cours d'eau.

Eugène. Ce serait une vaste entreprise.

Le Maitre. Plus vaste que vous ne pouvez l'imaginer, car vous ne savez probablement pas que les cours d'eau non navigables de la France ont ensemble un développement de 180 mille kilomètres, c'est-à-dire 45 mille lieues communes.

Louis. C'est à ne pas y croire !

Le Maitre. Ce chiffre est fourni par la statistique officielle, qui évalue d'ailleurs à 10 millions d'hectares les terrains qui peuvent être ainsi irrigués, avec un bénéfice énorme pour les propriétaires. En effet, on a calculé que si, sans rien enlever à la navigation, les eaux des fleuves, rivières et ruisseaux étaient dérivées au profit des irrigations, partout où cette opération est praticable, la production agricole de la France serait augmentée d'au moins *trois milliards*. C'est ainsi, remarque M. Isabeau, dans ses *Leçons élémentaires d'Agriculture*, que l'un des grands agronomes de notre temps, M. de Gasparin, (1) a pu dire sans exagération : « Nous envoyons tous les ans trois millards à la mer. »

Ce n'est pas tout encore : en offrant d'utiles débouchés à tous nos cours d'eau, un système général de canaux d'irrigation serait d'un immense intérêt public, car il empêcherait les inondations, qui portent périodiquement la désolation et la ruine sur différents points de la France. A-t-on oublié les désastres de 1856, 1866 et 1875?.. En ce moment, la France ne possède que 10 mille kilomètres environ de canaux affectés spécialement à l'irrigation. Ils se trouvent en grande partie dans le midi, où ce mode d'amélioration des terrains convient et s'applique à tous les genres de culture. En Italie, les irrigations sont surtout appliquées à la culture du riz ; la Lombardie leur doit sa principale richesse. Dans les temps anciens, n'ont-elles pas aussi contribué à la prospérité de l'agriculture en Asie et en Afrique ? Vous savez comment, de temps immémorial, on est parvenu à utiliser les débordements du Nil pour la fertilisation des terres ?

GUSTAVE. Oui : avec le Nil, qui couvre en même temps toutes les terres situées à une grande distance de ses rives, l'irrigation offre l'avantage de ne rien coûter aux propriétaires.

LE MAITRE. Les seuls frais consistent, en effet, dans l'entretien des fossés qui servent à l'écoulement des eaux, lorsqu'elles se retirent.

GUSTAVE. Je me fais une idée de ce travail par celui que s'impose ici le meunier des Blancs-Cailloux, qui se sert des eaux de son étang pour inonder ses prés à certaines époque de l'année, et qui se borne à curer ses rigoles d'écoulement.

(1) Gasparin, Adrien-Etienne-Pierre (comte de), membre de l'Institut, ancien ministre et pair de France, né à Orange (Vaucluse), le 29 juin 1783, mort en 1862.

Le Maitre. C'est exactement cela. Et savez-vous comment se nomme ce mode d'irrigation ?

Gustave. Non, Monsieur.

Le Maitre. Alors je vais essayer de vous le faire découvrir. Pourriez-vous me citer un verbe de la première conjugaison qui signifie *inonder* ou *couvrir d'eau* ?

Gustave. Oui, Monsieur : c'est *submerger*.

Le Maitre. Et comment nomme-t-on l'action exprimée par ce verbe ?

Gustave. *Submersion*, je crois

Le Maitre. Eh bien ! on appelle *irrigation par submersion* le mode d'arrosement pratiqué par le meunier des Blancs-Cailloux, mode qui consiste à inonder entièrement le terrain au moyen d'une vanne ménagée dans une digue établie à cet effet : c'est, en petit, l'irrigation due au débordement du Nil.

Il y a encore un autre système d'irrigation qu'on n'emploie que dans les terrains d'une nature très poreuse : on le désigne sous le nom *d'irrigation par infiltration*.

Louis. C'est ce mode que le père Mathieu applique à son plant d'osiers des Blancs-Marais.

Le Maitre. Oui : le père Mathieu a une prise d'eau au ruisseau de la Bassière, et, quand il le juge utile, les fossés de sa propriété se remplissent, mais jamais ils ne versent l'eau sur le terrain.

Tous. C'est vrai.

Le Maitre. Vous le voyez, mes enfants, les moyens ne manquent pas à l'homme pour tirer le meilleur parti possible de la terre. Il n'est pas jusqu'aux vastes plaines crayeuses qui couvraient naguère une partie des départements de la Marne et des Ardennes, qui ne soient devenues fécondes partout où les soins bien entendus de la population ont pu recueillir et diriger les alluvions dues aux eaux pluviales et aux rares ruisseaux de la contrée. Des plantations considérables ont d'ailleurs modifié à la fois l'aspect du pays et les conditions d'existence de ses habitants.

Ce sont ces plantations qui feront l'objet de notre prochain entretien.

Questionnaire récapitulatif.

COURS INTERMÉDIAIRE. — Qu'est-ce que *irriguer* une prairie? — Indiquez : 1° les eaux qui conviennent le mieux pour l'irrigation; 2° celles qui ne doivent pas être employées pour cette opération. — Quels sont les trois systèmes d'irrigation?

COURS SUPÉRIEUR. — Quels sont les avantages attachés à l'irrigation des prairies? — Comment envoyons-nous chaque année trois milliards à la mer? — Décrivez chacun des différents systèmes d'irrigation?

Problèmes sur les irrigations.

COURS INTERMÉDIAIRE. — 1. — Deux ouvriers avaient à faire 86 m. 35 de fossés et de rigoles pour l'irrigation d'une prairie, à raison de 0 fr. 28 le mètre. Le premier a consacré à ce travail huit jours de onze heures, et le deuxième, treize jours de neuf heures. Comment chacun doit-il être payé? — R. Le premier, 22 fr. 39; le deuxième, 29 fr. 79.

2. — Des sillons d'écoulement coûtent 1 fr. 25 par 100 m. de longueur, et augmentent la récolte d'un 7° : quel bénéfice y a-t-il à tracer des sillons d'écoulement à 10 m. de distance, dans un champ long de 345 m. et large de 80 m., si le produit est de 2,425 fr. avec cette opération? — R. 312 fr. 50.

3. — La prairie naturelle irriguée produit 9,000 kil. de foin sec, la prairie non irriguée n'en donne que 5,950 : Quelle est la différence de produit entre 35 ares non irrigués et 35 ares qui ont été soumis à l'irrigation? — R. 1,242 kil.

4. — 17 propriétaires possèdent en commun une prairie de 56 hect. 20 ares, non loin d'un cours d'eau. L'un d'entre eux propose de faire les frais d'établissement de fossés et rigoles permettant l'irrigation de cette prairie. Ces frais s'élèvent, pour la première année, à 612 fr. et, pour toutes années suivantes, à 100 fr. par an (entretien des rigoles). La prairie donne 500 kil. de fourrages en plus par hectare. Trouvez le bénéfice moyen par hectare en prenant pour base les six premières années et en évaluant le quintal de foin à 5 fr. 75? — R. 25 fr. 45 de bénéfice net par hectare.

COURS SUPÉRIEUR. — 1. — Pour un travail d'irrigation, auquel on a employé six ouvriers pendant 45 jours, on a creusé des fossés de 60 centimètres de profondeur, 40 centim. de largeur, ayant un développement total de 900 mètres; le terrain était sablonneux. Dans un terrain argileux et offrant trois fois plus de difficultés, on veut creuser des fossés de 80 cent. de profondeur, 30 cent. de largeur, d'un développement total de 600 m.; on emploie huit ouvriers. Combien devront-ils travailler de jours? — R. 67 jours 1/2.

2. — Que gagnerait un ouvrier payé à raison de 0 fr. 60 l'are pour l'arrosage d'un terrain, s'il doit utiliser l'eau d'un bassin de 3 mètres cubes 69 décim. cubes de capacité, et si le mètre carré de terrain doit recevoir 6 litres 2 décilitres d'eau? — R. 2 fr. 97. (Certificat d'études. *Nord*).

3. — On a reconnu que, dans le Midi, il est bon d'arroser les prairies tous les dix jours (le jour est de 24 heures) pendant une période de 160 jours chaque année, en répandant sur le sol une couche d'eau de $0^{m}05$ d'épaisseur. On demande : 1° quel est le volume d'eau nécessaire pour arroser ainsi chaque année un hectare de prairie; 2° quel est le nombre de litres que devrait débiter par seconde, pendant la période d'arrosage, la source qui fournit ce volume d'eau? — R. 1° 8,000 mètres cubes; 2° 0 l. 578. (Certificat d'études, *Montpellier*).

§ IV.

PRÉPARATION DU SOL (suite). — Plantation de Pins dans les plaines champenoises.

LE MAITRE. Je vous l'ai dit, mes enfants, des plantations considérables ont été faites dans ces vastes terrains crayeux qui s'étendent entre Vouziers et Châlons-sur-Marne. On ne reconnaît plus aujourd'hui cette Champagne *pouilleuse*, c'est-à-dire *indigente*, *misérable*, qui ne pouvait autrefois nourrir une alouette, même au mois d'août. Seulement, on ne voit là aucune des essences variées qui constituent les bois dont la feuille, désignée par la qualification de *caduque*, se renouvelle chaque année au printemps. Les arbres acclimatés dans cette partie de la Champagne appartiennent tous à l'intéressante famille des *résineux*, dont le feuillage est *permanent*, c'est-à-dire *stable*, *durable*. Les arbres résineux sont ainsi nommés parce qu'ils produisent, avec l'âge, cette matière onctueuse, grasse, inflammable, nommée *résine*, et avec laquelle on fabrique des torches pour l'éclairage des mines et des carrières souterraines.

LOUIS. Les torches dont les sapeurs-pompiers se servent, dans leurs marches de nuit, sont donc aussi fabriquées avec de la résine?

LE MAITRE. Oui : on leur donne, dans ce cas, la forme d'un gros cierge cylindrique, d'un diamètre ou d'une grosseur uniforme.

GUSTAVE. C'est bien cela que j'ai vu à Reims aux mains des soldats, dans une retraite en musique.

EDMOND. Les arbres résineux sont toujours verts, je crois?

LE MAITRE. Oui, ils ont cela de particulier.

HENRI. Les sapins du château sont donc des arbres résineux?

LE MAITRE. Oui, de même que les pins et les sapins que vous voyez à l'entrée du jardin du presbytère.

HENRI. Les pins et les sapins n'ont que de toutes petites feuilles...

EDMOND. Et de longues aiguilles ou brindilles qui tombent

chaque année, en hiver, comme les feuilles des autres arbres.

GUSTAVE. Les mélèzes de M. le curé perdent aussi leurs feuilles en hiver; mais ses pins ne perdent que leurs brindilles, sur lesquelles on marche comme sur un tapis moelleux.

LE MAITRE. Eh bien! mes amis, ces brindilles des arbres résineux jouissent d'une propriété remarquable, celle de produire, par la décomposition, une quantité d'humus ou de terreau beaucoup plus considérable que les bois feuillus proprement dits. C'est pour cela que les arbres résineux, qui possèdent d'ailleurs le précieux avantage de prospérer dans les sols les plus maigres, ont été choisis pour le boisement des savarts ou triots de la Champagne. En rendant à la terre beaucoup plus qu'ils ne lui demandent, ces arbres dotent la mince couche de terre végétale dans laquelle ils se développent du principe de fertilité qui lui faisait défaut. C'est ainsi qu'après avoir donné, au bout de quinze ou vingt ans de plantation, un produit considérable en bois d'œuvre ou de chauffage (4,000 fr. assez souvent par hectare), le terrain est livré à la culture pendant quelques années et replanté ensuite pour une période nouvelle.

LOUIS. Un produit de 4,000 fr. par hectare, c'est-à-dire de 40 fr. par are en vingt années, soit 2 fr. par année, mais c'est prodigieux!

LE MAITRE. Oui, c'est vraiment merveilleux, surtout si l'on considère que ces résultats s'obtiennent, sur des terrains jusqu'alors improductifs, où les moutons ne trouvaient que des plantes rares, dures et rabougries.

HENRI. Mais de ces 4,000 fr. obtenus, en vingt années, sur chaque hectare de terrain, il faut déduire les frais de la plantation et les intérêts de la somme avancée.

LE MAITRE. Oui : on peut évaluer le tout à 500 fr. Il reste donc 3,500 fr., c'est-à-dire 35 fr. par are pour les vingt années, ou 1 fr. 75 par année.

LOUIS. C'est encore plus que ne rapportent beaucoup de bons terrains.

LE MAITRE. N'oublions pas de tenir compte aussi de cet avantage qu'offrent les arbres résineux d'abriter contre les orages et les grands vents des localités qui avaient autrefois beaucoup à souffrir sous ce rapport. De plus, ces arbres assainissent l'air plus efficacement encore que les autres essences ne peuvent le faire.

GUSTAVE. Pourquoi cela ?

LE MAITRE. Parce qu'ils sont à peu près toute l'année en végétation, tandis que les espèces feuillues ne le sont guère que pendant la moitié de l'année. Ils absorbent et neutralisent sans cesse certains gaz ou principes mauvais qui existent dans l'air. C'est ainsi que les fortes émanations dues aux arbres résineux sont éminemment favorables à la santé des personnes. Vous le voyez, mes enfants, les économistes, les agronomes, les savants ne manquent pas de bonnes raisons pour conseiller, comme ils le font, les plantations d'arbres résineux ; et les hommes qui ont pris l'initiative de ces plantations, ou qui les facilitent par la création et l'entretien de vastes pépinières, rendent réellement d'inappréciables services aux habitants de nos immenses territoires champenois.

GUSTAVE. Il y a donc dans le pays même des pépinières d'arbres résineux ?

LE MAITRE. Il y en a plusieurs, parmi lesquelles je vous citerai celles de M. Jules Frérot, à Aussonce, canton de Juniville, et où l'on trouve toutes les espèces de pins, sapins et mélèzes qui peuvent être cultivés sous le climat de Paris. M. Jules Frérot se livre exclusivement, et sur une grande échelle, à la culture des essences propres au boisement des terres incultes. Son catalogue comprend le pin noir d'Autriche, le pin Laricio de Corse, le pin sylvestre d'Ecosse, le pin de Lord Weymouth, le sapin épicéa, le mélèze d'Europe, etc., etc. Ses prix, pendant ces dernières années, variaient entre 7 et 20 fr. le mille de plant, repiqué, ayant de deux à quatre ans d'âge ou de croissance.

LOUIS. J'ai vu planter des bois de bouleaux et de saules à la ferme du Rond-Pré ; les ouvriers exécutaient ce travail à la charrue : les arbres résineux se plantent-ils de la même manière ?

LE MAITRE. Les bois feuillus se plantent, en effet, à la charrue, quelquefois même à la bêche ; mais les espèces dont se compose l'intéressante famille des résineux comportent un mode de plantation et des soins particuliers, que M. Jules Frérot fait connaître dans une petite brochure qu'il annexe ordinairement à ses factures.

Ainsi, lorsque le terrain à planter n'est pas trop engazonné, on lui donne un labour profond dans le courant ou à la fin de l'été, et l'on plante à l'automne ou au printemps suivant. Si le terrain est engazonné, on fait bien de l'ensemencer en avoine, ou bien en sarrazin. Aussitôt après la récolte, on donne un nouveau labour et l'on plante, soit à l'automne, soit au printemps, mais après un bon hersage. On abandonne ensuite la plantation à elle-même, en se contentant de remplacer les plants qui peuvent manquer.

Gustave. Ce mode de plantation doit être très coûteux?

Le Maître. Aussi M. Frérot fait-il remarquer qu'on peut planter avec beaucoup plus d'économie, en se dispensant de faire des labours et en se contentant de creuser à l'avance des trous à la distance voulue.

Dans notre prochaine causerie, nous étudierons les avantages et les inconvénients que présentent les plantations d'arbres résineux, en ce qui concerne la distance à laisser entre les plants.

Problèmes sur le boisement des plaines champenoises

Cours intermédiaire. — 1. — Un propriétaire a fait venir, pour boiser des terains incultes, un chargement composé de 13465 pieds d'essences diverses, pins sylvestres, sapins, épicéas, etc., le tout payé à raison de 12 fr. le mille, rendu chez lui. Que doit-il au fournisseur? — Rép. 161 fr. 58.

2. — On évalue à $\frac{1}{4}$ de centimètre l'épaisseur du terreau formé, chaque année, par les aiguilles tombées des arbres résineux d'une forêt. Au bout de combien d'années ce terreau aura-t-il une épaisseur compacte de 6 centimètres? Rép. 24 ans.

3. — Un bois de sapins de 6 hectares a donné en bois de chauffage, après 18 ans de croissance, un produit net, s'élevant, en totalité, à 21000 fr. Quel a été, par année, le produit d'un hectare de ce bois? — Rép. 194 fr. 45.

Cours supérieur. — 1° — Un terrain crayeux, ayant la forme d'un rectangle de 68 m. de base sur 34 m. de hauteur, doit être planté en mélèzes d'Europe. Cette opération nécessite deux labours pour chacun desquels le cultivateur demande 5 centimes par are. Combien lui devra-t-on pour ce travail ? — R. 238 fr.

2° — Si, au lieu de faire labourer son terrain, le propriétaire y avait fait creuser des trous à la distance voulue, pour recevoir le plant, et si ce travail avait nécessité l'emploi de 30 journées d'homme, à 3 fr. 25 la journée, quel eut été le montant de la dépense ? — Rép. 107 fr. 50.

3° — Combien faudrait-il de pieds de pins noirs d'Autriche pour planter 3 hectares 8 ares de terrain, à raison de 8000 pieds par par hectare. — A quel prix reviendra cette plantation à raison de 12 fr. les mille pieds ? — Rép. 1° 24,640 pieds. — 2° 295 fr. 68.

---

§ V.

PRÉPARATION DU SOL. — Plantations d'arbres résineux ; — Distance entre les plants.

LE MAITRE. Voyons, mes enfants, savez-vous quelle distance on doit laisser entre les arbres résineux, dans la plantation des terrains arides ? Gustave peut-il nous dire cela ?

GUSTAVE. Non, Monsieur ; mais, si l'on devait procéder comme on l'a fait en plantant les sapins de l'entrée du jardin de M. le curé, cette distance serait d'environ 10 mètres.

LE MAITRE. Vous vous trompez de beaucoup, mon enfant : M. Frérot l'évalue à un ou deux mètres en tous sens ; il recommande même très expressément de ne jamais aller au delà de cette dernière distance, car alors on n'obtiendrait que du bois à brûler, c'est-à-dire des arbres noueux, peu élevés, contournés et très branchus.

LOUIS. Les sapins du presbytère ont en effet de grosses branches qui traînent jusqu'à terre.

LE MAITRE. Oui, parce que ces branches se sont développées librement et au détriment du tronc, de la tige principale. En plantant à l'état serré, dit M. Frérot, on obtient, au bout d'une quinzaine d'années, des perches très-recherchées pour les houillères, et qu'on paie de 25 centimes à un franc, selon leur grosseur et leur hauteur. On éclaircit la plantation en enlevant ainsi la moitié ou les trois quarts des arbres, et ce qu'il en reste atteint bientôt des proportions considérables. On obtient alors du bois d'œuvre, du bois de charpente, qui a, vous le savez, une valeur quatre ou cinq fois plus grande que le bois de chauffage.

GUSTAVE. En plantant à un mètre de distance, il faut donc 10 mille plants pour couvrir un hectare ?

LE MAITRE. Exactement : et si l'on plante à 2 mètres ?

GUSTAVE. Il n'en faudra que 2,500, c'est-à-dire le quart de 10 mille, chaque arbre disposant d'une surface de quatre mètres carrés.

LE MAITRE. Oui. Dans, le premier cas, je vous l'ai dit, en prenant du plant repiqué à 12 fr. le mille, on arrive à une dépense de 120 fr.; et, dans le second, avec le même plant, la dépense n'est que de 30 fr. L'économie obtenue est de 90 fr. Mais l'expérience démontre qu'à l'exploitation, après quinze ou vingt ans de croissance, chaque pied d'arbre de la plantation serrée a autant de valeur que chaque pied de la plantation écartée. Jugez alors de la différence dans le produit de chacune des deux plantations !

HENRI. En évaluant chaque pied à 75 centimes en moyenne, le produit est de 7,500 fr. pour les arbres plantés à 1 mètre, et de 1,875 fr. seulement pour les autres.

LOUIS. Différence : 5,625 fr. : c'est énorme.

LE MAITRE. M. Frérot cite un exemple plus concluant encore : une plantation de pins sylvestres a été faite, dans le voisinage d'Aussonce, sur deux hectares de terrain aride. La moitié de ce terrain a été plantée à 4 mètres et contient par conséquent 625 arbres ; l'autre l'a été à 1 mètre, et contient ainsi 10,000 pieds d'arbres dans la même étendue. Après dix ans de croissance, on a constaté que les arbres éloignés étaient un peu plus gros au pied que les arbres serrés ; mais, à un mètre de hauteur, la grosseur devenait égale, et, à partir de là, le pin éloigné n'était plus qu'un mince filet, tandis que son voisin, plus serré, conservait jusqu'à son sommet une grosseur régulière. En résumé, chacun des 10 mille arbres valait mieux que chacun des 625.

GUSTAVE. Mais pourquoi les arbres serrés peuvent-ils acquérir plus de développement que les arbres éloignés ?

LE MAITRE. Parce que, dès le début de la plantation, leurs branches inférieures sont privées d'air, et que, manquant d'espace latéral, ils se gênent et se nuisent mutuellement ; les efforts de la sève se portent ainsi vers les étages supérieurs. « Dans ces conditions, dit un savant planteur, M. Duchesne-Thoureau, les branches inférieures annihilées dégagent toutes les aiguilles, qui viennent s'accumuler sur le sol aride et entretenir une humidité constante, sous l'influence de laquelle la végétation accomplit des prodiges ; l'arbre s'élance rectiligne, sans ramification, propre à tous les usages, et contribuant chaque jour à enrichir le terrain au profit de l'agriculteur, qui y trouvera, à son choix, une longue succession de récoltes, ou un semis naturel après l'exploitation. »

Vous comprenez maintenant la double nécessité d'une plantation serrée.

GUSTAVE. Parfaitement, et je ne manquerai pas de la faire comprendre à mon oncle Mathieu, qui doit planter, cette année, ses triots de Grand-Champ.

LOUIS. Il est possible que mon cousin Jérôme se décide lui-même à reboiser prochainement ses vastes terrains crayeux de la Haute-Motte : je lui dirai de planter serré.

LE MAITRE. Vous aurez raison : votre parent s'en trouvera bien.

HENRI. Mais quelle dimension doit-on donner aux trous destinés à recevoir les jeunes sujets ?

LE MAITRE. M. Frérot recommande de leur donner seulement 15 centimètres environ de profondeur. La terre extraite doit être divisée le mieux possible et placée en petite butte à côté de chaque excavation. S'il fait chaud, il faudra faire la plantation le plus tôt possible, afin de ne pas laisser au soleil et au hâle le temps de dessécher à la fois l'intérieur des trous et la terre qui en provient. D'un autre côté, pour assurer la reprise des plants, il importe de n'en pas laisser sécher ni même blanchir les racines. Enfin, contrairement à ce qui se pratique ordinairement à l'égard des plants de sujets à feuilles caduques ou annuelles, il ne faut enlever, ni même rogner aucune racine aux résineux : les racines trop longues doivent être repliées au fond du trou.

LOUIS. Quelle est la meilleure saison pour la plantation des résineux ?

LE MAITRE. Cette plantation doit avoir lieu à l'automne ou au printemps ; mais l'automne est préférable, parce qu'alors les plants s'attachent au sol par de nouvelles racines qu'ils font jusqu'aux plus grands froids et même durant les temps doux de l'hiver ; et au printemps suivant, ils poussent presque aussi bien que s'ils n'avaient pas été déplantés. La plantation du printemps n'offre pas cet avantage, et elle comporte d'ailleurs les plus grandes précautions dans le transport et la mise en place des plants, qui sont extrêmement sensibles à l'action du soleil et des vents desséchants.

Louis. Il n'y a donc pas à hésiter entre les deux saisons : c'est à l'automne qu'il faut planter les arbres résineux.

Gustave. Et à quel âge doit-on planter ces arbres ?

Le Maitre. Les plants de deux, trois et quatre ans sont ceux que l'on doit préférer. Plus âgés, ils reprendraient moins bien et seraient d'un prix plus élevé ; par conséquent, la plantation occasionnerait une plus forte dépense et le succès en serait moins assuré.

Gustave. Vous avez dit, je crois, que cette dépense peut revenir à 120 fr.?

Le Maitre. Oui, en plantant à l'état serré.

Louis. C'est-à-dire en employant du plant de 3 ans, repiqué, à 12 fr. le mille.

Le Maitre. Dans ces conditions, on a le pin noir d'Autriche, qui s'accommode parfaitement des terrains peu profonds, pourvu qu'ils soient, comme nos landes et savarts de Champagne, secs et calcaires. Au lieu de pivoter, ses racines sont traçantes, ce qui lui permet de résister à l'effort des vents les plus violents. Le plant de sapin épicéa, de 3 ans, repiqué, coûte également 12 fr. le mille dans les pépinières de M. Frérot ; mais il exige un peu plus de fond que le pin noir d'Autriche, bien qu'il prospère dans les terrains de médiocre qualité.

Gustave. C'est donc le pin noir d'Autriche qu'il faut surtout recommander aux propriétaires des landes champenoises et autres, de même nature ?

Le Maitre. Oui : n'y manquez pas. Planté dans les conditions indiquées, ce pin peut donner un profit considérable. Il est d'ailleurs de tous les conifères (nom qu'on donne à ces arbres, parce qu'ils affectent la forme d'un cône) celui qui est le plus riche en résine.

Louis. On peut donc cultiver cette essence pour en tirer de la résine ?

Le Maitre. Parfaitement. Mais pour produire la résine, qu'on obtient en faisant des incisions dans l'écorce du tronc, il faut que les arbres aient atteint l'âge de 35 à 40 ans. On évalue à 2 fr. en moyenne, par année, le produit que chaque pin peut donner alors en matière résineuse.

GUSTAVE. C'est prodigieux.

LE MAITRE. Oui, c'est prodigieux ; et, pour nous résumer, nous pouvons dire, avec M. Delamarre, auteur d'un intéressant ouvrage sur cette matière : « La culture des pins est » un moyen de devenir riche, puisque le propriétaire de » terrains incultes, de cent hectares, par exemple, plus ou » moins impropres à toute autre production, peut, par une » modique avance, accompagnée de quelques soins, qui » deviendraient une source de plaisir, se flatter non seule» ment d'être remboursé de cette avance et des intérêts vers » dix, douze ou quinze ans, mais de retirer, en outre, d'a» bord des profits assez notables, et ensuite, vers quarante » ou cinquante ans de son entreprise, une *richesse presque* » *millionnaire.* »

GUSTAVE. Je comprends : en conservant la moitié de ses arbres, soit 5,000 par hectare, ce propriétaire en tirera, par la résine, à raison de 2 fr. par arbre, un produit de 10,000 fr., et pour ses cent hectares, 1 million.

LE MAITRE. C'est comme cela; quelques hectares de triots constituent une véritable fortune, lorsqu'on sait choisir, pour les boiser, une essence qui leur convienne ; et, sans être octogénaire, on peut recueillir *soi-même*, affirme M. Frérot, les produits de sa plantation, quoi qu'en dise le dicton si connu : *On ne plante pas pour soi.*

Questionnaire récapitulatif.

COURS INTERMÉDIAIRE. — Faites connaître les avantages dus à la plantation à l'état serré ? — Évaluez les produits probables de l'opération, en plaçant les arbres : 1° à 1 mètre, — 2° à 2 mètres de distance en tous sens? — Expliquez pourquoi les résineux doivent être plantés à l'état serré ?

COURS SUPÉRIEUR. — Quelles précautions doit-on prendre au sujet des racines des arbres résineux ? — Quel est le prix de revient, par hectare, d'une plantation de ces arbres à l'état serré ? — Donnez le produit en résine des arbres conservés, après 35 ou 40 ans de croissance, sur un terrain de 3 hectares ?

Problèmes sur la plantation des arbres résineux.

Cours intermédiaire. — 1. — Que coûterait la plantation de 65 ares 20 centiares de terrain crayeux, en pins noirs d'Autriche, à raison de 10,000 pieds par hectare, coûtant 8 fr. les 1000 pieds, et la main-d'œuvre revenant au même prix ?

Rép. 104 fr. 32.

2. — Un cultivateur de Machault fait planter 3 hectares 15 de terrain crayeux en sapins, en employant 8000 plants par hectare, à 8 fr. les mille pieds. A combien s'élèvera sa dépense, la main-d'œuvre coûtant aussi cher que l'achat du plant ?

Rép. 403 fr. 20.

3. — Un terrain de 1 hectare 25 ares 15 a été planté, il y a 35 ans, en pins noirs d'Autriche ; aujourd'hui, au moyen d'incisions pratiquées dans l'écorce du tronc, chaque arbre donne annuellement pour 1 fr. 55 de résine. Quel est le rapport annuel de bois, si chaque hectare renferme encore 4500 pieds ?

Rép. 8726 fr. 50.

Cours supérieur. — 1. — Il y a 15 ans, un propriétaire d'Annelles, près Juniville, a planté un champ crayeux de 45 ares, en pin noir d'Autriche, à raison de 8000 plants par hectare, coûtant à cette époque 47 fr. les mille pieds. Aujourd'hui il récolte, chaque année, sur ce petit champ, pour 54 fr. de bois à brûler. A combien a-t-il placé son argent, en supposant le capital primitif doublé aujourd'hui ?

Rép. 15 fr. 95 0/0.

2. — Un terrain crayeux de forme rectangulaire, mesurant 1220 m. de base sur 185 m. de hauteur perpendiculaire, a été boisé en pins noirs d'Autriche, payés, à la pépinière, à raison de 15 fr. le mille. Les pieds ayant été placés à 4 mètres entre eux, faire connaître : 1° combien il en a été employé : 2° le montant total de la dépense, y compris une somme de 326 fr. 82 pour frais de transport et de plantation ? — Rép. 1° 28212 fr. pieds ; 2° 750 fr.

3. — Comparer le prix de revient d'une plantation de pins à l'état serré (10,000 pieds par hectare) et le rendement, après 35 ans de croissance des mêmes pins, sur un terrain de 4 hectares, les prix d'achat et de plantation s'élevant à 21 fr. par mille pieds, le nombre de pieds conservés étant, d'ailleurs, au bout de 35 ans de 4,500 par hectare et rapportant chacun 1 fr. 75 de résine, frais déduits ?

Rép. La plantation a coûté 840 fr. — Au bout de 35 ans, le rapport annuel est de 31,500 fr.

EXERCICES DE RÉDACTION SUR LE CHAPITRE Ier (1)

1. — Éléments du sol cultivé.

SOMMAIRE. — Dans une lettre à un ancien camarade d'école, Paul résume la leçon que son instituteur a faite en classe sur les différents éléments dont se compose la couche arable ou productive des champs cultivés. — Il énumère ces éléments et indique les moyens d'en reconnaître la nature par les yeux, par le toucher, par l'ouïe et par l'odorat. — Il finit en faisant connaître les cultures qui conviennent à chaque espèce de terrains.

Mon cher Emile,

Notre maître nous a fait aujourd'hui, sur les différentes espèces de sols, une leçon dont je veux t'entretenir.

Je sais maintenant que les éléments de toute terre cultivable sont l'argile, le sable et la chaux, et que, par suite, un sol est dit *argilo-calcaire* ou *argilo-siliceux*, selon qu'il contient plus ou moins d'argile, de chaux ou de sable.

On reconnait dans quelles proportions ces éléments se trouvent dans une terre quelconque en brûlant une poignée de cette terre sur une pelle rougie au feu. On peut aussi procéder à cette expérience, soit par les yeux ou par le toucher, soit par l'ouïe ou par l'odorat.

Ainsi, la terre grasse et douce au toucher, la terre qui produit, au labour, des tranches luisantes, qui exhale une forte odeur de bois pourri, la terre où l'eau séjourne après la pluie, est une terre essentiellement argileuse.

Au contraire, celle qui n'a aucune odeur, qui se laisse facilement travailler en toute saison, celle qui fait entendre un certain craquement lorsqu'elle est remuée sur une assiette, est une terre très sablonneuse.

La terre blanchâtre ou rougeâtre, dans laquelle l'eau s'infiltre immédiatement, est une terre argilo-calcaire ; elle est dite argilo-siliceuse lorsque le sable y domine et, lorsqu'en la cultivant, elle n'adhère ni à la bêche ni à la charrue.

Les terres argileuses, suffisamment pourvues d'*humus* ou de *terreau*, (substances dues à la décomposition des plantes),

(1) A l'usage des deux cours supérieurs.

conviennent particulièrement à la culture des céréales, à celle de la betterave et autres plantes fourragères.

De leur côté, les terres sablonneuses, même maigres et légères, peuvent être avantageusement cultivées en seigle, méteil, avoine, etc.

Enfin, les terres argilo-calcaires, ou argilo-siliceuses, sont très favorables à la luzerne (ce qu'elles doivent à la présence de la chaux), à la pomme de terre et aux plantes sarclées de toute espèce.

Voilà, mon cher Emile, ce que je ne savais pas hier et ce que je suis heureux de te répéter aujourd'hui

Ton ami bien sincère,

X...

2. — Défrichement. — Epierrement. — Ecobuage.

SOMMAIRE. — Résumer, dans une courte narration, la leçon développée dans l'entretien et complétée par les observations du Maître. — Caractériser succinctement le *défrichement* et l'*épierrement*. — Décrire l'opération de l'*écobuage*, nommé aussi *gazonnage* et *essartage*. — Remarque au sujet de cette opération dans les Ardennes. Pourquoi elle est utile dans les terrains argileux, et nuisible dans les terrains sablonneux et calcaires.

Le *défrichement* est une opération qui consiste à débarrasser les sols boisés des souches qui le recouvrent et de le défoncer de façon à y faire pénétrer à la fois l'air, l'eau de pluie et la chaleur. Cette opération peut également s'appliquer au défoncement des landes, triots et terres incultes.

On procède au défrichement au moyen du pic et de la pioche; mais on n'enlève, en les brisant, que les plus grosses pierres; celles de petit volume doivent rester dans le sol défoncé, afin d'y arrêter, pendant les fortes chaleurs, l'évaporation de l'humidité indispensable au développement des plantes. C'est là ce qu'on appelle *épierrement*.

L'*écobuage*, nommé aussi *gazonnage* et *essartage*, est un mode de culture qui se réduit à lever au hoyau, dans les coupes de bois récemment exploitées, toute la surface du sol, dont on forme des plaques rondes de 6 à 7 centimètres d'épaisseur. Ces plaques restent sur le terrain une partie de l'été; lorsqu'elles sont sèches, on les réunit en petits tas, en ayant soin de les renverser, afin que la partie gazonnée soit à l'intérieur. On y met le feu à l'aide des branchettes restées sur le sol. Le tout doit brûler lentement et complètement; cette condition s'obtient en fermant avec soin les ouvertures. Lorsque les fourneaux sont éteints, on en étend les cendres, qui forment ainsi la couche de terre destinée à recevoir la semence.

L'écobuage n'est guère pratiqué que dans les bois de la partie nord des Ardennes, où il donne une bonne récolte en seigle, puis deux ou trois autres en genêt.

Ce mode de culture est surtout profitable aux terrains argileux, qu'il rend moins compacts. Dans les terres sablonneuses et calcaires, il serait essentiellement nuisible, parce qu'il ajouterait aux inconvénients de ces terrains, qui sont trop poreux pour retenir convenablement l'humidité pendant les chaleurs.

3. — Assainissement des terres. — Drainage.

SOMMAIRE. — Lettre à un camarade sur l'importance des travaux d'assainissement et de drainage. — Différence entre les deux opérations. — Comment s'exécute le *drainage* avec tuyaux en poterie. — Dimensions des *drains*. — A quoi servent les *drains collecteurs*. — Prix de revient d'un bon drainage. — Augmentation des produits obtenus. — Conclusion.

Mon cher Jules,

Tu me demandes de te faire connaître ce que je sais sur l'assainissement de la couche de terre cultivable et sur les travaux de drainage du sous-sol. Je le fais volontiers.

L'*assainissement* d'une terre cultivée consiste uniquement à purger la couche arable de son excès d'humidité. On y parvient ordinairement à l'aide de simples raies de labour disposées dans le sens de la pente du terrain.

Mais lorsque le sous-sol absorbe difficilement l'eau des pluies, il faut recourir au *drainage* proprement dit, c'est-à-dire disposer des écoulements souterrains à la profondeur d'un mètre et parfois plus, soit avec des pierres, soit au moyen de tuyaux en terre cuite.

Le drainage avec tuyaux est le plus parfait.

On l'exécute en creusant des tranchées à la profondeur voulue, au fond desquelles on place les tuyaux ou *drains* les uns au bout des autres, en leur donnant une pente de un à deux centimètres par mètre.

Les drains ont ordinairement 30 centimètres de longueur, sur 2 à 8 centimètres de diamètre. On les réunit entre eux à l'aide de manchons également en poterie, en les faisant aboutir à d'autres tuyaux d'un diamètre plus grand, que l'on nomme *drains collecteurs.*

Ces derniers débouchent dans un fossé ou dans un cours d'eau.

Le prix de revient d'un bon système de drainage peut être évalué à 200 fr. environ par hectare, soit 2 fr. par are, somme minime, si on la compare à la plus-value que l'opération réalise.

En effet, on évalue à 25 et même à 30 0/0 l'accroissement et la qualité des produits obtenus par le drainage.

Tu vois, mon cher Jules, quelle perte subissent les propriétaires qui négligent le drainage, et quels services cette opération peut rendre à la production agricole.

Tout à toi,

X...

*
* *

4. — Irrigations. — Procédés employés.

SOMMAIRE. — Dans une seconde lettre à son camarade Jules, l'élève X. lui fait connaître les avantages de l'*irrigation*. — Ce qu'il faut entendre par le mot *irriguer*. — Puissance productive de l'eau et du soleil; — mot d'un agronome à ce sujet. — Différents modes d'irrigation — Comment les propriétaires français font chaque année une perte de trois milliards en négligeant les irrigations.

Mon cher Jules,

Je complète ma dernière lettre en te faisant part des quelques notions que je possède, depuis peu, sur les irrigations.

Tu le sais probablement, *irriguer*, c'est, comme on le dit chez nous, *mettre l'eau à un pré*, afin qu'en imbibant le gazon et en tempérant l'action de la chaleur, elle fertilise en même temps la couche arable du terrain.

Tu vois que l'irrigation est absolument le contraire du drainage : par l'une, on remédie à l'excès de sécheresse; par l'autre, à l'excès d'humidité.

Le maitre nous a fait rire en nous citant, au sujet des irrigations, le mot d'un agronome célèbre. Suivant cet honorable praticien, « un d'eau et un de soleil ne font pas *deux* : ils font *quatre*. »

Oui, dans ce cas, on peut dire que 1 et 1 font 4 ; car, unies entre elles, la puissance de l'eau et celle du soleil doublent la puissance de l'une et de l'autre.

L'irrigation se pratique principalement de trois manières :

1° Par *ruissellement*, mode qui consiste à diriger l'eau de manière à lui faire arroser simultanément ou successivement toutes les parties d'une prairie situées les unes au-dessous des autres;

2° Par *submersion*, lorsqu'on peut disposer, à un moment donné, d'une certaine quantité d'eau ;

3° Par *infiltration*, au moyen de rigoles et de fossés où l'on fait séjourner et monter l'eau, de telle sorte que la couche arable en soit entièrement imbibée.

Les avantages dus aux irrigations sont incalculables. Malheureusement, nous sommes loin de les réaliser entièrement. Les économistes prétendent que nous pourrions augmenter de *trois milliards* la production agricole de la France, en aménageant convenablement les eaux de nos rivières au profit des prairies situées sur leurs rives, et cela, sans nuire en rien à la navigation. Mais nous négligeons de prendre les mesures nécessaires. C'est donc, comme l'a dit M. de Gasparin, c'est *trois milliards que tous les ans nous envoyons à la mer*.

N'est-ce pas profondément regrettable ?

Ton bien sincère ami,

X...

***

5. — Plantations d'arbres résineux.

SOMMAIRE. — Résumer, dans une narration rapide, les indications qui font l'objet du questionnaire relatif à la plantation des arbres résineux. — Ce que c'est que la *résine*. — Arbres à feuilles caduques, — à feuilles durables ou permanentes. — Différentes espèces d'arbres résineux. — Avantages des plantations à l'état serré.

Depuis quelque temps déjà, les terres crayeuses et longtemps stériles de la Champagne dite *pouilleuse*, se couvrent de plantations d'arbres verts désignés sous le nom collectif d'arbres résineux.

Ces arbres sont ainsi nommés, parce qu'on peut en extraire une substance grasse et noire appelée *résine*, avec laquelle on fabrique des torches pour l'éclairage des mines, houillères, etc.

Contrairement aux arbres à feuilles caduques, qui tombent

chaque année, les arbres résineux ont un feuillage permanent, mêlé de brindilles ou aiguilles qui se détachent de l'arbre et s'accumulent sur le sol, où elles forment, petit à petit, une couche de terreau éminemment fertile.

C'est grâce à cette fertilité et à l'initiative d'hommes intelligents que les savarts ou trio‘s de la Champagne égaient aujourd'hui la vue, au lieu de la fatiguer, et que ces terrains donnent des produits qui enrichissent et assainissent le pays.

On trouve là le pin noir d'Autriche, le pin Laricio, le pin Sylvestre, le sapin épicéa, le mélèze d'Europe, etc., toutes les espèces les plus utiles de la grande famille des conifères, c'est-à-dire des arbres dont les fruits sont en forme de cônes.

Pins et sapins prospèrent à l'envi et sont exploités déjà, soit en perches pour les houillères, soit en bois d'œuvre ou de charpente.

Les massifs de mélèzes et d'épicéas donnent également des produits recherchés pour la qualité de leurs bois.

Au sujet de la création de ces forêts, on a constaté un fait remarquable : c'est que, plantés en *forêt pressée*, les arbres résineux acquièrent généralement une grande hauteur, tandis que, plantés isolément à une distance de deux mètres, par exemple, ils s'élèvent beaucoup moins et deviennent, même à leur base, rameux, tortus et rabougris.

Il n'y a donc pas à hésiter entre les modes de plantations : les propriétaires bien avisés adoptent l'état serré, et non-seulement ils retirent, tous les douze ou quinze ans, de notables profits en exploitant leur bois en taillis, mais les arbres réservés leur donnent encore, après trente-cinq ou quarante ans de croissance, un produit en résine qu'on évalue à 2 francs, en moyenne, par année et par pied d'arbre.

Quelles sont les forêts de chênes qui valent les bois de sapins ?

CHAPITRE II.

§ Ier.

Amendement du sol. — Marnage : marnes argileuses, marnes calcaires. — Chaulage. — Plâtre. — Cendres. — Nodules et phosphates de chaux.

Le Maitre. Nous allons nous occuper de l'amendement du sol. En vous reportant au Dictionnaire, vous pouvez voir que, dans son acception générale, le mot *amender* signifie *rendre meilleur, corriger*. De là le nom d'*amendements* donné, en agriculture, aux substances diverses qui peuvent être ajoutées au sol cultivable pour le rendre meilleur, pour l'améliorer, en un mot pour le *corriger* de façon à le rendre propre au but qu'on veut atteindre. Vous le savez, la terre arable est assez généralement composée de quatre éléments?

Eugène. Oui : ces éléments sont le sable, l'argile, la chaux et l'humus.

Le Maitre. Vous vous souvenez que les terrains qui offrent les meilleures conditions de culture sont ceux qui renferment de 40 à 45 centièmes de sable, autant d'argile, de 6 à 8 centièmes de chaux, et de 3 à 5, même à 8 centièmes d'humus.

Gustave. Je me rappelle cela, en effet : les terres ainsi composées se nomment *terres franches*.

Le Maitre. Si donc, après avoir étudié un terrain par le moyen que je vous ai indiqué d'après un excellent petit ouvrage (1), on y reconnaît la présence de 60 centièmes d'argile, au lieu de 45 environ, il faut l'amender en y mêlant une matière sablonneuse. Si, au contraire, le sol analysé offre 60 centièmes de sable, lorsqu'il en faudrait à peine 40, il y a lieu de l'amender par l'addition de matières argileuses.

Louis. Et les terrains qui contiennent trop de chaux, comme les sols crayeux, ou trop d'humus, comme les sols bourbeux ?

(1) *Le Cultivateur*, par At. Pigeot, chez l'auteur, instituteur au Chesnes (Ardennes). — Prix : 1 fr. 25.

Le Maitre. On les amende par l'adjonction d'un élément argileux ou calcaire, suivant le cas.

Gustave. Il est facile de distinguer les terrains qui contiennent trop de chaux ; mais il n'en est pas de même de ceux qui en manquent.

Le Maitre. En effet, les meilleures terres ne contiennent qu'une faible proportion de chaux ; mais on peut toujours savoir si cet élément existe dans la terre qu'on cultive : c'est de faire sécher une petite quantité de cette terre et de l'arroser ensuite avec un acide quelconque, eau forte ou vinaigre. S'il ne se produit aucun bouillonnement dans l'opération, c'est que le terrain est privé de chaux.

Eugène. J'ai vu faire cette expérience par le fermier du Mont-d'Or.

Le Maitre. C'est vrai. Il l'emploie depuis longtemps. On a d'ailleurs la preuve qu'un terrain manque de chaux lorsqu'on y voit croître spontanément la bruyère, l'oseille sauvage, la fougère, l'avoine à chapelet, etc.

Gustave. Quelles sont donc les substances employées pour amender les terres ?

Le Maitre. Les principaux amendements sont la *marne*, la *chaux*, le *plâtre* et les *cendres*.

La marne est une couche de terre composée, en proportions variables, d'argile, de sable et de carbonate de chaux, ou pierre qui produit cette substance étant soumise à une chaleur très-forte. La marne se rencontre presque partout, soit à la surface du sol, soit sous la couche arable des meilleurs terrains. Il en existe sur certains points des bancs énormes ; mais ils ne peuvent être exploités qu'à la suite de travaux préparatoires que les propriétaires s'imposent rarement.

Eugène. La marne est-elle partout de même qualité ?

Le Maitre. Non, tant s'en faut. Il y a des marnes qui contiennent jusqu'à 90 pour cent de carbonate de chaux : on les nomme *marnes calcaires*. Il y en a d'autres qui en contiennent seulement de 20 à 40 pour cent : ce sont les *marnes argileuses*. Il y en a même qui en contiennent moins encore : celles-là sont dites *marnes siliceuses*.

Louis. Plus la marne renferme de chaux, plus elle a de qualité ?

Le Maitre. Sans doute, car il en faut moins pour marner un champ.

Gustave. Mais comment peut-on apprécier exactement les qualités de la marne ?

Le Maitre. Par le moyen indiqué tout-à-l'heure pour reconnaître l'existence de la chaux dans la composition d'un terrain On fait sécher le morceau de terre qu'on soupçonne être de la marne, puis on le plonge dans du vinaigre très-fort : le bouillonnement qui en résulte indique par son intensité, et plus encore par sa durée, la qualité de la marne éprouvée.

Gustave. La quantité de marne à donner à un champ se règle-t-elle uniquement sur la quantité de chaux que cette marne contient ?

Le Maitre. Elle se règle aussi sur la nature de la terre qu'on veut amender. Si, par exemple, cette terre est labourée à 20 centimètres de profondeur, et qu'elle ait besoin de 1 pour cent de chaux, le volume de la couche arable étant de 2 mille mètres cubes par hectare, la quantité de chaux demandée sera de 20 mètres cubes ; et si la marne dont on dispose contient 50 pour cent de chaux, il en faudra 40 mètres cubes. Dans certains sols argileux ou sablonneux, qui ont besoin de 3, 4 et même 5 pour cent de chaux, on emploie jusqu'à 80 et souvent 100 mètres cubes de marne par hectare.

Louis. L'opération qui consiste à amender les terres de cette manière s'appelle donc....

Le Maitre. *Marnage.*

Louis. Et comment s'exécute-t-elle ?

Le Maitre. Tout simplement en répandant la marne à la pelle, et le plus également possible sur le sol. Cette opération se fait ordinairement à la fin de l'été, et, le plus souvent, on la fait suivre d'un léger labour. Il en est de même de l'emploi de la chaux ou *chaulage*.

Gustave. Quelle différence y a-t-il donc, quant à l'aspect, entre la marne et la chaux ?

Le Maitre. La marne est une substance qui reste à l'état naturel, tandis que la chaux est une pierre qu'on a fait cuire dans un four spécial. La marne et la chaux produisent les mêmes effets ; mais, proportionnellement, il faut beaucoup moins de chaux que de marne pour amender un terrain. Le chaulage est d'ailleurs parfaitement inutile dans les terrains calcaires; au contraire, dans les sols argileux et sablonneux, dans les terrains tourbeux ou nouvellement défrichés, il donne des résultats réellement merveilleux : on voit parfois le revenu d'une terre doubler, dès la première année, par l'emploi du chaulage.

LOUIS. A quoi cela tient-il?

LE MAITRE. Au principe de la chaux, qui a la propriété d'activer d'une façon énergique la décomposition des matières animales et végétales, et qui excite en même temps les plantes à absorber ces matières. En outre, la chaux, comme la marne, ameublit ou émiette la terre, l'échauffe et y détruit les insectes et les plantes parasites ou mauvaises herbes.

EUGÈNE. La chaux peut-elle donc tenir lieu de fumier?

LE MAITRE. Non. Au contraire, le chaulage nécessite une plus grande quantité d'engrais, précisément parce que la chaux l'absorbe rapidement. On peut fumer légèrement les terrains chaulés, mais il faut souvent renouveler la fumure.

EUGÈNE. Quelle quantité de chaux emploie-t-on, en moyenne, par hectare de terrain?

LE MAITRE. Je vous l'ai dit, cette quantité varie avec les terrains ; il faut tenir compte aussi du temps qui s'écoule entre chaque chaulage.

EUGÈNE. Je suppose un terrain où l'argile domine et qui est chaulé tous les ans.

LE MAITRE. Dans ce cas, quatre ou cinq hectolitres suffisent par hectare. Lorsqu'on ne chaule que tous les quatre ou cinq ans, on est obligé d'aller jusqu'à douze ou quinze hectolitres.

EUGÈNE. Je comprends.

LOUIS. Parmi les amendements, vous avez nommé le plâtre et les cendres. Qu'est-ce donc que le plâtre?

LE MAITRE. Le plâtre est une substance pierreuse, composée de chaux, d'eau et d'acide sulfurique, sel qui tient de la nature du soufre. On le trouve dans la terre en bancs considérables. Le plâtre se cuit comme la pierre à chaux. Toutefois, il peut être employé cru, mais toujours en poudre. C'est plutôt un *stimulant* qu'un amendement, car il agit, non directement sur le terrain, mais sur les plantes elles-mêmes, et surtout sur certaines plantes. On cite à propos des effets du plâtre sur le trèfle une curieuse expérience due à Franklin, l'un des grands hommes du siècle dernier, né à Boston en 1706. — Boston, vous le savez, est une ville importante des Etats-Unis d'Amérique. Dans le but de vaincre la résistance que la routine opposait à la propagation des idées qu'il voulait vulgariser, le célèbre Américain répandit de ses mains, sur un champ de jeune trèfle disposé en pente au bord d'un chemin, une certaine quantité de plâtre, en y traçant ces mots : *Ceci a été plâtré.* Vous savez le reste : le trèfle se développa avec une telle vigueur sur les endroits plâtrés que l'inscription trancha bientôt en vert foncé sur la couleur beaucoup moins vive du reste du champ. Tous les passants furent émerveillés, et, dès ce moment, nul ne put douter de l'efficacité du plâtre sur les prairies artificielles, trèfle, luzerne, sainfoin, etc.

LOUIS. L'expérience était concluante.

GUSTAVE. A quelle époque se sème le plâtre ?

LE MAITRE. A la fin du printemps, lorsque les plantes ont déjà une certaine hauteur. On choisit pour cela un temps humide.

GUSTAVE. Quelle quantité doit-on employer, en moyenne, par hectare de terrain ?

LE MAITRE. De deux à quatre hectolitres.

LOUIS. Les cendres que l'agriculture emploie, comme amendement, existent-elles dans la terre, comme la marne, ou se fabriquent-elles, comme la chaux ?

LE MAITRE. Les cendres se rencontrent à l'état libre dans certains terrains du nord de la France ; on les emploie crues sur les terres légères ; mais, le plus souvent, on ne s'en sert que lorsqu'elles ont été calcinées.

LOUIS. Les cendres sont ainsi une variété de la chaux ?

LE MAITRE. Les cendres sont tout simplement des marnes argileuses ; elles sont peu abondantes en chaux, mais elles contiennent ordinairement ce que les minéralogistes appellent des pyrites et des sulfates, ou sels de la nature du fer et du soufre. C'est par ces sels que les cendres agissent sur les plantes. Dans son excellent ouvrage sur l'*Industrie dans le département des Ardennes*, M. Nivoit cite, comme un des meilleurs stimulants, les cendres exploitées dans les bois d'Enelle, commune de Balaives-et-Butz. Mais elles doivent être employées crues. En cet état, elles jouissent des mêmes propriétés que les cendres dites de Picardie, dont on fait un grand usage dans les arrondissements de Vouziers et de Rethel, à la dose de 5 hectolitres par hectare.

Questionnaire récapitulatif.

COURS INTERMÉDIAIRE. — Que signifie le mot *amender* ? — Rappeler ce qui a été dit sur les éléments dont se compose la terre arable ? — Comment amende-t-on un terrain trop argileux ? — Et un terrain trop sablonneux ? — Quelles sont les plantes qui poussent spontanément sur un terrain privé de chaux ? — Nommez les principaux amendements. — Qu'est-ce que la marne ? — En quoi consiste la qualité de la marne ? — Qu'entend-on par *marnage* ? — Comment s'exécute le marnage ? — le chaulage ? — Quelle quantité de chaux faut-il employer par hectare de terrain ? — Qu'entend-on par *stimulants* ? — Nommez les principaux stimulants — A quelle époque sème-t-on le plâtre ? — Quelle quantité emploie-t-on par hectare de terrain ? — Y a-t-il d'autres stimulants ?

COURS SUPÉRIEUR. — Quelles sont les terres qui offrent les meilleures conditions de culture ? — Que faut-il faire avant d'amender un terrain ? — Comment amende-t-on les terrains qui contiennent trop de chaux ou trop d'humus ? — Comment reconnaît-on qu'un terrain manque de chaux ? — Qu'entend on par *marnes argileuses* ? — par *marnes silicieuses* ? — par *marnes calcaires* ? — Comment peut-on apprécier exactement les qualités de la marne ? — Sur quoi se règle la quantité de marne à donner à un champ ? — Quelle différence y a-t-il entre la marne et la chaux ? — Quelle est la propriété de la chaux employée comme amendement ? — La chaux peut-elle tenir lieu de fumier ? — Qu'est-ce que le plâtre ? — Rappelez l'expérience célèbre due à Franklin, sur l'emploi du plâtre comme stimulant ? — Qu'est-ce que les cendres et comment agissent-elles sur les plantes ?

Problèmes sur les amendements.

COURS INTERMÉDIAIRE. — 1. — Un cultivateur veut chauler 5 hectares 65 ares 08 centiares de ses terrains, à raison de 2 décalitres de chaux par are ; quelle quantité lui faudra-t-il, et à combien lui reviendra le chaulage d'un hectare, si la chaux lui coûte 4 fr. 75 le mètre cube ? — Rép. 1° 118 hectolitres ; 2° 53 fr. 67 cent.

2. — Sachant qu'une couche de 0 m. 08 d'argile pourrait amender un terrain sablonneux d'une contenance de 52 ares, combien coûterait cet amendement, si le tombereau, contenant 26 hectolitres, revenait à 0 fr. 35 ? — Rép. 56 fr.

3. — Combien faudra-t-il de chaux grasse pour chauler 82 ares 05 centiares de terrain, à raison de 20 mètres cubes à l'hectare, et quelle sera la dépense, au prix de 0 fr. 25 le double décalitre ? — Rép. 16 m. cubes 410 ; — 2° 205 fr.

4. — Quelle quantité de plâtre faudra-t-il pour amender 6 hectares 20 ares de trèfle, à raison de 450 kilog. par hectare ? — Rép. 2790 kilogr.

5. — A quel prix reviendra ce plâtrage, à raison de 2 fr. 25 les 100 kil. ? — Rép. 62 fr. 77.

6. — 1 hectare de trèfle non plâtré donne 23 quintaux de foin se vendant 47 fr. les mille kil., — et l'hectolitre plâtré en donne 32 quintaux, qu'on vend au même prix. Combien a-t-on gagné en dépensant 10 fr. 15 pour le plâtrage de ce trèfle ? — Rép. 32 fr. 15 centimes.

7. — On a payé 30 fr. 60 pour le plâtrage d'un sainfoin, à raison de 5 fr. 10 les 50 ares. Quelle surface a-t-on plâtrée ? — Rép. 3 hectares.

Cours supérieur. — 1. — On a dépensé 616 fr. pour chauler un terrain qui a demandé 10 hectolitres de chaux par hectare, coûtant, avec le transport, 7 fr. 25 le mètre cube. Quelle est la surface de ce terrain ? — R. 84 hectares 96 ares.

2. — Le marnage de 2 hectares 15 ares de terre coûte annuellement 215 fr. et donne un rendement moyen de 1350 fr. par an. Le même terrain, non marné, ne rapporte que 330 fr. par hectare. — A combien a-t-on placé son argent en marnant ce terrain ? R. — 297 fr. p. 0/0

3. — On veut amender un terrain complètement dénué de calcaire avec de la marne renfermant 70 pour cent de calcaire ; on répand à cet effet sur le sol 82 mètres cubes de marne par hectare et on les mélange avec la couche superficielle du sol au moyen de labours répétés. Sachant que cette couche a une épaisseur de 0 m. 18, on demande quelle proportion de calcaire elle renferme après l'opération ? — R. 3,05 pour cent.

4. — 250 sacs de plâtre, pesant chacun 20 kilog., ont été transportés à 330 kilom. de distance. On a payé, pour le transport, 0 fr. 087 par tonne et par kilomètre. Combien a-t-on dépensé pour le transport ? — R. 70 fr. 30. (*Certificat d'études*, St-Pois, Manche.)

5. — Une pièce de 2 hectares 85 ares doit être amendée avec de la marne contenant 21 p. 0/0 de chaux pure. Combien faudra-t-il en employer pour déposer sur la surface une épaisseur de 0 m. 0015, et quelle sera, par are, la quantité de chaux répandue ? — R. 1° 42 m³. 750 ; 2° 31 d³ 500. (*Certificat d'études*, Ardennes).

6. — Un propriétaire a fait répandre sur sa terre 2748 m. cubes de marne, dont le poids est 2 fois 1/2 celui de l'eau : rendue sur place et étendue, elle revient à 0 fr. 23 le quintal métrique. On demande ce que ce propriétaire a dépensé, et à quel taux il a placé son argent, sachant que sa récolte a valu 477 fr. 50 de plus que l'année précédente et que, grâce à cette amélioration, il a obtenu 293 fr. de prime au concours ? — R. 4 fr. 87 p. 0/0. (*Certificat d'études*, Aube).

7. — Dans une terre nouvellement défrichée, on répand 95 kilog. de noir animal par are. Quelle est la surface de cette terre, sachant que la dépense totale a été de 2,580 fr, et que le noir animal coûte 1 fr. 75 l'hectolitre ? On sait que le décimètre cube de noir animal pèse 1 kil. 62. — R. 25 hectares 14 ares, 03. (*Certificat d'études*, Ardennes).

---

§ II.

Cendres. — Nodules et phosphates de chaux (suite).

LE MAITRE. D'autres cendrières sont également exploitées dans les Ardennes, à Flize et à Mouzon, par exemple. Mais leurs produits sont inférieurs à ceux des bois d'Enelle. Il est vrai qu'ils coûtent peu : 1 fr. 50 environ par mètre cube, lorsque la matière est livrée crue, et de 3 fr. à 3 fr. 50 lorsqu'elle est calcinée.

GUSTAVE. Les cendres provenant de la houille ou du bois peuvent-elles être utilisées comme amendements?

LE MAITRE. Parfaitement. Les cendres de bois notamment, lessivées ou non, contiennent de la chaux et surtout de la potasse, c'est-à-dire un des principes les plus éminemment propres à favoriser la végétation. On peut les employer sans préparation aucune, en les répandant à la volée sur les prairies naturelles, où elles contribuent à faire périr les mousses et les larves d'insectes.

LOUIS. Mais les cendres de houille sont mêlées de crasses qui rendent cette opération impossible.

LE MAITRE. Je le sais. Aussi, les cendres qui ont cette provenance doivent-elles être passées à la claie pour en séparer les scories, ou résidus pierreux qu'on appelle vulgairement *crasses*. Dans le département du Nord, les cendres de houille sont considérées comme un amendement indispensable pour la culture du houblon. Dans les centres où l'industrie du fer a pris un grand développement, on commence à utiliser jusqu'aux scories, qui servent à améliorer les terres blanches ou crayeuses, après avoir été pulvérisées sur les chemins par les chevaux et les voitures.

GUSTAVE. Il y a aussi, dit-on, des pays où l'on recherche les cailloux pour les moudre, comme le blé au moulin, et dont on répand ensuite la farine sur les terres.

LE MAITRE. C'est très vrai ; et je pourrais vous citer beaucoup de moulins où l'on fait ainsi de la farine avec des cailloux.

GUSTAVE. Il y en a plusieurs dans le pays de Vouziers, où demeure ma tante Ursule.

LE MAITRE. Et savez-vous, mon ami, comment on appelle les cailloux qu'on y conduit?

GUSTAVE. On les appelle *coquins* ou...

EUGÈNE. Ou *crottes du diable.*

GUSTAVE. C'est cela : je ne retrouvais pas le mot, ou plutôt je n'osais le prononcer.

LE MAITRE. Et bien ! mes enfants, ces cailloux ou rognons, qu'on a baptisés de noms ridicules ou dérisoires, sont appelés à transformer l'agriculture par l'emploi judicieux des matières extraordinairement fertilisantes qu'ils contiennent. En effet, les *coquins* sont un mélange de calcaire, de sable argileux, d'oxyde de fer et de phosphate de chaux. Vous savez que cette dernière substance se trouve en très faible quantité dans les terres arables et qu'elle est un des éléments les plus nécessaires au développement de la végétation. Il y a donc un intérêt immense à recourir à l'exploitation des gisements de *coquins*, ou de *nodules phosphatés*, ainsi que la science les appelle. Déjà, dans les seuls départements de la Meuse et des Ardennes, on compte assez d'établissements de ce genre pour occuper une trentaine d'usines. Dans le Pas-de-Calais, il y en a peu encore ; mais les matières phosphatées qu'on y extrait sont en grande partie expédiées sans préparation aucune.

LOUIS. Les nodules peuvent-ils donc être livrés au cultivateur sans être broyés ?

LE MAITRE. Non : pour être employés comme amendements, les nodules doivent être réduits en poussière extrêmement fine, et pour ainsi dire impalpable. C'est en cet état seulement que le phosphate qu'ils contiennent est susceptible de devenir plus rapidement *assimilable*, c'est-à-dire qu'il pourra être absorbé par les végétaux et servir à leur nourriture.

LOUIS. Dans quels terrains rencontre-t-on ordinairement les nodules?

LE MAITRE. Les gisements de nodules exploités depuis 1855 et 1857, dans les trois départements que j'ai cités, se trouvent dans deux couches distinctes de terrains. L'une de ces couches est désignée par les géologues sous le nom de *sables verts*, et se compose de lits alternatifs de sable et d'argile, dont la teinte générale est en effet d'un vert foncé. L'autre est la *gaize*, sorte de roche siliceuse bien connue sur certains points des vallées de l'Aisne et de l'Aire. Il existe également des nodules dans les marnes crayeuses du sud des Ardennes. La *Statistique minéralogique* de ce département, due à MM. Sauvage et Buvignier, a depuis longtemps signalé l'existence de ce troisième gisement. Enfin, M. Meugy, ancien ingénieur en chef des mines, en indique un quatrième dans la craie blanche elle-même. Il l'a observé sur le chemin de fer de l'Est, à l'entrée du tunnel de Perthes, du côté de Rethel, et M. Nivoit (1) constate que c'est à ce savant que revient l'honneur d'avoir fait connaître, le premier, la composition des nodules du terrain crétacé du Nord et des Ardennes.

Eugène. A quelle profondeur trouve t-on les nodules ?

Le Maitre. Dans les sables verts, les nodules se rencontrent à 1m50 de profondeur, 2 mètres au plus. Ceux de la *gaize* ne se trouvent qu'à 4 mètres environ. Ces derniers, dont la découverte est due à M. Dessailly, de Grandpré, sont les plus riches en phosphate; mais, en raison des déblais qu'ils nécessitent, leur extraction est plus coûteuse que celle des sables verts.

Gustave. L'exploitation des nodules se fait-elle donc à ciel ouvert ?

Le Maitre. Parfaitement, et par un travail méthodique, qui oblige à fouiller le terrain, à le défoncer profondément, ce qui lui donne ainsi, après l'exploitation, une fertilité bien supérieure à celle qu'il avait précédemment.

Louis. Pourquoi cela ?

Le Maitre. Parce qu'on a eu le soin de replacer à la surface la couche de terre végétale et que le sous-sol, devenu perméable, se trouve dès lors dans les meilleures conditions possibles pour la culture du sol.

Louis. Les propriétaires peuvent-ils exploiter eux-mêmes leurs terrains ?

Le Maitre. Sans doute, et rien n'est plus facile, les nodu-

(1) *Notions élémentaires sur l'Industrie des Ardennes.* — Charleville, Librairie Jolly.

les mis à découvert pouvant être enlevés à la pelle, sinon même à la main.

LOUIS. Vraiment? Je ne me serais jamais figuré cela.

LUCIEN. Ni moi non plus.

LE MAITRE. Mais, le plus souvent, les propriétaires traitent avec les exploitants, en leur concédant le droit d'extraction à un prix déterminé par hectare, avec la condition de remettre le terrain en état de culture.

GUSTAVE. Ce droit coûte cher, sans doute?

LE MAITRE. Suivant un rapport récent, fait à la Société d'encouragement pour l'industrie nationale, par M. Barral, un de nos agronomes les plus distingués, le prix de concession des terrains à nodules n'était d'abord que de 500 fr. par hectare ; mais il s'est élevé successivement, et cela devait être, à 2,000, et même à 3,000 fr. pendant ces dernières années. En moyenne, les terrains fouillés étaient primitivement estimés 1,000 fr. l'hectare : la nouvelle industrie en a donc triplé la valeur.

LOUIS. Bienheureuse industrie, en vérité !

LE MAITRE. On peut surtout juger de son importance quand on sait que les couches de nodules connues jusqu'ici dans les départements de la Meuse, des Ardennes et du Pas-de-Calais embrassent une superficie de plus de 200 mille hectares !

LOUIS. C'est une véritable fortune pour les propriétaires des terrains qui renferment ces couches.

LE MAITRE. C'est une plus-value de 400 millions que ces terrains ont acquise tout à coup !

GUSTAVE. Prospérité réellement remarquable.

LE MAITRE. Prospérité inouïe, et dont il serait difficile de trouver un autre exemple en France.

EUGÈNE. Sait-on le nombre des heureux propriétaires intéressés dans l'exploitation des nodules?

LE MAITRE. Suivant M. Barral, ce nombre était de 257 en 1873.

EUGÈNE. Une plus-value de 400 millions répartie entre 257 propriétaires, c'est joli.

GUSTAVE. C'est une moyenne individuelle de plus de... 150,000 francs.

LE MAITRE. Certes, cette plus-value donnée aux terrains

à phosphates calcaires est considérable, mais celle que doivent acquérir les terrains améliorés par l'emploi de la précieuse matière ne l'est pas moins. Déjà l'industrie des nodules occupe, paraît-il, près de 30 mille ouvriers, et elle livre chaque année à l'agriculture plus de 70 mille tonnes de matières fertilisantes !

Louis. Mais à quel prix ces matières reviennent-elles au cultivateur qui veut s'en servir ?

Le Maitre. Les nodules pulvérisés forment trois catégories fondées sur leur richesse en phosphate de chaux :

La 1re en contient de 62 à 70 0/0, et se vend 7 fr. le quintal;
La 2e — de 46 à 50 0/0, — 5 fr. —
La 3e — de 40 à 45 0/0, — 4 fr. 50. —

Ces chiffres sont relevés dans l'excellent ouvrage de M. Nivoit, qui évalue d'ailleurs à environ 650 kilog. de nodules, dosant 45 pour cent de phosphate de chaux, la quantité de matière à employer par hectare de terrains.

Louis. De sorte que, pour l'amendement d'un hectare de terrain, la dépense est minime.

Le Maitre. Elle est tout simplement de 30 fr., en prenant 600 kilog. de matières à 5 fr. le quintal, soit 30 centimes par are. Au moyen de cette faible dépense, le cultivateur double, il triple même, et pour plusieurs années, certains produits de son exploitation.

Eugène. Mais les phosphates ne peuvent convenir à tous les terrains ?

Le Maitre Naturellement : dans les terrains calcaires, les phosphates seraient à peu près sans effet. Mais, appliqués aux sols légers, aux bois défrichés récemment, aux terrains neufs et arides, ils produisent les meilleurs résultats. Ce n'est donc pas sans raison que les agronomes considèrent cette matière comme la découverte la plus précieuse que l'agriculture ait faite depuis plusieurs siècles.

Questionnaire récapitulatif.

Cours intermédiaire. — Citez des localités des Ardennes qui possèdent des cendrières ? — Quel usage fait-on des cendres de bois ? — A quels terrains les scories de forge conviennent-elles le mieux ? — Comment appelle-t-on vulgairement cette sorte de cailloux dont on tire un excellement amendement? — Y a t-il, dans les départements de la Meuse et des Ardennes, beaucoup de moulins où les nodules sont réduits en farine? — Dans quels terrains et à quelle profondeur se trouvent ces matières fertilisantes? — Comment les extrait-on? — Quelle valeur l'exploitation des phosphates a-t-elle donnée aux terrains qui les produisent? — A quel prix ces matières reviennent-elles au cultivateur? — Faites-en connaître la dépense par hectare? — A quels sols les phosphates conviennent-ils le mieux?

Cours supérieur. — A quelle espèce de végétaux applique-t-on les cendres de houille dans le département du Nord? — Qu'entend-on par nodules phosphatés? — Les nodules pourraient-ils être livrés aux cultivateurs sans être broyés? — A quel savant revient l'honneur d'avoir fait connaître, le premier, la composition des nodules du terrain crétacé du Nord et des Ardennes? — Sur quel point de la région se rencontrent les nodules les plus riches? — A qui en doit-on la découverte? — A combien d'hectares évaluo-t-on actuellement l'étendue des terrains de la Meuse, des Ardennes et du Pas-de-Calais qui renferment des nodules phosphatés? — Quelle en est la plus value? Combien de propriétaires sont intéressés dans l'exploitation de ces matières? — Comment enfin les agronomes apprécient-ils l'emploi des nodules comme amendements?

Problèmes sur les amendements (suite et fin).

Cours intermédiaire. — 1. — Un cultivateur pour amender un champ de 3 arpents (mesure du pays valant 51 ares) y met 350 kg. de chaux par hectare. Cette chaux, dont la densité est 0,75, lui coûte 1 fr. 50 l'hectolitre. Combien dépensera-t-il pour cet objet? — R. 10 fr. 71.

2. — Un champ non plâtré fournit 250 bottes de trèfle de 8 kg 5; plâtré, il donne 1[5 en plus. Quel est le bénéfice dû au plâtre, si le foin se vend 10 fr. 50 les 100 kg? — R. 44 fr. 625.

3. — On désire faire entrer 2 p. 0[0 de chaux dans un terrain de 72 ares 20, dont la profondeur est de 0 m. 15, en employant de la marne renfermant 54 p. 0[0 de chaux. Quel volume de cette marne faut-il employer? — R. 40 mètres.

4. — Les cendres crues coûtent peu: 1 fr. 50 environ le mètre cube, pris à Flize ou à Mouzon. En admettant les frais de transport, pour le canton du Chesne, à 2 fr. 15 le mètre cube, trouver le prix de revient pour 4 hectares 50, à raison de 12 mètres cubes par hectare. — R. 197 fr. 10.

5. — Quelle épaisseur de cendres y aurait-il sur 1 hectare 25, si l'on employait 15 m³ à l'hectare? — R. 0 m. 0015.

6. — Un terrain de 65 ares 28 semé en luzerne, a été cendré pour le prix de 32 fr. et a donné 86 quintaux de fourrages, au lieu de 22 quintaux, estimés 64 fr. les 1000 kilog. A-t-on fait une bonne opération. — R. On a gagné 57 fr. 60.

7. — On a répandu 75 mètres cubes de marne dans un champ de 1 hectare 05 ares : on demande quelle est la quantité répandue par mètre carré ? — R. 0 m. 007142. (Concours cantonal de Laon, *Division élémentaire*).

Cours supérieur. — 1. Un cultivateur de X... a fait revenir de Balaives, près de Flize, un wagon de 10 m. cubes de cendres sulfureuses, lui revenant à 3 fr. l'hectol. Il les emploie à la dose de 5 hectolitres par hectare. Quelle surface pourra-t-il ainsi amender, et à combien lui reviendra l'amendement d'un arpent du pays, (soit 42 ares 91) ? — Rép. 1° 20 hectares ; 2° 6 fr. 44.

2°. — 65 ares 15 de bois, défrichés depuis 3 années, ne donnaient plus qu'un revenu net annuel de 120 fr. On y répand 450 kilog. de nodules phosphatés à 5 fr. le quintal, et l'on récolte sur ce terrain, la même année, 730 gerbes de blé donnant un double décalitre à la douzaine, à 3 fr. 75 l'un. Dites le revenu net total ? Rép. 205 fr. 50, soit 85 fr. 50 de plus qu'auparavant.

3. — Les nodules phosphatés conviennent aux sols légers, aux terrains neufs et arides ; — 3 hectares 62 ares de ces terrains en ont reçu 600 kil. par hectare, à raison de 5 fr. le quintal. — Quelle sera la dépense totale ? — Rép. 108 fr. 60.

4. — Que gagnerait-on en payant comptant 120 quintaux de nodules, à 5 fr. le quintal, sachant que dans ce cas, on reçoit un escompte de 2 p. 100 ? — Rép. 12 fr.

5. — On a dépensé 64 fr. pour répandre une certaine quantité de nodules sur un terrain, à raison de 600 kilog. par hectare, et au prix de 5 fr. 50 le quintal. — Trouver : 1° la surface phosphatée ; 2° le poids des nodules employés. — Rép. 1° 1 hectare 94 ares ; 2° 1164 kilog.

6. — Le plâtre vaut 2 fr. 25, le sel 18 fr., le guano 45 fr. les 100 kilog. On mélange ces matières en proportions égales, et l'on sait que 200 kil. du mélange suffisent pour un hectare. Quelle sera la dépense pour amender un champ rectangulaire dont les dimensions sont 138 mètres et 50 m. 40 ? — Rép. 30 fr. 255 (Certificat d'études, Clermont, *Hérault*).

7. — Pour amender une terre à blé peu fertile, un cultivateur a employé la chaux, à raison de 10 m. cubes par hectare ; et, dès la première année, cette opération a eu pour résultat d'augmenter le rendement net en blé des 5/7 de sa valeur primitive, laquelle était de 14 hectolitres et demi à l'hectare. Sachant, d'une part, que l'hectolitre de blé a une valeur moyenne de 20

francs ; d'autre part, que le transport et l'épandage de la chaux ont coûté 23 fr. par hectare, on demande quel doit être le prix de l'hectolitre de chaux pour que la dépense de chaulage soit couverte dès la première année par l'augmentation du produit de la terre. — R. 1 fr. 84 (Aspirants. — Brevet simple, *Yonne*).

8. — On veut marner une terre de manière à introduire 2 °/. de calcaire dans la couche de terre arable, laquelle a 0 m. 12 d'épaisseur. La marne dont on dispose contient 40 °/. de calcaire et pèse 1,650 kil. au mètre cube ; enfin les tombereaux employés pour le transport ne peuvent contenir chacun que 750 kilog. Cela posé, on demande combien il faudra de tombereaux de marne, si la terre a une contenance de 2 hectares 87 centiares, et quelle sera la dépense de cette opération, si le prix du mètre cube de marne est de 2 fr. 75, et que les frais de transport et d'épandage coûtent 0 fr. 90 par tombereau. — Rép. 1• 221 tombereaux ; 2•475 fr. 10. (Aspirantes. — Brevet facultatif, *Yonne*).

---

§ III.

Fertilisation du sol. — Humus ou terreau. Les plantes puisent leur nourriture dans la terre et dans l'air. — Nécessité de restituer au sol les principes que les plantes lui ont enlevés. — Diverses espèces d'engrais.

Engrais végétaux : engrais verts, enfouissement des récoltes; tourteaux, marcs.

Engrais animaux : excréments, colombine, guano. — Noir animal. — Parcage des moutons.

Le Maitre. L'ordre rationnel de nos entretiens appelle aujourd'hui l'étude des différents moyens employés pour fertiliser le sol, pour lui rendre les principes nourriciers, c'est-à-dire l'humus ou le terreau et les matières minérales que la végétation des plantes lui enlève petit à petit. Pour refaire notre sang, pour réparer et entretenir nos forces, nous sommes obligés de prendre de la nourriture; eh bien ! mes enfants, la terre est comme nous : elle a besoin de recevoir des aliments pour en fournir elle-même aux plantes qui lui sont confiées.

Eugène. Je vois : les aliments des plantes, ce sont les engrais.

Le Maitre Oui, ce sont les engrais, c'est-à-dire toutes les substances qui peuvent être transformées en humus par la pourriture ; car, ne l'oubliez pas, c'est l'engrais qui fournit l'humus, et c'est dans l'humus que les plantes puisent principalement la nourriture qui leur convient.

Gustave. On prétend que les plantes tirent aussi leur nourriture dans l'air que nous respirons.

Le Maitre. C'est très vrai : les plantes puisent dans l'atmosphère, par leurs tiges et par leurs feuilles, certains sucs nourriciers nécessaires à leur développement; mais ces sucs se renouvellent incessamment, sans que nous ayons à nous en préoccuper. Il n'en est pas de même des principes qui concourent au développement des végétaux en agissant sur la racine: tous les soins du cultivateur doivent donc tendre à les renouveler sans cesse, à multiplier par tous les moyens possibles les meilleurs engrais.

Louis. Il y en a donc de plusieurs sortes ?

Le Maitre. On distingue trois espèces principales d'engrais : les *engrais végétaux*, les *engrais animaux* et les *engrais mixtes*.

Ainsi que le mot l'indique, les engrais végétaux sont ceux qui sont composés de débris de plantes. Le nom spécial *d'engrais verts* est donné à ceux de ces engrais qui proviennent des récoltes enfouies, avant leur maturité, au moyen d'un labour profond. Les plantes dont la croissance est rapide, le sarrazin, les plantes oléagineuses, le lupin, la vesce, le trèfle, le sainfoin, les fèves, etc., sont les plus propres à l'enfouissement en vert.

Outre ces plantes, on emploie, comme engrais, les marcs ou résidus de raisin et de pommes, les tourteaux ou pains de colza, d'œillette et de lin, les pulpes de betteraves et de pommes de terre.

Les plantes fluviatiles, les algues et autres plantes marines sont aussi un excellent engrais ; les goémons ou varechs sont particulièrement utilisés pour cet usage; on les recueille sur les côtes, où ils sont poussés par les flots. Ailleurs, on tire des étangs et des rivières des plantes analogues et dont on fait un bon engrais.

GUSTAVE. A quelle époque doit se faire l'enfouissement en vert des plantes dans le sol ?

LE MAITRE. Au moment de la floraison, parce qu'alors les plantes contiennent une plus grande quantité de sève et que leur décomposition se fait plus rapidement.

EUGÈNE. Les marcs de raisin ou de pommes et ceux des graines avec lesquelles on fait de l'huile peuvent-ils servir d'engrais en sortant du pressoir ?

LE MAITRE. Non, mon ami : les marcs de raisin et de pommes doivent être pourris avant d'être employés ; et quant aux tourteaux, ou résidus de graines oléagineuses, on les emploie ordinairement secs et pulvérisés : répandue sur la terre avant les semailles, la poudre de tourteau est non-seulement un engrais très puissant, mais encore un spécifique contre les insectes nuisibles.

LOUIS. Il y a bien des cultivateurs qui ne tirent aucun profit de tout cela.

LE MAITRE. En effet, cette catégorie d'engrais est trop généralement négligée. Il en est de même des tiges de pommes de terre et des tontures de haies : on s'en débarrasse en les abandonnant sur les chemins, au lieu de les brûler pour en employer la cendre. Combien de cultivateurs négligent aussi de recueillir les feuilles d'arbres qui couvrent et gâtent leurs pâturages à l'arrière saison !... Les feuilles mortes constituent un engrais précieux. Voyez un bois? Lorsqu'on l'exploite, son sol est couvert d'un riche humus dû à la décomposition successive des feuilles et des plantes annuelles.

Eugène. C'est vrai : dans la coupe du Bois-Jean, il y a une couche de terreau de près de quinze centimètres d'épaisseur.

Le Maitre. Vous voyez bien que les matériaux ne manquent pas au cultivateur intelligent et actif pour multiplier les engrais végétaux.

Louis. Et les engrais animaux, en quoi consistent-ils ?

Le Maitre. Les engrais animaux sont ceux qui proviennent des animaux morts et des déjections ou excréments des personnes et des animaux domestiques. Les principaux sont la matière fécale ou excréments humains, les urines, la poudrette, la colombine, le guano et le noir animal.

Nous parlerons d'abord de ces engrais et du parti qu'on peut tirer des débris des animaux. Je vous dirai ensuite ce que c'est que la parcage des moutons.

Eugène. Ainsi, l'engrais humain compte parmi les meilleurs ?

Le Maitre. L'engrais humain est de beaucoup le plus puissant de tous les engrais, et c'est cependant celui qu'on recueille avec le moins de soin. Ecoutez ce que dit à ce sujet l'auteur d'un excellent petit livre dont je vous ai déjà parlé, le *Cultivateur* :

« Il n'est pas rare de voir, à proximité des villages, des excréments humains dans les coins, le long des murs, des haies et même des chemins ; on les laisse là empoisonner l'air jusqu'à ce qu'ils soient réduits en poussière et en terre. Non-seulement les excréments, déposés en ces lieux, sont un indice de malpropreté, de sans-gêne révoltant, mais c'est aussi une perte pour l'agriculture. Les personnes passibles du fait ne remarquent pas que les plantes qui poussent à l'endroit où ces excréments pourrissent, sont d'une vigueur tout à fait exceptionnelle ; elles ne réfléchissent pas que, mélangées à leurs terrains, ces matières donneraient aux récoltes la même vigueur qu'elles communiquent aux mauvaises herbes. Pour ces personnes, c'est un produit d'une odeur désagréable dont il faut se débarrasser. Ne soyons pas aussi dédaigneux, mais plus propres et plus habiles. Prenons-nous y alors de la manière suivante :

« S'il y a des fosses d'aisances, jetons dedans du poussier de charbon, de la sciure de bois, de la terre ; brûlons les mauvaises herbes du champ et du jardin, les fanes des pommes de terre, ce qui provient de l'élagage et du tondage des haies ; jetons les cendres dans la fosse : la mauvaise odeur disparaîtra, et il restera un excellent engrais que nous pourrons employer sans répugnance. Si une petite dépense ne nous effraye pas, allons chez le pharmacien de la ville, achetons-y quelques kilogrammes de couperose verte. A notre retour, faisons fondre dans de l'eau 2 ou 3 kilogrammes de cette substance (c'est la dose nécessaire pour désinfecter 100 litres de matières fécales) ; mettons ensuite dans cette eau quatre ou cinq poignées de chaux, autant de charbon de bois pilé, deux ou trois pelletées de suie. Versons-le tout dans la fosse et remuons avec un bâton : la mauvaise odeur disparaîtra immédiatement.

» S'il n'y a pas de fosse d'aisances, on en improvise une, comme au village, avec des branchages ou des planches, et un trou assez profond. On traite ensuite les matières fécales comme nous l'avons dit plus haut. »

Le même auteur ajoute avec non moins de raison :

« On pourrait aussi très-bien recueillir l'urine de toutes les personnes de la maison, et cela sans beaucoup de frais. En disposant dans un coin de la cour ou du jardin caché aux regards une vieille cuvette ou tout autre vase, et en le faisant servir d'urinoir, on ne perdrait pas, comme cela a lieu généralement, un engrais qui est reconnu pour être des meilleurs. On l'emploierait alors à arroser les prairies, le jardin, le fumier, etc. »

On ne saurait trop recommander l'emploi des moyens indiqués par le *Cultivateur* pour ne rien perdre des engrais humains et pour les utiliser sans éprouver aucun dégoût. Il n'y a là rien de bien difficile, et il y va d'un intérêt immense.

Pourquoi l'agriculture ne bénéficierait-elle pas de tant de matières fertilisantes? Ne comprenez-vous pas, mes enfants, que perdre ces matières, c'est tout simplement diminuer notre ration de pain quotidien? On a calculé qu'en France l'engrais humain, convenablement utilisé, pourrait à lui seul féconder 3 millions et demi d'hect. de terrain. Nos 36 millions d'habitants fournissent par année 18 millions de tonnes d'engrais : c'est une valeur fertilisante d'un demi milliard, représentant 185 millions d'hectolitres de blé ! « Tous ceux qui aiment vraiment leur famille et leur patrie, remarque un agronome, ne doivent négliger aucune occasion d'améliorer l'héritage paternel et d'enrichir le pays. »

Louis. Lorsqu'on veut désinfecter des lieux d'aisances, et qu'on n'a pas sous la main la couperose verte dont on a parlé, on peut, je crois, y suppléer par l'emploi du plâtre?

Le Maitre. Oui : cinq kilogrammes de plâtre en poudre, mêlés à un kilogramme de charbon également pulvérisé, peuvent parfaitement désinfecter 200 kilog. de déjections humaines.

Louis. C'est ainsi que procède le fermier de la Warenne.

Le Maitre. Exactement ; et vous savez quels résultats il obtient.

Louis. Les urines pures peuvent-elles se traiter de la même façon?

Le Maitre. Parfaitement ; le fermier de la Warenne le sait bien. Aussi, quelles prairies artificielles pourrait-on comparer à celles qu'il fait valoir?

Eugène. Ses luzernes et ses trèfles sont vraiment magnifiques.

Gustave. En quelle saison faut-il employer l'engrais humain?

Le Maitre. En hiver, ou au commencement du printemps. En effet, c'est vers le mois de mars ou d'avril que cette besogne se fait à la Warenne. A ce moment aussi, le fermier sème dans ses prairies naturelles ce qu'il appelle de la poudrette, substance que je vous ferai connaître prochainement, en vous parlant également des autres engrais animaux.

---

§ IV.

Engrais animaux (fin) : Poudrette, — colombine, — guano. — Noir animal. — Parcage des moutons.

Le Maitre. La poudrette est un engrais qui provient tout simplement d'excréments humains desséchés. Il y a aux abords de certaines villes des établissements où l'on conduit la vidange et où se préparent ces poudres fertilisantes dont le commerce s'est emparé et qu'il vend à prix d'or.

Eugène. Est-ce que la colombine aurait quelque chose de commun avec la poudrette ?

Le Maitre. Oui, en ce sens que la colombine se vend, le plus souvent, sous forme de poudre, comme la poudrette.

Eugène. Mais qu'appelle-t-on colombine ?

Le Maitre. On appelle *colombine* la fiente des pigeons, du mot *colombier*, désignant l'endroit où les pigeons logent. Le nom de colombine est étendu à la fiente de poule et autres volatiles. La colombine est un engrais très chaud et d'une action surprenante pour la production du lin et des plantes dont on fait l'huile. On s'en sert beaucoup dans les départements du Nord et en Belgique, où elle est vendue en poudre fine : c'est le guano de l'Europe ; car, il faut bien que vous le sachiez, mes enfants, le *guano*, si prôné de nos jours, n'est autre chose que la fiente d'oiseaux marins, accumulée depuis des siècles sur certaines côtes et dans certaines îles de la mer du Sud.

Louis. Quoi ! le guano vient de si loin ?

Le Maitre. Oui ; le guano vient principalement du Pérou, où il forme des bancs de plusieurs mètres d'épaisseur.

Louis. Et comment ces dépôts se sont-ils formés ?

Le Maitre. Des millions de grands oiseaux de mer peuplent ces parages inhabités de l'Amérique, où ils vivent exclusivement de la pêche ; bien repus à la suite de leurs courses journalières, ils passent la nuit à terre, toujours dans les mêmes endroits, et c'est ainsi qu'avec le temps, leurs déjections, restées intactes, ont acquis l'aspect et la dureté de bancs de pierre.

Gustave. Alors le guano s'extrait à la pioche ?

Le Maitre. Comme la houille et le minerai. Malheureusement, ce n'est que bien rarement que cet engrais nous parvient pur de tout mélange.

Gustave. Mais on peut sans doute reconnaître la fraude, quand elle existe?

Le Maitre. Oui. Pour s'assurer de la qualité du guano, les spécialistes en mêlent une petite quantité avec de la cendre bien chaude. Si l'odeur qui se dégage de ce mélange est forte à ce point de faire mal aux yeux, c'est que l'engrais est bon : il contient dans les proportions voulues l'ammoniaque ou principe qui doit le caractériser. Mais, le plus souvent, nos cultivateurs achètent le guano de confiance; ils le paient de même, à raison de 20 centimes le demi-kilogramme, c'est-à-dire au prix du pain, et ne paraissent pas se douter qu'ils pourraient s'affranchir à la fois de cette dépense et de la fraude qui s'est introduite dans le commerce de cet engrais.

Louis. Et comment le pourraient-ils?

Le Maitre. En tenant plus de compte des excréments de la volaille, des engrais de la basse-cour, qui se perdent à peu près partout et dont on tire le meilleur profit, quand on sait donner au poulailler et au colombier les soins qu'ils comportent.

Eugène. A la Warenne, il y a toujours sur le sol du poulailler et sur le plancher du colombier, de la sciure de bois, du sable et de la terre sèche et fine, bien étendue.

Le Maitre. Oui, et ces matières, souvent renouvelées, reçoivent les excréments, qui sont ainsi enlevés sans perte aucune, au moyen d'un balayage. Et le fermier n'achète pas de guano!

Jules. Il est vrai qu'il a un poulailler immense.

Louis. Et un colombier de même étendue.

Le Maitre. Le tout, tenu suivant les principes d'une économie parfaitement entendue. Si tous nos cultivateurs se pénétraient bien de cette vérité, devenue un axiome d'agriculture : « 1 kil. de colombine vaut mieux que 25 kilog. de fumier ordinaire », ils s'attacheraient davantage, non-seulement à soigner leurs poulaillers et leurs pigeonniers, mais ils s'empresseraient d'élever, comme le fermier de la

Warenne, ces belles volailles dodues dont le placement est si avantageux sur le marché des villes.

EUGÈNE. A la Warenne aussi, la chair des animaux qui périssent de maladie, le sang des animaux abattus, la corne de leurs sabots, les os, le poil, les plumes, les chiffons de laine, les débris de poissons deviennent de l'engrais : rien ne se perd chez M. Martin.

LE MAITRE. Tout cela, parce que M. Martin est un cultivateur instruit, parce qu'il connaît les propriétés des substances provenant des animaux nourris avec les plantes qu'il cultive, parce qu'il sait que les engrais qu'il en tire restituent largement au sol les sucs ou principes que les récoltes lui font perdre. Les os, par exemple, contiennent les deux cinquièmes de leur poids en phosphate de chaux : d'où leur haute utilité comme engrais. Ils s'emploient, ou broyés à l'état naturel, ou calcinés et pulvérisés sous le nom de *noir animal.*

LOUIS. Le noir animal est donc tout simplement une poussière de charbon d'os brûlés ?

LE MAITRE. Oui. Celui qu'on tire des raffineries de sucre contient, de plus, un mélange de sang desséché. C'est un engrais qui convient surtout sur les terrains où la chaux manque, sur l'argile, le schiste, lorsqu'on veut les livrer à la culture du froment et des fourrages artificiels. Il est fort recherché en Angleterre, où les cultivateurs tiennent en général beaucoup de compte des débris qui se perdent chez nous. Qui le croirait ? les Anglais viennent nous acheter des chargements entiers de sabots d'animaux !... Ils savent que la corne a le double mérite d'agir énergiquement sur les plantes et de durer très longtemps. On cite à ce sujet des faits surprenants. « J'ai vu, dit un agronome, quatre ongles d'un cochon mis, pendant l'hiver, contre les racines d'un pêcher mourant, suffire pour le rétablir mieux qu'une brouettée de terreau placée sur celles de son voisin, qui était dans le même cas. » De leur côté, les vignerons de la Bourgogne ont remarqué qu'un seul ongle de porc augmente la vigueur et la production d'un cep de vigne pendant cinq à six ans.

Enfin, il résulte de nombreuses expériences que les déchets et les vieux chiffons de laine, de même que le poil et les plumes dont l'industrie ne tire aucun parti, valent dix fois mieux, comme engrais, que le meilleur fumier d'étable. L'engrais de chiffons est propre à tous les terrains, et les récoltes qui en proviennent se distinguent à la fois par la qualité et par la quantité; c'est l'engrais par excellence du houblon, des pommes de terre, des colzas, navets, navettes, etc.

EUGÈNE. C'est extraordinaire.

LE MAITRE. Vous ne vous figuriez pas que le cultivateur ignorant ou négligent fût exposé à perdre tant de choses précieuses?

EUGÈNE. J'en étais loin, assurément.

LE MAITRE. C'est pourtant comme cela. Maintenant, quelques mots du parcage des moutons.

On appelle *parc* un enclos temporaire, fermé au moyen de claies ou palissades mobiles, et dans lequel les moutons paissent et couchent pendant l'été, sous la surveillance d'un berger et de chiens qui s'abritent, pour la nuit, dans une cabane roulante. De là le nom de *parcage* donné au séjour que font ainsi les moutons sur certains terrains.

GUSTAVE. Quels sont donc les avantages du parcage?

LE MAITRE. — Les principaux avantages du parcage des moutons sont d'utiliser sur place les herbes qui ne conviennent pas aux autres animaux domestiques, et de fumer en même temps les terrains qui y sont soumis au moyen des déjections journalières répandues par le troupeau.

EUGÈNE. Le parcage épargne ainsi au cultivateur une double dépense.

LE MAITRE. Oui : celle de la litière et celle du transport des engrais d'étable.

LOUIS. Les engrais d'étable sont-ils compris parmi les engrais animaux?

LE MAITRE. Non : les engrais d'étable forment une catégorie distincte, celle des *engrais mixtes*, à laquelle nous arrivons.

EUGÈNE. Pourquoi nomme-t-on les engrais de cette catégorie engrais mixtes?

LE MAITRE. Parce qu'ils consistent, en général, dans un mélange de matières animales et de matières végétales.

---

§ V.

Engrais mixtes : fumier d'étable (fumier de cheval, fumier de bêtes à cornes, fumier de mouton, fumier de porc). Propriétés différentes de chacun d'eux ; dans quel cas convient-il de les employer.

Soins à donner au fumier. — Action de la pluie et du soleil sur le fumier. — Rôle du plâtre mélangé au fumier. — Nécessité de recueillir le purin ; comment il doit être employé. — Des composts.

LE MAITRE. A la tête des engrais mixtes se place le fumier de cheval, le plus actif des fumiers d'étable. Le fumier de cheval est chaud, sec et léger. Il convient particulièrement aux terrains humides, tenaces, argileux, parce qu'il les réchauffe, les désagrège et les rend plus accessibles à l'influence des agents atmosphériques, c'est-à-dire à l'action de l'air et du soleil. Il convient aussi aux prairies et à toutes sortes de cultures herbacées.

LOUIS. On prétend que, dans les pâturages, les vaches mangent de préférence aux endroits où le fumier de cheval a été déposé.

LE MAITRE. Parce que cet engrais provoque la naissance et favorise le développement d'une herbe fine. serrée et remplie d'un petit trèfle blanc que les bestiaux aiment beaucoup.

GUSTAVE. Le fumier de vache serait-il beaucoup moins bon que le fumier de cheval ?

LE MAITRE. Le fumier de vache est beaucoup plus compacte que celui de cheval ; il est de nature froide, parce qu'il renferme une grande quantité d'eau ; mais, s'il n'agit pas avec la même efficacité que le fumier de cheval, en revanche, ses effets sont plus durables. Cet engrais a d'ailleurs le grand avantage de s'amalgamer facilement avec toute espèce de litière. En dernière analyse, on peut dire que le fumier de vache est le plus commun des fumiers et l'un des meilleurs, pourvu qu'il n'ait pas trop fermenté. Il convient à toutes les terres sablonneuses, calcaires, et s'applique au plus grand nombre de cultures.

LOUIS. Et le fumier de mouton ?

LE MAITRE. Le fumier de mouton est moins chaud que le fumier de cheval ; mais il est plus actif que celui des bêtes à cornes. Il passe pour être le meilleur fumier d'étable ; seulement il demande à être fortement tassé et souvent humecté. Ce n'est qu'à cette condition qu'il se prend en masse et que la paille parvient à se décomposer. Cet engrais convient notamment aux terrains argileux, qu'il tend à réchauffer.

LOUIS. Le fumier de porc doit être aussi très-bon ?

LE MAITRE. Le fumier des porcs est très énergique ; mais il ne doit pas être prodigué, parce qu'il est brûlant, et il donnerait des produits âcres, soit dans les prairies, soit dans les cultures.

GUSTAVE. On prétend que le fumier de porc favorise la naissance des mauvaises herbes, par exemple celle des renoncules et des plantins.

LE MAITRE. Cela est vrai : cet engrais contient parfois beaucoup de petites graines non digérées ; avant de l'employer, il convient donc de le laisser fermenter pendant quelque temps.

EUGÈNE. A la Warenne, les fumiers sont mélangés sur la cour, où ils sont déposés à leur sortie de l'étable ou de l'écurie : est-ce une bonne pratique ?

LE MAITRE. Certainement : on obtient ainsi un fumier qui participe des qualités de chacun des fumiers d'origine diverse et dont l'application est ordinairement la plus profitable.

LOUIS. Le jeune fumier vaut-il moins que le vieux ?

LE MAITRE. Il vaut beaucoup mieux, mon enfant, et c'est un préjugé de croire que le fumier tout à fait décomposé est le meilleur ; car, en séjournant trop longtemps sur la cour, il a perdu en grande partie ses qualités fertilisantes. Il en est de même lorsqu'on le laisse longtemps sur les terres avant de l'enfouir. On a dit avec raison, de celui qui suit cette méthode, *qu'il mange son bien au soleil.* Dans l'emploi du fumier, il faut d'ailleurs tenir compte de la nature du sol qui doit le recevoir. Ainsi, en général, tous les sols tenaces, toutes les terres froides, veulent un fumier frais, long et chaud ; les terrains légers exigent, au contraire, un fumier sec et fermenté.

GUSTAVE. Il faut aussi, sans doute, plus ou moins de fumier, selon que le terrain est chaud ou froid?

LE MAITRE. Les terres chaudes, sèches ou légères, décomposent promptement le fumier; elles doivent donc en recevoir aussi souvent que possible, fût-ce en petite quantité à la fois. Les terrains froids et compactes conservent plus longtemps les effets de l'engrais ; ils peuvent ainsi recevoir une forte fumure et produire plusieurs récoltes successives sans avoir besoin d'une fumure nouvelle.

LOUIS. N'y a-t-il pas lieu, d'ailleurs, de tenir compte de la nature des plantes cultivées ?

LE MAITRE. Certainement. A cet égard, il y a un principe à peu près général : plus les plantes donnent de feuilles, ou mieux, de surface feuillue, plus elles exigent d'engrais. Celles qui en demandent le plus sont la betterave, le tabac, le chanvre, le maïs, etc.

EUGÈNE. Quelle est, en moyenne, la quantité de fumier à employer par hectare de terrain ?

LE MAITRE. De 30 à 35 mille kilogrammes par hectare, soit de 300 à 350 kilogr. par are.

LOUIS. A quelle époque de l'année le fumier doit-il être conduit sur les terres ?

LE MAITRE. Si cela était possible, il serait fort avantageux de se servir du fumier à mesure qu'il se produit; mais il est rare qu'on puisse le faire. Toutefois, pendant l'hiver, le fumier peut être facilement conduit, soit sur les terres légères et ensemencées, soit sur les prairies naturelles ou artificielles, et y être répandu uniformément. Cette méthode a reçu le nom de *fumure en couverture*. L'engrais agit ainsi d'une façon plus immédiate, plus énergique sur la récolte de l'année ; mais il dure peu. En tout autre temps, le fumier ne peut guère être employé qu'à l'époque de l'ensemencement, c'est-à-dire au moment des semailles du printemps et de l'automne. De là la nécessité d'amonceler le fumier dans un lieu préparé à cet effet, et qu'on nomme, vous le savez, *cour à fumier*. Les cultivateurs ne sauraient apporter trop de soins à l'établissement de cette cour, qui doit être, autant que possible, placée à l'exposition du nord, et pourvue d'un abri qui garantisse le fumier contre l'action du soleil et des fortes pluies.

GUSTAVE. A la ferme de M. Martin, les fumiers sont installés, les uns sous un hangar, les autres sous des grands arbres très feuillus.

LE MAITRE. C'est une pratique usitée en Angleterre, où les bonnes méthodes agricoles sont en général plus répandues que chez nous.

LOUIS. Au lieu d'être placés dans une fosse, les fumiers de la Warenne s'élèvent sur une plate-forme.

LE MAITRE. C'est cela. Vous avez dû remarquer aussi que cette plate-forme est pavée, qu'elle a reçu une pente légère, enfin, qu'elle est entourée d'une rigole et d'un relèvement en terre destiné à empêcher les eaux d'égout de la cour de pénétrer dans le fumier.

LOUIS. Oui. La rigole reçoit les urines des écuries et les eaux qui s'échappent du fumier, et elle les conduit dans un réservoir placé au bas de la cour.

LE MAITRE. Savez-vous, mes enfants, ce que le fermier fait du liquide qui emplit ce réservoir, appelé *la fosse à purin* ?

GUSTAVE. Il le conduit parfois sur ses récoltes en terre, en y mêlant de l'eau pour ne pas brûler les plantes ; mais, le plus souvent, il s'en sert pour arroser les fumiers.

LE MAITRE. Oui : pour en maintenir les tas dans une constante humidité, et les préserver de la moisissure pendant les sécheresses de l'été, il est extrêmement important de les arroser, soit avec le *purin*, ou jus du fumier, soit tout simplement avec de l'eau ordinaire. Ce qu'il faut aussi éviter dans les soins à donner au fumier, ce sont les places vides entre les couches successives.

LOUIS. Pourquoi cette précaution ?

LE MAITRE. Pour empêcher l'air de pénétrer à l'intérieur, parce qu'alors le fumier, en entrant en fermentation, laisserait échapper, sous forme de vapeurs appelées gaz, les substances qui lui donnent sa valeur et sa force. On cite un agriculteur qui, pour avoir laissé trop longtemps un tas de fumier sous l'influence immédiate de l'air, trouva à la fin une diminution de presque moitié. Il fit une dénonciation au parquet, croyant qu'on l'avait volé ; mais, comme il n'y avait aucun indice à la charge de qui que ce fût, on dut le convaincre, non sans efforts, qu'au lieu d'être victime d'un vol, il était tout simplement victime de sa propre ignorance.

LOUIS. Oh ! c'est curieux.

LE MAITRE. Les cultivateurs bien avisés empêchent la déperdition des gaz en mêlant de la marne ou du plâtre en poudre au fumier mis en tas, et ils lui conservent ainsi toutes les qualités qu'il doit principalement à la potasse et à une substance que les chimistes appellent *ammoniaque*.

GUSTAVE. Il y a encore une espèce d'engrais mixte dont nous n'avons pas parlé, et qu'on nomme *compost* : en quoi consistent les composts ?

LE MAITRE. Les composts sont des engrais de substances de toute nature, herbes, débris de cuisine, cendres de lessive, suie, feuilles, boues et poussières des rues, etc. On dispose ces débris dans un coin du jardin en couches séparées entre elles par une couche de fumier d'étable, et l'on arrose le tout d'eau ou de purin.

LOUIS. A la Warenne, la couche de fumier est remplacée par une couche de chaux vive, et la boue par une couche de paille.

LE MAITRE. Cette façon d'opérer est également bonne ; il y a même des cultivateurs qui ajoutent au mélange de la terre végétale, des gazons, et ils y versent l'excédent du purin. Ils obtiennent ainsi, à peu de frais, un engrais excellent, et qui sert pour les cultures aussi bien que pour les prairies.

Vous le voyez, mes enfants, avec le cultivateur qui sait son métier, rien de perdu, tout est profit, et la maison d'exploitation n'est pas infectée par les émanations du purin, qu'on laisse ailleurs couler librement sur le sol.

Questionnaire récapitulatif.

COURS INTERMÉDIAIRE. — Qu'entend-on par engrais et combien y en a-t-il d'espèces ? — En quoi consistent les engrais végétaux ? — les engrais animaux ? — les engrais mixtes ? — Doit-on utiliser les feuilles d'arbres comme engrais ? — Quel est le meilleur des engrais animaux ? — Pourquoi est-ce une pratique doublement mauvaise de déposer des excréments sur les chemins et le long des haies ? — De quoi peut-on se servir pour désinfecter les lieux d'aisance? — Que peut-on faire des urines ? — Qu'est-ce que la colombine ? — la poudrette ? — Quels sont les débris animaux qui peuvent servir comme engrais ? — Qu'entend-on par noir animal? — Quel est le plus actif des engrais mixtes ? — Quelles sont les propriétés respectives du fumier de cheval, de vache, de mouton et de porc ? — Quelles sont les plantes qui exigent le plus d'engrais ? — En quoi consiste l'engrais mixte appelé compost ?

COURS SUPÉRIEUR. — Comment les plantes puisent-elles une partie de leur nourriture dans l'air ? — Pourquoi les engrais sont-ils indispensables à la culture ? — Qu'entend-on par engrais verts ? — Quelles sont les plantes qui conviennent le mieux aux engrais verts ? — A quel moment doivent-elles être enfouies ? — Quelles sont les autres matières végétales qui peuvent servir d'engrais ? — Dans quelles conditions ces matières doivent-elles être employées ? — Qu'est-ce que le guano et comment reconnaît-on que cet engrais est de bonne qualité ? — Les cultivateurs ne pourraient-ils pas se dispenser d'acheter du guano ? — Citez des exemples de la valeur de la corne et des sabots d'animaux employés comme engrais ? — Quelle est, pour le même objet, la valeur des chiffons de laine ? — Qu'entend-on par parcage des moutons ? — Quelle distinction doit-on faire entre les différents fumiers au point de vue de leur action sur le sol ? — Pourquoi le jeune fumier vaut-il mieux que le vieux ? — Qu'entend-on par fumure en couverture ? — Pourquoi ne convient-il pas de laisser le fumier en tas sur les terres avant de l'enfouir ? — Comment les fumiers doivent-ils être disposés pour se bien conserver ? — Comment les empêche-t-on de moisir pendant l'été ?

Problèmes sur les engrais.

COURS INTERMÉDIAIRE. — 1. — Les 100 kilog. d'os broyés coûtent 17 fr. 50. Sachant qu'il en faut 1,200 kilog. pour l'engrais d'un hectare, combien coûtera l'engrais de 35 ares. — R. 73 fr. 50.

2. — Les chiffons de laine coûtent 25 fr. les 100 kilog. A quelle somme s'élèvera la dépense de cette fumure appliquée à un terrain rectangulaire de 108 m. de longueur, sur 35 m. 45 de largeur, si, pour un are de terrain, on emploie 20 kilog. de chiffons. — R. 191 fr. 40.

3. — Il faut 750 kilog. d'os pour fumer un hectare, et cette fumure dure cinq ans; quelle est, par année, la dépense pour 75 ares, si les cent kilog. coûtent seulement 7 fr. 50 ? — R. 8 fr. 43.

4. — Une fosse d'aisance a 3 m. 80 de profondeur sur 2 m. de long et 1 m. 06 de large : combien peut-on fumer de pieds de choux avec la matière liquide qu'elle contient, s'il en faut 0 l. 45 par pied ? — R. 206,179 pieds.

5. — On veut fumer une propriété de 9 hect. 50 ares 20 cent. avec du fumier coûtant 5 fr. 20 le mètre cube. On emploie pour cette opération un tas de fumier de 12 m. de longueur, 5 m. 40 de largeur et 1 m. 65 de hauteur. Dites : 1° quel volume de fumier emploiera-t-on par hectare; 2° à quelle somme reviendra la fumure totale? — R. 1° 11 m. cubes 252 par hect.; 2° 555 fr. 98.

6. — Sachant qu'on répand 0 l. 40 de purin par pied de choux, combien peut-on arroser de pieds avec le contenu d'une citerne longue de 2 m. 08, large de 2 m. 10 et contenant 1 m. 30 de liquide? — R. 14,196.

7. — On voudrait fumer 37 ares 80 de terrain et avoir une épaisseur moyenne de 0 m. 03 d'engrais sur toute la surface. Sachant que le mètre cube de l'engrais employé vaut 1 fr. 45 et que le transport coûte 1 fr. 30 par charretée de 2 m. cubes, quelle sera la dépense totale? — R. 288 fr. 14.

8. — Une citerne a 3 m. 40 de long, 2 m. de large et 4 m. 5 de profondeur : combien contient-elle de tonneaux de purin de deux hectol. — R. 153.

9. — On mêle la matière d'une fosse longue de 2 m. 6, large de 4 m. et profonde de 3 m. avec 245 hectol. d'eau; combien pourra-t-on arroser de pieds de chonx, si l'on répand 0 lit. 85 de liquide par pied? — R. 65,530 pieds.

10. — Au lieu de laisser écouler, sans les utiliser, les urines des animaux provenant de ses étables, un fermier les dirige vers un fossé qu'il remplit de terre et de décombres. Sachant que ce fermier retire ainsi 1 m. cube 750 de terreau par semaine, quelle étendue de terrain peut-il fumer par année, en employant 35 m. cubes de ce terreau par hectare? — R. 2 hect. 60.

11. — Combien peut-on fumer d'ares de poireaux avec 2 mèt. cubes 7 de débris de poissons, s'il en faut 1 k. 45 par m. carré? — R. 18 ares 62.

12. — L'urine convient pour les prairies artificielles, les pommes de terre, les laitues, les choux. Cette matière se vend 0 fr. 68 l'hectol.; il faut 280 hectol. pour fumer un hectare : 1° quelle dépense faudra-t-il faire pour fumer un champ rectangulaire long de 104 m. 85 et large de 98 m. 60; 2° combien coûtera l'engrais d'un chou, sachant qu'on plante les choux à 0 m. 45 de distance en tous sens? — R. 1° 196 fr. 83; 2° 0 fr. 038.

COURS SUPÉRIEUR. — 1. — On a fait un compost avec 7 mètres cubes 35 de paille et 48 mèt. cub. de mauvaises herbes. Ce compost diminue de 40 p. 0/0 de son volume : quelle hauteur aura la couche de ce compost, répandu sur un champ de 7 ares 40? — R. 0 m. 0433.

2. — On veut amender une prairie en y répandant des os broyés; les cent kil. coûtent 16 fr. 25, et l'on en répand 640 kil.

par hectare : cette fumure agira pendant 9 ans en augmentant la récolte d'un tiers, le produit d'une prairie de 48 ares ainsi fumée était de 2185 kilog. de foin sec, estimé 12 fr. 85 les 100 kil. On demande : 1° combien coûtera l'engrais de cette prairie ; 2° quel sera le bénéfice au bout des 9 années? — R. 1° 49 fr. 92; 2° 792 fr. 39.

3. — Le sang desséché contient 0,15 de son poids d'azote, et le fumier ordinaire 0,0045. D'un autre côté, on sait que la valeur ou la qualité d'un engrais est proportionnelle à la quantité d'azote qu'il renferme. D'après ces données, on demande de déterminer combien il faut de kilogrammes de sang desséché pour fumer 5 hectares de terre, sachant qu'il faut, pour la même étendue, environ 32 charretées de fumier ordinaire, contenant chacune 1500 kilogr. — R. 1440 kilog.

4. — On compte que le fumier non plâtré perd environ les 2/5 de sa valeur. Quel profit aurait un cultivateur, en plâtrant un tas de fumier long de 15 mètres, large de 4 mètres et épais de 1m8, si le mètre cube vaut 6 fr. 50, et s'il emploie deux hectolitres de plâtre à 1 fr. 75 l'hectolitre? — R. 277 fr. 30.

5. — Un fermier possède 57 hectares 1/2 de terre dont il fume les 4/5 tous les ans, à raison de 175 kilog. de fumier par are. Le fumier est produit dans la ferme par des bestiaux qui en donnent 20 kilogr. par chaque kilogr. de fourrage et de litière qu'on leur distribue. Le fermier distribue 5 kilog. de fourrage pour 2 de litière. Quelle est la quantité de fourrage et celle de litière qu'il faut donner par an aux bestiaux pour obtenir le fumier nécessaire à la ferme? — R. 1° 237,500 k.; 2° 95,000 k.

6. — Quel est le poids de la silice puisée dans le sol par la paille de 645 gerbes de blé pesant chacune 6 kilogr. 850 ? On sait que le poids de la cendre ne représente que les 0,065 du poids total de la paille, et que le poids de celle-ci est les 9/4 de celui du grain. — R. 170 kil. 588.

7. — Un fumier est d'autant meilleur qu'il renferme plus d'azote. Un cultivateur a fumé un champ de 2 hectares 33 avec 5617 kilogr. d'un fumier contenant 2 p. 100 d'azote. Combien lui aurait-il fallu acheter de kil. de fumier, si celui-ci avait contenu 3 p. 100 d'azote ? — R. 3744 kil. 67.

8. — Pour obtenir 100 kil. de blé, il faut employer 150 kilogr. de fumier. On demande combien il a fallu en répandre sur un champ de 3 hectares 75, qui a rapporté 28 hectolitres de blé par hectare. L'hectolitre de blé pèse 77 kilogrammes. — R. 12127 kilogr. 5 (Certificat d'études, Bessèges, *Gard*).

9. — Le fumier, placé dans le voisinage des rigoles et lavé par les pluies, perd 1/3 de sa valeur. Dans une ferme où il y a 12 vaches produisant chacune, par jour ; 56 kil. de fumier, quelle est la perte faite en une année, sachant qué le mètre cube de fumier

pèse 540 kilogr. et coûte 4 fr. 50? — R. 681 fr. 33. (Certificat d'études primaires, *Aisne*).

10. — On fait creuser une fosse à purin pouvant contenir 453 hectol. 125, ayant une longueur de 6 m. 25 et une largeur égale aux 4/5 de cette longueur. Quelle profondeur devra-t-on lui donner ? — R. 1 m. 45. (Certificat d'études. Longuyon, *Meurthe-et-Moselle*).

11. — L'expérience a prouvé que, pour certain terrain, à 22 kilog. de fumier correspond une production de 1 kilog. 87 de blé. Un hectare de ce terrain ayant rapporté 19 hectol. de blé pesant chacun 76 kilog., combien a-t-on mis de mètres cubes de fumier dans cet hectare, et quelle est la dépense de cette fumure ? On sait d'ailleurs que le mètre cube de fumier pèse 750 kilog. et coûte 7 fr. 50 ; de plus, le transport et l'épandage du fumier coûtent 2 fr. par mètre cube. — R. 1° 22 m. cubes 65; 2° 215 fr. 18 (Aspirants. Brevet obligatoire, *Orléans*).

EXERCICES DE RÉDACTION SUR LE CHAPITRE II

1. — Amendement du sol.

Sommaire. — Rédiger une narration résumant l'entretien dans lequel il a été parlé des amendements. — Nature et action de la marne, du plâtre, des cendres, des nodules. — Mode d'emploi des nodules phosphatés dans les trois départements de la Meuse, des Ardennes et du Pas-de-Calais. — Importance de l'emploi des nodules en agriculture.

La marne est une sorte de calcaire terreux, composé d'argile, de sable et de chaux sous forme de carbonate ou de sel contenant du charbon. Cette substance existe à l'état naturel et diffère de la chaux en ce que celle-ci est une pierre calcaire qu'on a fait cuire dans un four spécial.

La marne et la chaux ont les mêmes propriétés comme stimulants ; elles agissent sur les plantes en décomposant les engrais, dont les principes passent ainsi rapidement dans la végétation ; mais il faut beaucoup moins de chaux que de marne pour produire le même effet.

Le plâtre est également une substance obtenue par la cuisson d'un calcaire formé principalement de chaux et d'acide sulfurique, ou sel qui tient de la nature du soufre. Le plâtre s'emploie, comme la chaux, pour activer la végétation des plantes fourragères.

Quant aux cendres dont l'agriculture fait usage, ce sont tout simplement des marnes argileuses, peu abondantes en chaux, mais qui contiennent des sels de la nature du fer et du soufre : on les emploie indifféremment crues ou calcinées.

Parmi les amendements les plus puissants, il faut comprendre aussi les nodules phosphatés, désignés vulgairement sous le nom de *coquins* ou de *crottes du diable*.

Les nodules sont un mélange de sable argileux, d'oxyde de fer et de phosphate de chaux ; ils ont l'aspect de simples cailloux ou rognons ; on les extrait à la pelle ou à la main, notamment dans les terrains désignés par les géologues sous le nom de *sables verts*.

Pour être employés comme amendements, les nodules doivent être broyés et réduits en une poussière pour ainsi dire impalpable. Il existe de précieux gisements de cette substance dans les départements de la Meuse, des Ardennes et du Pas-de-Calais, où ils sont exploités depuis 1855 et 1857.

Les nodules les plus riches sont ceux de la vallée de l'Aire ; mais on ne les trouve qu'à 4 mètres de profondeur, tandis que sur d'autres points, il suffit de déblayer le terrain à 1 m. 50, 2 mètres au plus, pour les rencontrer.

L'exploitation des nodules phosphatés a notablement enrichi les propriétaires de terrains dans lesquels ils se trouvent, en ajoutant d'ailleurs à la fertilité de ces terrains; elle a, en outre, donné naissance à une industrie nouvelle, qui occupe de nombreux ouvriers, et qui livre chaque année à l'agriculture plus de 70,000 tonnes de matières fertilisantes !

Appliqués aux sols légers, aux terrains maigres ou arides, dépourvus de calcaire, les nodules produisent des effets merveilleux, et la dépense à laquelle donne lieu l'emploi de cet amendement revient à peine à 30 centimes par are de terrain amendé. — Qu'on juge alors des avantages que les cultivateurs peuvent en retirer !...

***

2. — Engrais végétaux. — Engrais animaux.

Sommaire. — Dans une lettre à son ami Fernand, le jeune Edmond fait connaître comment les plantes se nourrissent. — Classement des engrais : engrais végétaux, engrais animaux; — leur nature et leur emploi ; — le moyen de se passer du guano ; — importance des débris d'animaux qui se perdent dans la cour des fermes.

Mon cher Fernand,

Suivant ton désir, je t'envoie un résumé de la leçon qui nous a été faite récemment sur les moyens employés, en agriculture, pour fertiliser le sol, pour rendre à la couche végétale les sucs nourriciers que les plantes lui ont enlevés.

La terre est comme nous, tu le sais : elle a besoin d'aliments pour nourrir les végétaux que nous lui confions.

Par leur tige et par leurs feuilles, les plantes puisent dans l'atmosphère une partie de leur nourriture; mais ce sont les engrais qui constituent spécialement leurs moyens d'existence.

On distingue trois espèces d'engrais bien caractérisés : les engrais végétaux, les angrais animaux et les engrais mixtes. Je ne te parlerai, aujourd'hui, que des deux premiers.

Les engrais végétaux sont ceux qui se composent essentiellement et exclusivement de débris de plantes ou de fruits, tels que les marcs ou résidus de pommes et de raisin, les tourteaux ou pains de colza, les pulpes de betteraves, etc.

On nomme *engrais verts* ceux des engrais végétaux qui proviennent de récoltes hâtives, enfouies avant leur maturité. Telles sont les vesces, les fèves et certaines plantes oléagineuses.

En ce qui concerne les engrais animaux, ils consistent dans les déjections ou excréments humains, dans les urines, la poudrette, la colombine, le guano et le noir animal.

Quoique l'engrais humain soit le plus puissant de tous les engrais, nous en perdons chaque année pour plusieurs millions.

La poudrette et la colombine ont les mêmes propriétés fertilisantes ; elles proviennent, la première d'excréments humains desséchés, et la seconde, de la fiente des pigeons et des poules.

On fait un grand usage de la poudrette et de la colombine dans le nord de la France et en Belgique, où ces substances sont vendues à prix d'or et sous la forme d'une poudre excessivment fine. Cette poudre sert à *relancer*, au printemps, les plantes sur lesquelles on la répand

Quant au guano, tu le sais sans doute, mon cher Fernand, c'est de la fiente d'oiseaux marins ; on le tire surtout du Pérou, où il forme des bancs épais qui ont acquis, avec le temps, la dureté du marbre.

Le guano rend de grands services à l'agriculture, bien qu'il nous parvienne rarement pur. Mais il coûte cher, et s'ils savaient s'y prendre, nos cultivateors pourraient s'épargner la dépense qu'il occasionne. Pour cela, il leur suffirait de savoir que la colombine remplace efficacement le guano, et, alors ils ne manqueraient pas d'avoir un poulailler et un pigeonnier bien tenus, partout en rapport avec leur exploitation.

Enfin, les plumes et le poil des animaux, la corne des sabots, et tant d'autres débris qui se perdent dans la cour des fermes, ont une haute valeur comme engrais.

Il en est de même des os, qui peuvent être employés, soit broyés à l'état naturel, soit calcinés et réduits en poudre. Cette poudre, connue sous le nom de *noir animal*, est très recherchée des Anglais, gens mieux avisés que nous et à qui nous vendons des chargements entiers de débris d'animaux jugés inutiles chez nous ?...

Prochainement ma lettre sur les engrais mixtes.

Tout à toi.

EDMOND.

3. — Engrais mixtes

SOMMAIRE. — Lettre d'Edmond à son ami Fernand sur les différentes sortes de fumiers d'étable ou de ferme : fumier de cheval, de vache, de mouton et de porc. — Il énumère successivement les propriétés particulières et l'emploi de chacun d'eux. — Avantages dus au mélange des fumiers. — Faut-il les laisser séjourner longtemps à la ferme ? — La fumure dans les terres chaudes et dans les terres froides. — Moyenne de la fumure par hectare.

Mon cher Fernand,

Je dois te parler aujourd'hui des engrais mixtes, de ceux qui sont formés à la fois de matières végétales et de matières animales, c'est-à-dire de paille ou de feuilles mélangées avec des excréments d'animaux. On donne à cet engrais le nom de fumier d'étable ou de fumier de ferme. Ces fumiers jouissent de propriétés différentes, suivant qu'ils proviennent de tel ou tel bétail.

Le plus actif des fumiers d'étable est le fumier de cheval ; il est en même temps chaud, sec et léger, ce qui fait qu'on l'applique avec avantage aux terrains humides, argileux et tenaces. Il est aussi d'un excellent usage pour les prairies et pour le jardinage.

Au contraire, le fumier de vache est naturellement froid, parce qu'il contient relativement beaucoup d'eau; mais, en revanche, il se mélange facilement avec les litières, et ses effets sont beaucoup plus durables que ceux du fumier de cheval. Le fumier de vache convient surtout aux terrains sablonneux et calcaires.

Quant au fumier de mouton, il est un peu moins chaud que le fumier de cheval ; toutefois, on le préfère à celui des bêtes à cornes. Mais il demande à être tenu humide et fortement tassé, l'air ne devant pas pouvoir le pénétrer. Le fumier de mouton est, comme le fumier de cheval, l'engrais par excellence des terrains argileux.

Le fumier de porc est, de son côté, très énergique ; et, pour produire un effet réellement utile, il doit être employé avec modération, ou allié à d'autres engrais. D'un autre côté, le fumier de porc contient parfois de petites graines de mauvaises herbes non digérées ; on fait donc sagement de ne l'employer que lorsqu'il a longtemps fermenté.

En somme, il y a avantage de mélanger les fumiers à leur sortie de l'écurie, ainsi que les cultivateurs le font assez généralement; on obtient ainsi un engrais pourvu de qualités diverses et pouvant permettre à la terre de produires de bonnes récoltes.

Il y a lieu de remarquer aussi que le fumier d'étable ne doit pas séjourner trop longtemps sur la cour, où il finirait par perdre en grande partie ses qualités. Dans l'emploi de ce fumier, il faut d'ailleurs tenir compte de la durée effective de la fumure, eu égard à la nature du terrain qui la reçoit.

Ainsi, les terres chaudes, sèches et légères décomposent les engrais beaucoup plus rapidement que les terres froides et compactes; elles doivent donc être fumées plus souvent que les autres. De même, la culture des plantes à larges feuilles est celle qui exige le plus d'engrais, ces plantes devant puiser à la fois dans la terre et dans l'air des aliments en rapport avec le développement de leur végétation.

En moyenne, la quantité de fumier à employer est de 30 à 35 mille kilog. par hectare de terrain, soit 300 à 350 kilog. par are.

Voilà, mon cher Fernand, ce que j'ai retenu de notre leçon sur les engrais mixtes.

Dans une troisième lettre, je te ferai connaître, en substance, si tu le veux bien, ce qui nous a été dit sur les soins qu'exige la confection normale du fumier.

A bientôt. Ton ami,

EDMOND.

4. — Soins à donner au fumier. — Les compots.

SOMMAIRE. — Edmond écrit de nouveau à son ami Fernand pour lui faire part de ce qu'il a appris sur les moyens de traiter convenablement le fumier. — Il insiste sur la mauvaise disposition des fosses qui le reçoivent, — sur la nécessité du tassement et de l'arrosage du dépôt. — Perte due à la déperdition des gaz; — moyen de la prévenir. — Considérations sur les *composts*.

Mon cher Fernand,

Je tiens la promesse que je t'ai faite relativement à la façon dont on doit traiter le fumier, afin d'en tirer le profit qu'il comporte. Je terminerai par quelques considérations sur les *composts*, les plus vulgaires des engrais mixtes, dont les cultivateurs intelligents savent tirer, toutefois, le meilleur parti.

Et d'abord, je dois signaler à ton attention la déplorable habitude qu'ont beaucoup de nos cultivateurs d'enfouir leur fumier dans une fosse profonde, au lieu de l'installer, comme en Angleterre, sur une plate-forme pavée, légèrement inclinée, et protégée par un abri contre l'ardeur du soleil et contre l'action des fortes pluies.

Cette fosse reçoit à tort les eaux d'égoût de la maison, qui devraient être conduites, avec les urines des étables, dans un réservoir spécial, disposé dans un coin de la cour, réservoir qu'on nomme la *fosse à purin*.

Pour le cultivateur, la fosse à purin est indispensable ; elle lui permet d'avoir constamment à sa disposition un liquide précieux, dont il se sert, en temps utile, soit pour en arroser ses prairies ou ses plantes en terre, soit pour en humecter son fumier, afin de le préserver de la moisissure pendant les chaleurs de l'été.

L'arrosage du fumier aide d'ailleurs à son tassement régulier, lequel empêche la déperdition des gaz auxquels les engrais doivent toute leur valeur. Qui le croirait ? Dans certains cas, cette déperdition peut réduire de moitié la masse de fumier !... Perte considérable que les cultivateurs soigneux s'évitent en répandant de temps en temps sur leur fumier de la marne ou du plâtre en poudre. A l'aide de ces substances, le fumier peut, en effet, conserver intactes toutes ses qualités fertilisantes.

Un mot maintenant sur les *composts*.

Les agronomes désignent sous ce nom une sorte d'engrais mixte qu'on obtient en mélangeant dans une fosse, au moyen de couches successives convenablement étendues, des substances de diverse nature, herbes provenant des sarclages, feuilles sèches, curures des fossés, boues et poussières des rues, cendres de lessive, etc., etc. Il n'est pas jusqu'aux moindres débris de la cuisine qui ne puissent utilement concourir à la formation et à la haute valeur des composts.

On ajoute encore aux qualités de cet engrais, qui convient aussi bien aux prairies qu'aux différentes sortes de cultures, en répandant de la chaux vive sur les substances amoncelées, et en arrosant le tout d'eau et de purin.

Adieu, mon cher Fernand, et crois-moi, aujourd'hui comme toujours,

Ton ami,

EDMOND.

CHAPITRE III.

§ I.

Culture du sol. — Opérations mécaniques qui ont pour but de le diviser, de l'aérer, de l'ameublir, de détruire les mauvaises herbes, d'enfouir les engrais, d'enterrer la semence, etc.

Le Maitre. Vous le savez, mes jeunes amis, pour que la terre puisse donner de bonnes récoltes, il ne suffit pas qu'elle soit bien fumée : il faut encore qu'elle soit cultivée avec intelligence. Le travail de la terre comporte diverses opérations mécaniques dont les principales sont : le labour, le hersage, le roulage, le buttage, le binage.

Le labour est le plus important de tous les travaux agricoles : il a pour objet de faire pénétrer l'air, la chaleur et l'eau de pluie dans les différentes parties de la couche arable, en les divisant d'ailleurs de façon à favoriser le développement de la racine des végétaux cultivés.

Louis. Le labour sert aussi à enfouir le fumier.

Gustave. Et à détruire les herbes qui croissent après l'enlèvement des récoltes.

Le Maitre. Oui, outre que le labour permet d'incorporer le fumier au sol, un de ses effets immédiats est d'arrêter cette végétation parasite qui se produit spontanément après chaque récolte, et toujours aux dépens de la couche arable. Je dis *végétation parasite,* parce qu'elle s'impose à la terre d'une façon insolite, inusitée, parce que dans ce cas surtout, les mauvaises herbes épuisent le sol en pure perte.

Edmond. C'est vrai : elles appauvrissent la terre sans rien produire.

Le Maitre. Parfaitement. Vous connaissez tous l'instrument qui sert principalement à exécuter les labours ?

Les Elèves. C'est la charrue.

Le Maitre. Oui : la charrue est l'instrument aratoire par excellence ; dans la grande culture, elle remplace efficacement la bêche, la pioche et le hoyau qu'emploient parfois les petits propriétaires.

Henri. Il y a, je crois, de plusieurs sortes de charrues ?

Le Maitre. La forme des charrues est, en effet, très-variable. Toutefois, on peut rapporter cette forme à deux types principaux : l'*araire*, qui fonctionne sans roues, et la charrue à avant-train, c'est-à-dire pourvue de deux roues réunies par un essieu.

Jules. J'ai déjà entendu dire le nom des pièces qui forment une charrue, mais je ne les connais pas bien.

Le Maitre. Les pièces dont la charrue se compose sont :

1° Le *soc*, ou pièce de fer forgé et aciéré, plate et triangulaire, qui ouvre le sol à mesure que la charrue avance ;

2° Le *coutre*, ou *couteau*, grande et forte lame dont la fonction est de couper verticalement la terre en avant du soc ;

3° Le *talon*, partie de l'instrument qui soutient le sóc, et qui glisse, pendant le labour, sur la raie ou le fond du sillon.

4° Le *versoir* ou *oreille*, partie de la charrue qui retourne a terre soulevée par le soc ;

5° L'*âge*, ou la *flèche*, pièce de bois à laquelle se rattachent toutes les autres parties de la charrue ;

6° Les *manches* ou *mancherons*, consistant en deux poignées adaptées à l'arrière de l'âge, et dont le laboureur se sert pour diriger et maintenir la charrue quand elle est en marche ;

7° Enfin, le *régulateur*, sorte de crémaillère horizontale placée à l'avant de l'âge et servant à fixer les dimensions de la bande de terre à retourner.

Louis. Il y a encore, dans les charrues, une partie que l'on nomme le *têtard* ?

Eugène. Et une autre qu'on appelle la *sellette* ?

Le Maitre. Oui : le têtard et la sellette sont deux parties qui dépendent de l'avant-train ; le premier sert à élever ou abaisser l'âge, afin de régler l'*entrure* ou *pique* de la charrue dans la terre ; la seconde est destinée à rattacher l'avant-train à l'arrière à l'aide d'une chaîne.

De notables améliorations ont été apportées, pendant ces derniers temps, dans la construction des charrues.

Parmi les charrues perfectionnées, il faut citer en première ligne la *charrue Dombasle* : c'est un araire léger, principalement formé d'un âge horizontal, et d'un soc auquel les mancherons sont rattachés. La charrue Dombasle est non-seulement celle qui demande le moins de force pour fonctionner, mais encore celle qui produit le labour le plus prompt et le plus parfait.

GUSTAVE. C'est sans doute la charrue dont on se sert à la Warenne ; car, au lieu d'employer quatre chevaux, comme font les autres cultivateurs du pays, M. Martin n'en emploie que deux, et il n'en fait pas moins beaucoup de besogne.

LE MAITRE. En effet, le fermier de la Warenne se sert le plus souvent de la charrue Dombasle. Dans les terres tenaces, il emploie la *charrue squelette* de *Finlayson,* avec laquelle on obtient un degré d'ameublissement aussi parfait que possible. Il se sert aussi avec succès de la *charrue fouilleuse,* charrue sans versoir, lorsqu'il juge utile d'ameublir le sous-sol, sans le ramener à la surface, ni le mêler à la bonne terre de la couche supérieure.

EUGÈNE. M. Martin a encore une autre charrue, qu'il emploie pour réunir la terre sur les pieds de pommes de terre.

LE MAITRE. Oui : c'est la *charrue à butter,* laquelle est munie de deux versoirs et qui rejette également la terre des deux côtés à la fois.

LOUIS. Il ne suffit pas, je crois, qu'un cultivateur ait de bonnes charrues : il faut encore qu'il sache s'en servir.

LE MAITRE. Sans doute ; mais, avec les charrues perfectionnées, le travail devient facile, et le soc reste de lui-même à la profondeur qu'on assigne au labour en disposant le régulateur.

LOUIS. C'est beaucoup, car il me semble que le bon labour dépend uniquement de la direction imprimée au soc par le cultivateur.

LE MAITRE. *Uniquement* n'est pas le mot : c'est *surtout* qu'il faut dire. En effet, pour qu'un labour soit bon, il faut que la raie ouverte par la charrue ait partout la même profondeur ; mais il faut aussi que cette raie soit parfaitement nette et droite dans toute sa longueur, car autrement la couche de terre arable serait inégalement ameublie ; il faut encore que la largeur des bandes retournées par la charrue soit moindre que la profondeur donnée au labour. Au lieu de retomber à plat, chaque bande retournée peut ainsi s'appuyer sur celle qui vient d'être déplacée et subir plus efficacement l'influence de l'air et du soleil.

HENRI. Quelle est la proportion à observer entre la largeur du sillon et celle de la profondeur du labour ?

LE MAITRE. Cette proportion est assez généralement de 2 à 3. C'est-à-dire que, pour labourer à 18 centimètres de profondeur, on donne au sillon 12 centimètres de largeur.

LOUIS. Qu'entend-on par *labour à plat ?*

LE MAITRE. Le labour à plat est celui par lequel le terrain labouré présente une surface unie ; il s'obtient en donnant aux sillons une largeur égale à leur profondeur. Ce mode de labour facilite beaucoup les sarclages et le fauchage ; mais, avec les charrues nouvelles, dont le versoir est immobile, il a le grave inconvénient d'occasionner une perte de temps considérable, en obligeant le laboureur à revenir sur ses pas après chaque sillon.

LOUIS Comment éviter cet inconvénient, même quand le travail s'exécute de façon à donner des lignes saillantes?

LE MAITRE. En labourant soit en *planches*, soit en *ados* ou *billons.*

Ces mots sont nouveaux pour vous, mes amis, je le comprends. Sachez-le donc, le labour est en planches lorsque, à des distances de $2^{m},50$ et au-dessus, on ménage une rigole en rejetant la terre d'un côté et de l'autre. Ce labour qui s'exécute sans perte de temps, réunit les avantages du labour à plat ; et, de plus, dans les terres fortes, argileuses, qui ne sont pas assainies par le drainage, les rigoles qui séparent les planches facilitent l'écoulement des eaux et assainissent le sol.

Quant au labour en ados ou billons, il s'exécute en faisant passer la charrue une fois en allant, une fois en revenant, dans deux raies qui se touchent, de façon à rejeter l'une contre l'autre les deux bandes de terre déplacées : chaque billon se compose de quatre à huit traits de charrue.

Les labours en ados sont surtout nécessaires dans les sols où la couche végétale a peu d'épaisseur, afin d'accumuler la terre sur une partie de la surface du champ ; on ne doit pas les employer ailleurs, parce qu'ils rendent le fauchage difficile, et que l'eau, glissant de l'ados dans les rigoles, y séjourne souvent pendant l'hiver et pourrit la racine des plantes.

LOUIS. Est-il convenable de labourer pendant l'hiver, lorsque la gelée ne s'y oppose pas ?

LE MAITRE. Oui, mais seulement dans les terres légères ou sablonneuses. Dans les terres fortes, on ferait une fort mauvaise besogne, parce qu'alors le sol contient trop d'humidité et ne pourrait être que pétri, et non ameubli par la charrue. Du reste, quelle que soit la saison, le cultivateur doit tenir compte de l'état du terrain : trop humide, le sol retourné offre l'inconvénient qui vient d'être indiqué ; trop sec, il se partage le plus souvent en blocs de diverses grosseurs, au lieu de se diviser en tranches égales.

GUSTAVE. Il faut alors choisir le moment précis où la terre n'est ni trop sèche ni trop humide ?

LE MAITRE. Oui, cela est important.

LOUIS. Est-il toujours possible de connaître ce moment ?

LE MAITRE. Toujours. On a fait cette remarque essentielle, que la terre est dans l'état le plus favorable au labour, lorsqu'à 30 centimètres de profondeur, après plusieurs jours de beau temps, elle contient 15 pour cent de son poids d'eau, et lorsqu'après plusieurs jours de pluie, elle n'en contient pas plus de 22 à 23 pour cent (1).

LOUIS. Mais comment s'y prend-on pour savoir cela ?

LE MAITRE. En faisant sécher parfaitement une petite pelletée de terre, qu'on a pesée d'abord et qu'on pèse de nouveau après la dessiccation : la différence trouvée entre les deux pesées représente exactement la quantité d'eau contenue dans le sol ainsi analysé.

LOUIS. Je comprends : une pelletée de terre pesant, par exemple, 5 hectogrammes avant d'être desséchée, et qui ne pèse plus que 4 hectogrammes après cette opération, contenait 1 hectogramme d'eau, c'est-à-dire un cinquième, ou 20 pour cent de son poids d'eau.

LE MAITRE. C'est parfaitement cela.

EUGÈNE. Tous les cultivateurs peuvent faire cette expérience.

LE MAITRE. Malheureusement beaucoup d'entre eux la négligent ; on laboure par tous les temps, au risque de compromettre la récolte ; et, ce qui est plus grave encore,

(1) Ysabeau. *Leçons élémentaires d'Agriculture.* — Paris, librairie Delalain, rue des Écoles.

au risque de *gâter la terre pour trois ans*, car les agronomes prétendent que le sol labouré trop humide ne revient à son état normal qu'après trois années de culture soignée.

LOUIS. Il faut croire que M. Martin laboure toujours en temps utile, lui, car il fait partout de belles récoltes.

LE MAITRE. M. Martin est un cultivateur qui raisonne tout ce qu'il fait ; c'est comme cela qu'il réussit.

EUGÈNE. Il possède d'ailleurs un outillage que les autres cultivateurs n'ont pas. Ainsi, en dehors de ses charrues, on trouve chez lui un instrument monté sur trois petites roues et qui est pourvu de plusieurs petits socs plats et un peu arrondis.

LE MAITRE. C'est l'*extirpateur*, instrument auxiliaire de la charrue. On l'emploie pour exécuter les labours légers, pour détruire les mauvaises herbes, pour marner, chauler, etc. Le fermier de la Warenne se sert également du *scarificateur*, autre instrument aratoire, qui porte, au lieu de socs, soit des coutres, soit de longues et fortes dents de fer recourbées. Le scarificateur divise la terre en plan vertical, sans la déplacer, différant en cela de l'extirpateur, qui la divise horizontalement, comme la charrue. Il est d'une grande utilité pour le défrichement et pour le sarclage des terres.

LOUIS. En fait d'instruments de culture, il y a encore la *herse* et le *rouleau*, que nous connaissons tous.

LE MAITRE. Oui ; vous savez qu'on emploie la herse pour recouvrir la semence après le labourage, et le rouleau pour briser les mottes et égaliser le sol ; mais ce n'est pas là tout ce qu'il faut savoir.

EUGÈNE. Il y a des herses de différentes formes.

LE MAITRE. Précisément ; les unes sont carrées, les autres, triangulaires ou bien en losanges ; mais ce qu'il faut voir surtout dans cet instrument, c'est la disposition des dents. Dans une bonne herse, les dents doivent être placées de manière que les raies qu'elles tracent sur le sol, se trouvent à égale distance les unes des autres ; de plus, chaque dent doit tracer sa raie particulière, et cette raie ne doit jamais se confondre avec la raie tracée par une autre dent.

LE MAITRE. Il y a aussi des herses à dents de bois et des herses à dents de fer. Les premières suffisent pour les terres légères ; mais les terres fortes réclament l'emploi des secondes.

LOUIS. A la Warenne, on fait le plus souvent usage de la herse triangulaire à dents de fer ; et j'ai remarqué qu'on attelle cette herse, tantôt à son sommet, tantôt à l'un des angles de la base du triangle.

LE MAITRE. Cela s'explique : lorsque le fermier veut donner un fort hersage, qui puisse ramener les mottes à la surface, il attelle à l'avant de la herse, c'est-à-dire au sommet du triangle isocèle dont elle est formée ; mais si, au contraire, il veut simplement ameublir le sol et recouvrir la semence, il attelle à l'un des autres angles. Les dents inclinées en avant ne s'enfoncent plus dans le sol, mais elles en émiettent parfaitement la surface.

LOUIS. J'ai remarqué aussi que, pour herser, les chevaux de M. Martin sont attelés de très-court dans certains cas, et d'autres fois, au contraire, avec des traits fort longs.

LE MAITRE. C'est vrai : la profondeur des herses perfectionnées se règle par la longueur des traits des animaux attelés : plus les traits sont allongés, plus l'instrument a de prise et s'enfonce dans le sol.

LOUIS. C'est cela : dans les terres légères de ses bois défrichés, M. Martin diminue la longueur des traits ; dans les terres fortes des Vieux-Prés, il les allonge.

GUSTAVE. Parce que, dans ce dernier cas, il a besoin d'un hersage plus puissant.

LE MAITRE. Et je suis certain que, ce hersage, il le fait donner le jour même où les terres ont été labourées.

GUSTAVE. Pourquoi ?

LE MAITRE. Pour profiter de la friabilité du sol fraîchement travaillé ; la herse l'attaque alors avec succès, et le rouleau complète ainsi utilement son action.

EUGÈNE. *Friabilité* veut dire : qui peut être facilement réduit en poudre ?

LE MAITRE. Exactement.

LOUIS. Pour égaliser et raffermir le sol, M. Martin se sert de deux rouleaux différents. L'un est le rouleau uni, le seul dont les autres cultivateurs fassent usage ; l'autre est beaucoup plus lourd, parce qu'il est revêtu de bandes de fer.

LE MAITRE. Oui : ce dernier est formé de disques ou

cercles en fonte ou en fer forgé ; on le désigne sous le nom de *rouleau squelette ;* il est très énergique et convient particulièrement aux terres fortes.

LOUIS. Ce rouleau est moins long que les rouleaux ordinaires ; mais on lui a donné un diamètre qui le fait ressembler à un tonneau.

LE MAITRE. Cette disposition a sa raison d'être : le rouleau a d'autant plus d'action que sa pression s'exerce sur une moindre surface du sol, en d'autres termes, qu'il a moins de longueur et que son diamètre est plus grand. — Un rouleau en fer, ayant 1 m. 30 de longueur, sur 60 ou 70 centimètres de diamètre, fonctionne beaucoup mieux que les rouleaux en bois, longs et étroits, dont on se sert communément. De tous les rouleaux à disques de fer connus aujourd'hui, le meilleur est le rouleau Croskill.

LOUIS. Le fermier de la Warenne le sait bien, car le nom de Croskill est écrit en toutes lettres sur son plus gros rouleau.

LE MAITRE. Et savez-vous sur quelles terres il en fait usage ?

LOUIS. Sur les terres argileuses les plus tenaces.

LE MAITRE. Oui ; et, à ce sujet, vous avez pu remarquer une chose : c'est que, pour ameublir les sols argileux, où le labour produit souvent des blocs, des quartiers énormes, M. Martin fait d'abord passer la herse à dents de fer ; le rouleau vient ensuite, et l'opération est complétée par un second hersage.

LES ELÈVES. C'est vrai.

GUSTAVE. Il est à remarquer aussi que le fermier ne fait procéder à cette opération que quand la terre est bien ressuyée.

LE MAITRE. Il a parfaitement raison : si la terre était trop humide, le rouleau y ferait plus de mal que de bien.

LOUIS. M. Martin fait également rouler ses terres légères et sablonneuses.

LE MAITRE. Il leur donne ainsi de la consistance et y retient la fraîcheur, toujours prompte à s'évaporer. D'un autre côté, en pressant la terre contre la semence, le rouleau favorise la germination.

EUGÈNE. Cet instrument est réellement précieux.

GUSTAVE. Il est un de ceux qui rendent le plus de services au cultivateur, quand il sait s'en servir.

LE MAITRE. Au nombre des instruments qui servent à la préparation du sol, n'oublions pas de citer aussi la *houe à cheval*, sorte de petit extirparteur composé de socs légers, assez rapprochés les uns des autres et assez étroits pour passer facilement entre les rangées des céréales semées en lignes.

En nous occupant prochainement des soins à donner aux plantes pendant la végétation, nous verrons quel parti le cultivateur doit savoir tirer de la houe à cheval.

---

§ II.

Des labours et des semailles.

LE MAITRE. Mes amis, nous avons récemment passé en revue les divers instruments dont on se sert pour cultiver le sol, pour le mettre à même de nous donner des récoltes. Nous nous occuperons aujourd'hui des *semailles*, c'est-à-dire de la mise en terre des graines qui doivent servir à la reproduction des plantes agricoles et nous donner ainsi, chaque année, les récoltes dont je viens de parler.

GUSTAVE. *Semer*, c'est donc répandre de la graine sur une terre préparée pour en obtenir une récolte ?

LE MAITRE. Oui. Sous l'influence de l'air, de l'humidité et de la chaleur, la graine déposée dans le sol se tuméfie, s'enfle, se gonfle et émet bientôt de petites racines qui s'enfoncent dans la terre ; cette graine produit en même temps une tige qui sort du sol et s'élève graduellement.

JULES. J'ai parfaitement vu cela un jour dans notre jardin. Le chat du voisin avait gratté la terre et mis à découvert des haricots plantés depuis une semaine ou deux ; à chaque graine devenue énorme, on voyait très-bien les racines et la tige qui se formaient.

LE MAITRE. Un peu plus tard, vous auriez pu voir que les haricots, comme les pois, les choux, le blé, etc., ont des racines qui se divisent en une multitude de petits filets. On nomme ces sortes de racines *fibreuses*, du mot *fibres*, qui est le nom donné aux filets dont elles sont formées.

EUGÈNE. Les carottes, les betteraves, les navets, ont-ils aussi une racine fibreuse ?

LE MAITRE. Non : dans ces plantes, la racine, qui est le corps même de la plante, est dite *pivotante ;* elle forme en effet une sorte de pivot, ou corps arrondi terminé par une pointe, qui s'enfonce dans la terre perpendiculairement à l'horizon.

LOUIS. Dans la betterave, il y a aussi ce qu'on nomme le *collet*.

LE MAITRE. Oui : le collet est la partie du végétal qui

sépare, à fleur de terre, la racine de la tige; cette partie n'existe ou ne se distingue que dans les plantes à racine pivotante.

EDMOND. La tige des plantes ne prend-elle pas aussi différents noms?

LE MAITRE. Oui. La tige des plantes est dite *ligneuse*, lorsqu'elle a la dureté du bois; quand elle est creuse et moins résistante, comme dans le blé, elle prend le nom de *chaume*. On dit aussi qu'une tige est *simple*, lorsqu'elle est privée de branches, et *ramifiée*, lorsqu'elle en est pourvue.

EUGÈNE. Les racines et la tige, telles sont les parties essentielles des plantes.

LE MAITRE. Oui: par ses racines, la plante aspire les sucs de la terre pour s'en nourrir; par sa tige, elle fait circuler la sève, c'est-à-dire l'humeur, le liquide vital qui est son sang. Mais la plante a dans ses *feuilles* et dans ses *fleurs* deux autres organes non moins essentiels: par ses feuilles, elle absorbe l'air, dans lequel elle puise des éléments nécessaires à la sève; par ses fleurs, elle produit les germes de nouvelles plantes semblables, c'est-à-dire des graines ou fruits destinés à perpétuer les espèces.

LOUIS. Sans leurs feuilles, les plantes ne pourraient donc pas vivre?

LE MAITRE. Les feuilles sont pour les végétaux de véritables poumons; elles aspirent par leur surface supérieure l'air nécessaire à leur existence, et elles laissent échapper par le dessous l'air excédant leurs besoins et celui qui ne leur convient pas. Dans un excellent petit livre dont je vous ai déjà parlé plusieurs fois, M. Pigeot recommande avec raison de ne jamais enlever les feuilles aux végétaux. « Celui qui en serait totalement dépourvu, dit-il, périrait étouffé, comme un animal qu'on étreindrait à la gorge. » (1)

JULES. Pourtant, beaucoup de gens effeuillent leurs choux au profit de leurs lapins...

LOUIS. Et leurs betteraves au profit de leurs vaches.

LE MAITRE. Ces gens-là ont tort; car elles privent la plante qu'elles effeuillent d'une partie de la nourriture qui lui est nécessaire, et elles en arrêtent ainsi le développement.

(1) *Le Cultivateur*, p. 59.

EUGÈNE. Nuit-on aussi à la plante lorsqu'on lui enlève ses fleurs ?

LE MAITRE. Non ; on se prive seulement de la graine que ces fleurs auraient donnée. C'est dans la fleur et, par suite, dans la graine, que se concentre toute la vitalité, tout le suc de la plante. Aussi a-t-on constaté que la fleur, dans les fourrages verts, de même que la graine, dans les fourrages secs, sont les parties les plus nourrissantes des végétaux, celles que les animaux recherchent constamment.

GUSTAVE. Je crois savoir que la fleur des plantes se compose, comme leurs racines, de plusieurs parties ?

LE MAITRE. Oui ; dans les fleurs, on distingue : 1° le calice, ou enveloppe extérieure ; 2° la corolle, ou enveloppe intérieure ; 3° les étamines et les pistils, petits filaments, de couleur jaune ordinairement, placés au centre de la corolle.

EUGÈNE. Mais comment distingue-t-on les pistils des étamines ?

LE MAITRE. Les étamines adhèrent ordinainairement aux feuilles de la corolle, tandis que les pistils, souvent en forme de pilon, se détachent du centre de la fleur : ce sont les étamines et les pistils qui forment la graine ; ces parties sont donc les plus importantes de la fleur.

LOUIS. Toutes les graines ne doivent pas être, je crois, employées indistinctement comme semence ?

LE MAITRE. C'est vrai : le choix de la semence réclame même toute l'attention du cultivateur.

LE MAITRE. Une bonne semence doit présenter les qualités suivantes : être nouvelle, n'exhaler aucune odeur, et offrir un type parfait de l'espèce par son poids et par son volume, ce qui indique qu'elle a été produite par des plantes saines et qu'elle a été bien conservée. Une pratique excellente employée dans la petite culture, est de trier à la main, sur une table, les graines les plus grosses, en les séparant des petites : on obtient ainsi un choix parfait de semence qui influe énormément sur le produit et sur la qualité de la récolte.

LOUIS. A la Warenne, on emploie parfois ce moyen ; mais, le plus souvent, on crible les graines destinées aux semailles.

LE MAITRE. C'est le triage le plus expéditif ; M. Martin

l'emploie conjointement avec le triage à la main, et toujours en faisant suivre l'opération d'une petite expérience qui lui permet d'apprécier dans quelle proportion les grains triés possèdent la faculté germinatrice, c'est-à-dire la vertu de germer et de pousser. Cette expérience, indiquée par M. Ysabeau, consiste à placer dans un lieu où règne une température douce, dans une écurie, par exemple, un baquet plein d'eau, avec des flotteurs formés de vieilles semelles de liège. Ces flotteurs sont couverts d'une mousse verte, qui se maintient d'elle-même dans un état d'humidité constant. On sème dans cette mousse un nombre déterminé de grains dont on désire vérifier la qualité ; au bout de quelques jours, tous ceux qui peuvent germer émettent une radicule ; on compte les grains qui n'ont pas germé : la proportion entre les bons grains et les mauvais est évidemment la même dans le petit nombre de grains essayés sur les flotteurs que dans la quantité totale qui doit servir aux semailles. D'après cette donnée, on peut augmenter ou diminuer la quantité du grain jugé nécessaire pour ensemencer un terrain d'une étendue déterminée.

Louis. C'est ainsi que M. Martin emploie plus ou moins de semence dans ses cultures.

Le Maitre. Oui : il ne sème que ce qu'il faut, et il réalise ainsi une notable économie, à laquelle s'ajoute celle qu'il obtient en semant en lignes, à l'aide de semoirs mécaniques appropriés aux différents genres de semence.

Gustave. En semant en lignes, on emploie donc moins de semence qu'en semant à la volée, comme le font encore à peu près tous nos cultivateurs ?

Le Maitre. Les semis en lignes demandent deux fois moins de semence ; ils offrent d'ailleurs l'avantage de faciliter les sarclages et produisent une récolte infiniment plus abondante. L'un des meilleurs semoirs est le *rayonneur*, lequel est formé de boites cylindriques percées de trous sur leur contour. La semence placée dans ces boîtes tombe régulièrement dans un tuyau terminé en cuillère qui la dépose dans la terre en un petit sillon immédiatement recouvert et sur lequel passe la roue du rayonneur faisant l'office de rouleau. Tous les semoirs nouveaux sont d'ailleurs construits de façon à permettre de répandre à volonté, en même temps que le grain et à la place même où il tombe, les engrais en poudre, noir animal, guano, poudrette, etc. Les semis à la volée ne permettent pas de placer ainsi, à portée de la jeune plante future, la substance qui doit spécialemet aider à son développement ; aussi sont-ils aujourd'hui condamnés par les praticiens.

Louis. On peut semer en lignes sans se servir des semoirs à cheval ?

Le Maitre. Parfaitement, en se servant d'un plantoir à main : c'est ce qui arrive dans certains pays de petite culture. Une femme et un enfant ensemencent ainsi, en moyenne, 30 ares en un jour, à l'aide d'une corde et d'un plantoir à cinq dents, qui distribue aussi régulièrement le grain que le semoir mécanique.

Il y a encore un autre système de semoir : c'est le *semoir-brouette*, dont on se sert avantageusement pour les grosses graines, pois, féverolles, etc. On le pousse devant soi, et les grains sont déposés en terre, avec ou sans engrais pulvérulent, à des distances aussi régulières que celles que donne le semoir à cheval.

Eugène. J'ai remarqué plusieurs fois que le fermier de la Warenne fait donner un fort hersage au terrain sur lequel il veut se servir du semoir mécanique.

Le Maitre. Il a parfaitement raison : sans cette précaution, la graine serait recouverte très-irrégulièrement. M. Martin n'en est plus à ignorer que les semences doivent être également réparties et recouvertes, et que, pour germer et s'accroître dans de bonnes conditions, les plantes exigent un sol bien ameubli, bien divisé, purgé de toutes mauvaises herbes, et présentant, autant que possible, une surface unie.

Gustave. Il y a des cultivateurs qui ne sèment jamais leur blé sans arroser la semence avec de l'eau de chaux. Pourquoi cela ?

Le Maitre. En trempant la semence du blé dans un bain de chaux vive, on préserve la plante future de la carie, maladie qui l'attaque souvent et fait qu'elle pourrit et se réduit en poussière. Le mouillage du blé dans de l'eau sulfatée, qu'on obtient avec du vitriol bleu, peut aussi préserver le blé de la dégénérescence appelée *charbon*.

Louis. A la Warenne, on trempe les semences de blé dans un bain qui les rend noires comme la suie.

Le Maitre. C'est ce qu'on appelle le *pralinage*, qui a pour objet, non de garantir les plantes contre les maladies auxquelles elles sont sujettes pendant leur végétation, mais de faciliter la germination de la semence qui doit leur donner la vie, en enduisant cette semence d'une substance dont elles se nourriront dès les premiers moments de leur croissance. On emploie, pour le pralinage, une dissolution composée, soit de guano, soit de noir animal, accompagnée de sel de nitre ou de potasse.

Eugène. L'époque des semailles est-elle la même pour tous les terrains ?

Le Maitre. Non. L'époque des semailles est surtout déterminée par l'état de la température et par celui du terrain. Mais, en général, il vaut mieux semer plus tôt que plus tard. Il y a lieu de remarquer aussi que, plus la saison est chaude, plus il faut enterrer la semence. D'un autre côté, les terres argileuses doivent être ensemencées avant les sols sablonneux ou calcaires. Il est bon aussi de tenir compte de la nature des plantes : l'orge et les haricots, par exemple, demandent un sol sec et déjà échauffé ; au contraire, l'avoine, le colza et le lin lèvent mieux dans un sol encore humide.

Dans notre prochaine causerie, nous nous occuperons spécialement des soins à donner aux plantes pendant le cours de leur végétation.

---

§ III.

Soins à donner aux plantes pendant la végétation : binage, sarclage, buttage, etc. — Instruments aratoires.

Le maitre. Lorsque les semailles sont terminées, tout n'est pas dit pour le cultivateur soigneux. Il reste à veiller sur l'état de la terre qui a reçu les semences. Si le sol est humide et si les sillons sont saturés d'eau, il faut établir des rigoles transversales d'écoulement dans le sens de la pente du terrain ; sans cette précaution, le séjour prolongé de l'eau pourrirait les jeunes racines de la plante, et la récolte serait gravement compromise.

Pendant le cours de la végétation, les plantes réclament également des soins multipliés, et variant suivant les espèces. Nous nous occuperons principalement du *binage*, du *sarclage* et du *buttage*.

Louis. Qu'est-ce donc que le binage?

Le Maitre. Le binage est une opération de culture qui a pour but d'ameublir les sols ensemencés, de les empêcher de durcir. Vous savez que les plantes puisent des aliments dans l'humus du terrain cultivé; il importe de les mettre à même d'en puiser aussi dans l'atmosphère. L'effet du binage est précisément de pratiquer dans le sol des pores, des ouvrtures qui puissent permettre aux fluides atmosphériques, à l'air, à la chaleur, à l'humidité, d'atteindre la racine des jeunes plantes.

Eugène. L'ameublissement du sol, par le binage, est-il donc absolument nécessaire?

Le Maitre. Dans les sous-sols argileux, par exemple, le binage est d'autant plus indispensable, que la terre, en se durcissant à sa surface, arrête à peu près complètement l'accès de l'air. Il prévient d'ailleurs les gerçures, qui nuisent beaucoup à la végétation pendant les sécheresses. Dans les sols légers, le binage permet à l'humidité de s'infiltrer profondément et de remonter peu à peu à la surface. De plus, le binage détruit les mauvaises herbes qui croissent rapidement parmi les plantes cultivées.

EUGÈNE. Comment s'exécute le binage ?

LE MAITRE. Dans la grande culture, le binage s'exécute à l'aide de la houe à cheval, dont nous avons parlé. Mais, faute de cet instrument, qui abrège beaucoup le travail, on emploie le *béchard*, formé de deux dents plates et pointues.

Dans la petite culture, le binage se fait à l'aide d'un petit nstrument à main, connu sous le nom de *binette* ou *serfouette*, lequel est composé d'un fer double, avec ouverture pour le manche au milieu, et terminé, d'un côté, en forme de houe, de l'autre, en forme de béchard.

EUGÈNE. Le sarclage a-t-il aussi pour objet de faire profiter la racine des jeunes plantes des aliments répandus dans l'air ?

LE MAITRE. Oui, mon enfant ; de plus, le sarclage est appelé à détruire les plantes salissantes ou adventives nées après le binage. Il se pratique à la main ou à l'aide d'un petit instrument nommé *sarcloir*, qui a ordinairement la forme d'une binette de faibles dimensions.

JULES. Le sarclage est donc aussi une opération importante ?

LE MAITRE. Extrêmement importante.

LOUIS. A la Warenne, on ne la néglige jamais.

LE MAITRE. C'est vrai : les cultivateurs bien avisés ne la négligent nulle part ; mais, pour atteindre son but, le sarclage doit être effectué lorsque les herbes n'ont pas encore pris un grand développement ; c'est lorsque la terre conserve encore assez de fraîcheur pour que les plantes soient facilement arrachées que le sarclage se pratique avec le plus de succès.

LOUIS. M. Martin ne fait jamais sarcler par un temps humide : pourquoi cela ?

LE MAITRE. Parce que, d'une part, les travailleurs seraient exposés à froisser les bonnes plantes, et que, de l'autre, les mauvaises reprendraient avec la plus grande facilité.

GUSTAVE. Je comprends les effets du binage et du sarclage ; mais je ne me rends pas bien compte de ceux du *buttage*.

LE MAITRE. Pourtant, vous savez que le buttage consiste à rassembler la terre autour du pied de certaines plantes ?

GUSTAVE. Je le sais.

Le Maitre. Eh bien, mon ami, en plaçant les plantes au milieu d'une couche de terre plus considérable, le buttage met à leur disposition une plus grande quantité de principes nutritifs ; il favorise ainsi le développement de leur partie souterraine et y maintient la fraîcheur.

Gustave. Maintenant, je comprends : la plante prospère d'autant mieux qu'elle est mieux nourrie et abritée.

Le Maitre. C'est cela.

Eugène. On ne doit pas, je crois, appliquer le buttage à toutes les plantes ?

Le Maitre. Non : on n'a recours au buttage que dans la culture des pommes de terre, des choux, des pois, des fèves, des haricots, etc.

Eugène. Et l'opération se fait ?

Le Maitre. Dans la grande culture, avec le buttoir, ou charrue à deux versoirs ; dans la petite, avec la houe et le hoyau, outil que vous connaisez tous.

Louis. Mais, pour se servir du buttoir mécanique, il faut que les plantes soient placées en lignes.

Le Maitre. Oui : l'écartement laissé entre chaque rangée de plantes est d'ailleurs en rapport avec les dimensions du buttoir. C'est ainsi que les deux bandes de terre déplacées par l'instrument peuvent être exactement déposées, à droite et à gauche, sur les plantes à rechausser.

Eugène. Mais si le cultivateur laissait dévier le buttoir d'un côté ou de l'autre ?

Le Maitre. D'un côté, les plantes pourraieut être endommagées ; de lautre elles ne seraient par recouvertes. Pour que le travail soit bon, il faut que le cultivateur maintienne constamment la pointe du soc dans le milieu de l'intervalle laissé entre les rangées ; c'est à cette condition que la terre peut être également répartie sur les racines des plantes.

Dans notre prochain entretien, nous nous occuperons de la récolte et de la conservation des produits.

Questionnaire récapitulatif (*Chap. III, § I à III*).

COURS INTERMÉDIAIRE. — 1° Quelles sont les diverses opérations que comporte la culture de la terre ? — Qu'est-ce que le labour ? — Quel est l'instrument qui sert à exécuter les labours ? — Quelle différence y a-t-il entre l'araire et la charrue à avant-train ? — Quelle est la meilleure des charrues perfectionnées ? — Qu'entend-on par charr ue-squelette ? — par charrue fouilleuse ? — par charrue à butter.

2° Y a-t-il plusieurs systèmes de labour ? — Nommez-les ? — Doit-on labourer en hiver ? — Nommez les principales machines agricoles dont le cultivateur se sert, en dehors de ses charrues, pour la préparation du sol ? — Connaissez-vous plusieurs sortes de herses et de rouleaux ? — A quoi sert la herse ? — Sur quelles sortes de terres fait-on surtout usage du rouleau ?

3° Qu'entend-on par *semer* ? — Nommez les quatre parties dont se composent essentiellement les plantes ? — Quel nom donne-t-on à la tige du blé ? — Quand une tige est-elle simple ? — ramifiée ? — Citez le nom des différentes parties de la fleur dans les plantes ? — Qu'est-ce que *trier* la semence ? — Quels moyens emploie-t-on pour cela ? — Qu'appelle-t-on rayonneur ? — semoir-brouette ? — Pourquoi les cultivateurs arrosent-ils parfois les semences avec l'eau de chaux ? — Qu'entend-on par binage ? — sarclage ? — buttage ? — Comment s'éxécutent ces diverses opérations de culture ?

COURS SUPÉRIEUR. — 1° Quel est le but des labours ? — Nommez les différentes parties dont se compose une charrue ? — Définissez le soc, le coutre, le talon, le versoir, l'âge, les manches, le régulateur, le tétard, la sellette ? — Quelles sont les conditions d'un bon labour ? — Qu'entend-on par labour à plat ? — par labour en planches ? — par labour en ados ? — Quand la terre est-elle dans l'état le plus favorable au labour ? Par quel moyen peut-on apprécier cet état ?

2° Qu'est-ce que l'extirpateur ? — le scarificateur ? la herse ? le rouleau ? — la houe à cheval ? — Caractérisez les différentes sortes de herses ? — Dans quel cas attelle-t-on la herse : 1° à son sommet ; 2° à l'un des angles de sa base ? — Qu'est-ce que le rouleau-squelette ? — Enumérez les avantages que les cultivateurs retirent de l'usage du rouleau ?

3° Qu'appelle-t-on racines fibreuses ? — racines pivotantes ? — racines ligneuses. — Indiquez les fonctions de chacune des parties dont se composent les plantes ? Qu'arrive-t-il lorsqu'on prive les plantes de leurs feuilles ? — Qu'est-ce que le calice dans une fleur ? la corolle ? les étamines ? le pistil ? — Faites connaître les qualités d'une bonne semence ? — Comment s'assure-t-on de la faculté germinatrice des graines ? — Quels sont les avantages des semis en lignes? Qu'entend-on par chaulage? — par pralinage? — Quelle substance emploie-t-on pour cette dernière opération? — Quels sont les effets du binage, du sarclage et du buttage? Indiquez les précautions qu'on doit prendre lorsqu'on se sert du buttoir mécanique?

Problèmes sur l'emploi des instruments aratoires.

COURS INTERMÉDIAIRE. 1° Un terrain a 75 mètres de largeur, et la charrue qui doit le labourer peut en enlever 25 centim. de largeur par raie. On demande 1° combien il y aura de raies à tracer; 2° quel temps il faudra pour ce travail, en employant une minute à chaque raie? — R. 1° 300 raies; 2° 5 heures.

2. — L'âge d'une charrue est placé à la cote de 0 m. 027, et, dans ces conditions, le soc pénètre à une profondeur de 0 m. 20: à quelle hauteur faut-il placer l'âge de la même charrue pour que les sillons aient une profondeur de 0 m. 25? — R. 0,03125.

3. — Une charrue bien entretenue coûte environ 6 fr. 75 de peinture et dure 5 ans; elle ne dure que 3 ans, si elle est négligée: sachant que la valeur d'une charrue est de 60 fr., on demande le profit qu'il y a à la bien entretenir? — R. 6 fr. 65 par an.

4. — Quelle largeur de terrain peut-on labourer en 14 heures avec deux charrues, dont l'une enlève 0 m. 12 par raie, et l'autre 0 m. 16, une raie étant tracée en 5 minutes? — R. 47 m. 04.

5. — Combien faudra-t-il de temps pour herser un terrain de 120 mètres de longueur, sur 45 mètres de largeur, si, pour chaque mètre carré, on emploie une seconde? — R. 1 heure 30 min.

6. — Un rouleau a 1 m. 50 de longueur, et le cheval qui le conduit avance de 20 mètres par minute. En combien de temps l'attelage aura-t-il roulé complètement un terrain rectangulaire, ayant 90 mètres de longueur, sur 60 mètres de largeur? — R. 3 heures.

7. Un scarificateur coûte 185 fr.; le travail qu'il opère peut faire profiter le laboureur de 4 fr. 50 par jour: en combien de journées de travail aura-t-il regagné le prix de son instrument? — R. 41 journées.

8. — On veut sarcler à la houe un champ qui comprend 225 lignes de plantes. Ces lignes ont chacune 120 mètres de longueur, et la houe avance de 30 mètres par minute. Combien faudra-t-il de temps pour sarcler complètement le champ? — R. 15 heures.

9. — Un scarificateur a 1 m. 35 de large, et une charrue ne coupe que 0 m. 18 de terre à chaque raie: de combien le scarifica-

teur et la charrue, travaillant ensemble, auront-ils avancé la besogne au bout de 7 heures, le scarificateur faisant 25 raies à l'heure et la charrue 36 raies ? — R. 281 m. 61.

10. — Trois chevaux attelés à un extirpateur d'une largeur de 1 m. 25 font environ 0 m. 80 par seconde : combien mettront-ils à déchaumer un champ long de 89 m. et large de 78 m. ? — R. 1 heure 55 min. 42 secondes.

11. — Un attelage avance de 0,75 par seconde ; combien de temps mettra-t-il à rouler un champ long de 80 m. et large de 60 m., si le rouleau, qui a 1 m. 65 de long, empiète de 0 m. 25 sur chaque ligne ? — R. 1 heure 16 m. 11 s.

12. On veut sarcler un champ ayant 120 m. de long et 45 m. de large, avec 3 houes qui parcourent chacune 1 m. par seconde : combien mettra-t-on d'heures, si les lignes sont espacées de 0 m. 28 ? — R. 1 heure 47 m. 8 s.

Cours supérieur. — Deux chevaux attelés à une charrue remuent une bande de terre de 0 m. 28 de largeur et font 0 m. 90 par seconde ; 4 chevaux attelés à un extirpateur de 1 m. 35 de large font 0 m. 75 par seconde. Le champ a 126 m. de long : on demande combien les seconds auront fait plus que les premiers au bout de 8 heures de travail ? — R. 219 ares 60 cent.

2. — En élevant l'âge de 0 m. 015, les socs d'un extirpateur pénètrent à une profondeur de 0 m. 12 ; à quelle hauteur faudra-t-il l'élever, pour obtenir une profondeur de 14 centim. ? — R. 0 m. 0175.

3. — Un cultivateur a reçu 148 fr. pour 15 jours pendant lesquels il a labouré 7 hectares 90 ares de terrain. On demande : 1° combien d'ares il a labourés par heure, la journée de travail étant de 10 heures ; 2° le prix de labour d'un décamètre carré ; 3° le prix de revient de la journée du cultivateur ; 4° enfin la valeur du terrain labouré, si le décamètre carré vaut 36 fr. 85 ? — R. 1° 5 a. 26 centia. 6/10 ; 2° 0 fr. 19 ; 3° 9 fr. 86 ; 4° 29111 fr. 50.

4. — Le bêchage d'un champ ayant pour objet l'extirpation des mauvaises herbes, demanderait 27 journées à 2 fr. 25 ; un extirpateur ferait la même besogne en 2 jours, avec 2 chevaux à 6 fr. 50 la journée et un homme à 2 fr. 50 ; mais il faudrait 5 journées supplémentaires à 1 fr. 75 pour achever ce travail à la main : quel profit y aurait-il à employer l'extirpateur ? — R. 21 francs.

5. — On est convenu de donner à un ouvrier 1 fr. 75 par are pour bêcher quatre terrains contenant, le premier, 17 ares 25 ; le deuxième, 12 ares 80 ; le troisième, 9 ares ; le quatrième, 15 ares 08. Au milieu de son travail l'ouvrier tombe malade et laisse 3 ares 80 du dernier terrain sans être bêchés. Il a reçu en acompte : une première fois, 20 francs ; une deuxième fois, 8 f. 50 ;

une troisième fois, 5 francs. Combien lui redoit-on sur le travail qu'il a fait? Combien aura-t-on à donner à l'ouvrier qui achèvera le travail dans les mêmes conditions de prix? — R. 1° 54 fr. 58; 2° 6 fr. 65.

6. — Un rouleau de 1 m. 75 de longueur avance de 15 m. par minute: combien mettra-t-il de temps pour parcourir ainsi un terrain triangulaire mesurant 105 m. de base sur 80 mètres de hauteur perpendiculaire. — R. 2 heures 40 minutes.

7. — Un champ de blé non déchaumé a produit, l'année suivante, 27 hectol. 45 d'avoine à 11 fr. 50 et a exigé 26 journées de sarclage à 1 fr. 25; un autre champ de même grandeur et déchaumé aussitôt la moisson par l'extirpateur, a produit 36 hectolitres 50 d'avoine et n'a demandé que 7 journées de sarclage: quel profit a donné ce dernier sur le précédent? — Rép. 127 fr. 83 centimes.

8. — Un rouleau a 1 m. 80 de long et chaque ligne qu'il fait empiète de 0 m. 36 sur la ligne précédente: combien mettra-t-on de temps à rouler un champ de 98 m. de long et de 66 mètres de large, si les chevaux font une ligne par 3 minutes? — R. 3 heures 24 minutes.

9. — Un cultivateur vient d'hériter d'un titre de rente 3 0/0 rapportant 15 fr. net par an. — Il aliène ce titre au cours de 81 fr. 20 pour acheter: une charrue de 60 fr.; un extirpateur de 145 fr.; un rouleau squelette de 120 et un rouleau Croskill de 175 fr. Aura-t-il assez pour payer? — R. Non; il lui manquera 94 francs.

10. — Divers attelages de labour peuvent retourner un terrain en une journée de travail de 10 heures. Ce terrain a 1200 mètres de longueur et 380 m. de largeur. Calculer, d'après cela, le temps qu'il faudra aux mêmes attelages pour labourer un champ de 4 hectares 8 ares. — R. 0 h. 53 minutes 41 secondes 1/19. (Certificat d'études. — Laissan (*Aveyron*).

EXERCICES DE RÉDACTION SUR LA CULTURE DU SOL

1. — **Instruments aratoires.** — *La charrue.*

Sommaire. — Narration condensant l'entretien relatif au labour. — La *charrue;* différentes sortes de charrues; pièces dont se compose la charrue ordinaire.— Ce que c'est que la *charrue squelette,* — la *charrue fouilleuse,* — la *charrue à butter.* — Labour *en planches,* — labour *en ados.*

Le travail de la terre comporte diverses opérations mécaniques dont la plus importante est le labour.

Le labour a principalement pour objet de faire pénétrer l'air,

la chaleur et l'eau de pluie dans la couche arable, et aussi de favoriser le développement de la racine des plantes dans cette couche.

Le labour s'exécute le plus généralement à la charrue, instrument aratoire qui fouille la terre et la divise en tranches égales, plus ou moins larges et épaisses, de telle sorte que la partie inférieure de chaque bande soit ramenée à la surface du sol.

Les charrues sont de deux sortes: l'araire, qui fonctionne sans roues, et la charrue ordinaire, qui est pourvue de deux roues réunies par un essieu.

Les pièces dont se compose la charrue ordinaire sont: le soc, le coutre, le talon, le versoir, l'âge, les mancherons, le régulateur, le tétard et la sellette.

Parmi les meilleures charrues, on distingue la charrue Dombasle, araire léger, composé d'un âge horizontal et d'un soc auquel sont attachés les mancherons.

Dans les terres tenaces, on se sert avec avantage de la charrue squelette de Finlayson, qui émiette le plus parfaitement la terre.

Lorsqu'on veut ameublir le sous-sol, on a recours à la charrue fouilleuse, qui n'a pas de versoir et qui divise la couche inférieure sans la ramener à la surface.

Enfin, pour recouvrir les pieds de certaines plantes, les pommes de terre, par exemple, on se sert de la charrue à butter, laquelle est pourvue de deux versoirs et qui rejette à la fois la terre à droite et à gauche.

Les charrues sont disposées de façon à donner des sillons plus ou moins larges et plus ou moins épais.

Lorsque les tranches obtenues ont une largeur égale à leur épaisseur, on a ce que les agriculteurs nomment un *labour à plat*. Ce labour facilite beaucoup les sarclages et le fauchage.

Lorsque les sillons ont moins de largeur que d'épaisseur, la bande retournée, au lieu de retomber à plat, s'appuie sur la précédente. La terre cultivée subit ainsi plus efficacement l'influence de l'air et du soleil.

Les charrues nouvelles ont un versoir fixe, qui rejette constamment la terre du même côté. Cette disposition obligerait le cultivateur à revenir sur ses pas après chaque sillon, s'il effectuait son travail sans interrompre la suite de ses traits de charrue; mais il évite cet inconvénient en labourant, soit en planches, soit en ados: en planches, s'il rejette tour à tour la terre à droite et à gauche de la pièce, de façon à ménager à la fin une rigole entre les deux parties du terrain; en ados, en attaquant la pièce par le milieu et en y faisant passer la charrue une fois en allant, une fois en revenant, de façon à rejeter l'une contre l'autre les deux premières bandes de terre déplacées.

Les labours en ados sont surtout employés dans les sols plats et où la couche arable a le plus besoin d'un peu de pente pour l'écoulement des eaux.

2. — Instruments aratoires auxiliaires de la charrue.

SOMMAIRE. Description succinte des opérations et des instruments qui ont pour objet l'enfouissement de la *semence*, le *binage*, le *sarclage* et le *buttage*.

Parmi les instruments aratoires dont le cultivateur doit faire usage, soit au moment des semailles, soit pendant la végétation des plantes, on distingue principalement, suivant l'ordre d'emploi, le semoir, la herse, le rouleau, l'extirpateur, le scarificateur, la houe à cheval, le béchard, la binette, etc.

Le semoir employé, de nos jours, par les cultivateurs avancés, est une sorte de boîte percée de trous et construite de façon à permettre aux grains de tomber régulièrement sur la terre et d'y être placés à égale distance les uns des autres.

L'un des meilleurs semoirs est le *rayonneur*, avec lequel le grain est mis en place, accompagné d'une dose d'engrais en poudre qui doit aider au développement de la plante, ce que ne permettent pas de faire les semis à la volée.

Il y a un autre semoir beaucoup plus simple que le rayonneur : c'est le *semoir-brouette*, qu'on pousse tout bonnement devant soi et dont les cultivateurs se servent avec avantage pour les grosses semences, pois, féverolles, etc.: les grains qui en tombent, avec ou sans engrais pulverulent, sont déposés en terre aussi régulièrement qu'avec le semoir à cheval.

La herse, dont l'emploi suit de près celui du semoir, est un instrument à dents de bois ou de fer, destiné à émietter la terre et à recouvrir la semence après le labourage.

Il y a des herses carrées; d'autres sont triangulaires ou en losange; mais, dans toutes, les dents sont disposées de telle sorte que chacune d'elles trace sa raie particulière.

Les herses perfectionnées, disposées en triangle ou en losange, s'attellent au sommet ou à la base, et au moyen de traits plus ou moins longs, selon qu'on veut donner plus ou moins de prise à l'instrument sur la terre cultivée.

Après le travail de la herse vient celui du rouleau, pièce de bois cylindrique, ayant à ses extrémités deux pivots en fer, et qu'on fait passer sur le sol cultivé pour l'égaliser et le raffermir.

Le rouleau le plus énergique est le *rouleau-squelette*, pourvu de disques de fer ; il est moins allongé, mais beaucoup plus volumineux que le rouleau uni : on l'emploie de préférence pour les terres fortes.

Lorsque les plantes agricoles entrent en végétation, on les soumet à une première opération de culture, nommée *binage*. Cette opération a pour but d'ameublir la surface du sol ensemencé et de faire ainsi profiter les jeunes plantes des vapeurs humides répandues dans l'air.

Le binage s'exécute à l'aide de la *houe à cheval*, instrument composé de socs légers, étroits et assez rapprochés les uns des autres; mais il n'est possible que lorsque les plantes se trouvent en lignes. Dans les terrains semés à la volée, on se sert d'instruments à la main, du *béchard*, notamment, sorte de hoyau formé de deux dents plates, ou de la *binette* ou *serfouette*, petite pioche à fer double, terminé, d'un côté, en forme de houe, de l'autre en forme de béchard.

Le sarclage suit le binage et a pour but de détruire les mauvaises herbes. Il s'exécute, pour les plantes en lignes, soit au moyen de l'*extirpateur*, instrument composé de trois petites roues et de plusieurs petits socs plats et un peu arrondis, soit avec le *scarificateur*, qui porte, au lieu de socs, de fortes dents de fer ; ces dents divisent la terre sans la déplacer. Ailleurs, on se sert du *sarcloir à main*, sorte de binette de faibles dimensions.

Enfin, le buttage complète la série d'opérations à exécuter pendant la végétation des plantes agricoles. Le buttage consiste à rassembler la terre autour des plantes qui ont besoin de fraîcheur, telles que les pommes de terre, les pois, les choux, etc. Dans les semis en lignes, ce travail se fait au *buttoir mécanique*, sorte de charrue à deux versoirs. Dans les autres terrains, on se sert toujours du vulgaire hoyau.

---

§ IV.

Récolte et conservation des produits. — Nécessité des machines agricoles : faucheuses, faneuses, moissonneuses, machines à battre, tarares, etc.

LE MAITRE. Les premiers produits récoltés, chaque année, par le cultivateur, sont ceux des prairies naturelles.

EUGÈNE. Oui : c'est à la fin du mois de juin qu'on fauche l'herbe des prairies pour en faire du foin.

LE MAITRE. Vous savez cela ; alors vous savez aussi comment se nomme le temps consacré à la récolte des prairies ?

EUGÈNE. C'est la fenaison.

LE MAITRE. C'est la fenaison, oui ; les travaux de ce moment comptent avec raison parmi les plus importants de l'année.

GUSTAVE. Il faut un beau soleil pour la fenaison.

LE MAITRE. C'est pour cela que le proverbe agricole dit :

Juin pluvieux,
Mois malheureux.

LOUIS. Parce qu'on rentre alors difficilement les foins.

LE MAITRE. Surtout parce que les foins altérés par la pluie ne produisent plus les bons résultats que donnent les fourrages bien récoltés. Avec des fourrages avariés par le mauvais temps, à l'époque de la maturité et pendant la récolte, c'est la maladie en perspective pour les animaux domestiques.

LOUIS. Lorsqu'il fait beau temps pendant le mois de juin, les fourrages sont toujours bons ?

LE MAITRE. Toujours n'est pas le mot. Pour que le foin ait toute la qualité possible, il faut que l'herbe qui le donne soit coupée en temps opportun, c'est à-dire, ni trop tôt, ni trop tard. Avant la floraison, les plantes renferment trop d'eau de végétation ; après la fleur, la vie du végétal se concentre exclusivement dans la fructification ; le reste de la plante se dessèche et ne constitue qu'un fourrage peu nourrissant.

LOUIS. Mais comment saisir le moment propice ?

Le Maitre. Le moment de faucher une prairie, dit Mathieu de Dombasle, un de nos plus célèbres agronomes, est celui où les plantes qui y abondent le plus, et qui produisent le meilleur fourrage, commencent à être en pleine fleur. C'est, en effet, au moment de la fleur que les plantes possèdent le plus de principes alimentaires.

Gustave. Les travaux de la fenaison commencent naturellement par le *fauchage*, dont il importe de bien déterminer l'époque. Le reste va tout seul.

Le Maitre. Par lui-même, le fauchage est une opération importante. On y procède à l'aide d'un instrument que vous connaissez, et qui consiste en une grande lame d'acier un peu courbée, effilée par un bout, et fixée à un manche de bois à double poignée.

Les élèves. C'est la *faux*.

Le Maitre. Eh bien! il y a des ouvriers qui manient habilement la faux, qui coupent l'herbe pour ainsi dire à la surface du sol et partout d'une manière uniforme; mais il y en a d'autres qui relèvent la lame de l'instrument à la fin de chaque trait, et qui laissent ainsi sur pied une partie des herbes. Le travail de ces derniers occasionne une perte sensible sur le fourrage, et, de plus, il contribue à rendre le fauchage des années suivantes de plus en plus irrégulier, lorsque surtout la prairie n'est pas livrée au pâturage et que les eaux de l'hiver y déposent des détritus ou des sables plus ou moins limoneux.

Gustave. Mais pourquoi employer de mauvais ouvriers?

Le Maitre. Tout simplement parce que les bons font défaut.

Louis. A la ferme de la Warenne, on se sert d'une faucheuse mécanique, à laquelle un cheval est attelé, et qui est conduite par un seul homme.

Le Maitre Oui: la faucheuse mécanique dont M. Martin se sert expédie la besogne beaucoup mieux, beaucoup plus vite et aussi beaucoup plus économiquement que le fauchage à la main; mais le prix encore élevé de cette machine a jusqu'ici empêché les autres cultivateurs du pays d'en faire l'acquisition. On ne comprend pas assez qu'il ne s'agit là que d'une simple avance de fonds, dans laquelle on rentre en peu d'années. Il y a longtemps, en effet, que le fermier de la Warenne a récupéré ses frais d'achat par l'économie qu'il a réalisée chaque année sur la dépense que lui imposait le fauchage à la main.

LOUIS. M. Martin prétend que le travail de sa faucheuse lui coûte moitié moins que celui des ouvriers qu'il employait autrefois.

LE MAITRE. Oui, c'est bien cela : entre le travail mécanique et le travail manuel appliqué au fauchage, on trouve assez généralement une bonification de 50 pour cent au profit du premier.

EUGÈNE. Mais c'est énorme, cela.

LE MAITRE. Ce qui est énorme aussi, c'est de disposer, avec la faucheuse, de moyens très énergiques pour exécuter, à un moment donné, des travaux qui ne comportent pas de retard; c'est d'être affranchi des exigences parfois injustes des ouvriers et des malchances que le temps peut faire courir.

LOUIS. Pour la fenaison, le fermier de la Warenne emploie également une faneuse mécanique attelée d'un cheval.

LE MAITRE. Oui, c'est la faneuse Howard, qui fonctionne parfaitement, sans mécanisme compliqué. Cet instrument se compose de plusieurs râteaux montés sur un bâti, et qui tournent lorsque le bâti marche. Il a l'avantage de ramasser vite et complètement les *andains*, ou rangées d'herbes coupées et réunies par la faucheuse. Je dis *complètement*, parce que les dents des râteaux sont disposées de façon à raser la terre de très près, et à saisir le foin pour l'éparpiller, sans en briser les tiges, comme on le fait le plus souvent avec le râteau à la main.

GUSTAVE. Les faneuses qu'on prend à la journée font donc une mauvaise besogne, lorsque, pour retourner le foin, elles le frappent à grands coups de râteau.

LE MAITRE. Oui, mon ami : en frappant rudement les plantes livrées à la dessiccation, on en fait tomber les feuilles et les graines, et on les rend ainsi beaucoup moins favorables à la santé des animaux. Avec ce procédé, certains fourrages peuvent perdre le quart et même moitié de leurs parties nutritives. Le fanage ne consiste pas uniquement à faire sécher les herbes des prés : il doit tendre aussi à faciliter la réaction qui s'établit, par le séchage, entre les éléments constitutifs des plantes. En brisant les tiges des herbes destinées à être converties en foin, on fait évaporer des substances utiles, et le fourrage perd alors son parfum et une partie de ses bonnes qualités.

EUGÈNE. On peut donc savoir de quelles substances se compose le foin obtenu sur tel ou tel pré?

LE MAITRE. Oui, mon ami : la chimie nous apprend que le foin renferme de la gomme, du sucre, de la fécule, etc., et que ces substances s'y trouvent plus ou moins heureusement combinées, selon que l'opération du fanage a été plus ou moins bien conduite.

LE MAITRE. Ne vous est-il jamais arrivé, mes jeunes amis, de comparer les animaux élevés à la ferme de la Warenne avec ceux des autres cultivateurs du pays?

GUSTAVE. J'ai souvent fait cette comparaison, moi ; et elle a toujours été en faveur du bétail de M. Martin.

LOUIS. Evidemment les moutons et les vaches de la ferme sont supérieurs à ceux des cultivateurs du village.

EUGÈNE. Il en est de même des chevaux.

LE MAITRE. Eh bien, mes enfants, cela tient en grande partie à la qualité, à la valeur alimentaire des fourrages récoltés et mis en consommation à la Warenne.

LOUIS. Même par le beau temps, M. Martin ne rentre jamais ses foins dès qu'ils sont faits ; il les laisse en meulons sur le pré pendant quelques jours : pourquoi cela?

LE MAITRE. C'est afin de laisser aux plantes à tiges épaisses, et qui conservent encore une certaine quantité d'eau de végétation, le temps de s'en dépouiller par la fermentation, c'est-à-dire par le moyen de la chaleur naturelle ou du *ferment*. M. Martin est de l'école de notre célèbre agronome, Mathieu de Dombasle, qui considérait la fermentation obtenue sur la prairie comme chose de la plus haute importance.

GUSTAVE. Les foins qu'on rentre immédiatement après le séchage ne fermentent donc pas?

LE MAITRE. Ils fermentent dans de mauvaises conditions, et alors ils sont exposés à moisir, à devenir poudreux.

LOUIS. Mais pourquoi nos cultivateurs ne procèdent-ils pas comme le fait M. Martin?

LE MAITRE. Tout simplement parce qu'ils sont habitués à procéder autrement. Et voyez la bizarrerie : ce que le fermier de la Warenne fait pour tous ses fourrages, les cultivateurs du pays le font pour le trèfle, qu'ils laissent parfois pendant huit jours sur le terrain, après le fanage.

Louis. C'est vrai : le trèfle fermente donc pendant ce temps ?

Le Maitre. Oui : le trèfle est très aqueux de sa nature, il renferme une grande quantité d'eau ; et, par la fermentation sur place, il acquiert une qualité qu'il n'aurait pas sans cela.

Gustave. Le blé subit-il donc aussi la fermentation ?

Le Maitre. Oui, mais d'une façon insensible : la tige du blé n'est pas saturée d'eau comme celle des plantes qui constituent les fourrages.

Louis. Pourtant, on ne rentre pas immédiatement les blés coupés ?

Le Maitre. Non : lorsque les blés sont coupés, on les laisse pendant quelques jours étendus sur le sol, afin que les herbes qui y sont mêlées puissent se faner, et que, de son côté, la paille se dépouille, par le séchage, du peu d'eau de végétation qu'elle contient.

Louis. Pourquoi alors les *gerbes*, ou bottes de blé, sont-elles réunies en dizeaux, sur le terrain, au lieu d'être conduites immédiatement dans la grange ?

Le Maitre. C'est pour les mettre à l'abri des intempéries et laisser au grain le temps de mûrir complètement.

Eugène. Comment se construisent les dizeaux ?

Le Maitre. On commence par placer une gerbe debout, les épis tournés vers le ciel ; les autres gerbes sont groupées et inclinées autour de la première. Une dernière gerbe, ordinairement plus grosse que les autres, ouverte en forme de parapluie, est renversée sur le sommet du faisceau formé par les neuf premières, de manière à leur servir de toit ou de chapeau. Ces groupes peuvent comprendre plus ou moins de gerbes ; quand ils sont bien faits, ils permettent de retarder longtemps l'engrangement du blé, auquel ils donnent cette belle couleur jaune qui est un indice certain de sa qualité.

Eugène. La récolte des blés se nomme la *moisson* ?

Le Maitre. Oui, et elle suit d'assez près la récolte des foins,

Louis. C'est en juillet qu'on commence ordinairement la *moisson* ?

Le Maitre. L'adage, ou dicton populaire, le dit positivement :

Au mois de juillet,
Faucille au poignet.

La *faucille*, vous le savez, est un petit outil dont on se sert de temps immémorial pour couper les blés.

Gustave. A quel signe reconnaît-on que les blés doivent être coupés ?

Le Maitre. En général, il convient de couper les blés lorsque les tiges commencent à jaunir et que le grain n'est plus laiteux. Seuls, les blés choisis pour les semences doivent rester sur pied jusqu'à maturité parfaite, c'est-à-dire jusqu'au moment où le grain ne se laisse plus écraser entre les doigts.

Louis. Les instruments dont on se sert pour moissonner sont la faucille et la faux ?

Le Maitre. Il faut citer aussi la *sape* et la *moissonneuse mécanique*.

Eugène. La faucille est bien connue : c'est un petit instrument à manche court, à lame courbe et très finement dentée en scie.

Le Maitre. De là l'expression vulgaire : *scier le blé*. Vous savez comment on s'y prend pour cela ? Les moissonneurs, ou plutôt les moissonneuses, car ce sont ordinairement des femmes qu'on emploie pour ce travail, les moissonneuses, dis-je, courbées sur les sillons, saisissent une poignée de tiges avec la faucille ; puis, maintenant et serrant cette poignée de la main gauche, elles la scient rapidement aussi près de la terre que possible.

Gustave. C'est cela : lorsque, après quelques coups de faucille, la main gauche est tout à fait pleine, la moissonneuse se relève et pose sa poignée, en la joignant à la *javelle*, ou petit tas étendu sur le sol.

Louis. Les moissonneuses qui se servent de la faucille sont exposées à se couper à la main gauche ?

Le Maitre. Les moissonneuses inexpérimentées, oui. Il faut une grande habileté pour éviter ce désagrément.

Gustave. Le travail à la faux est beaucoup plus expéditif que le travail à la faucille ?

LE MAITRE. Il est aussi moins coûteux, bien que les cultivateurs aient parfois à subir les exigences d'ouvriers peu scrupuleux.

LOUIS. La faux qui sert à couper les blés n'est pas, je crois, celle qui sert à couper les herbes ?

LE MAITRE. Elle n'en diffère que par le treillage dont elle est pourvue, treillage qui sert à réunir les épis fauchés et qui en facilite le javelage.

LOUIS. Le javelage est fait par une femme qui suit le faucheur ?

GUSTAVE. Cette femme est la *releveuse*.

EUGÈNE. On va vite en besogne, avec la faux.

LE MAITRE. On va plus vite encore en se servant de la *sape*, et le travail est beaucoup plus parfait.

LOUIS. Qu'est-ce donc que la sape?

LE MAITRE. C'est une sorte de petite faux, munie d'un manche court et presque perpendiculaire au plat de la lame. L'ouvrier manie cet instrument de la main droite, tandis que de la main gauche il est armé d'un crochet de fer, long et pointu, avec lequel il saisit et maintient sur son genou chaque poignée de tiges, avant de la frapper de la sape. La sape est surtout usitée en Belgique et dans nos départements du Nord.

LOUIS. C'est de la Belgique précisément que M. Martin fait venir les ouvriers qu'il emploie à la moisson : il les appelle des *piqueteurs*.

LE MAITRE. Les moissonneurs à la sape se désignent, en effet, sous le nom de piqueteurs, parce que le crochet de fer dont ils se servent est muni d'un *piquet*.

LOUIS. M. Martin est très content de ces ouvriers.

LE MAITRE. Ils sont en général très laborieux et très habiles. Ils expédient d'ailleurs la besogne plus vite et à plus bas prix que les faucheurs du pays. Toutefois, il faut le reconnaître, ces avantages n'approchent pas de ceux que procure aujourd'hui l'emploi des moissonneuses mécaniques mues par un cheval : le fermier de la Warenne l'a compris, et je crois savoir qu'il est en ce moment en marché avec un constructeur pour une machine perfectionnée, qui accélère énormément le travail, et avec laquelle on obtient, de plus, une économie de 20 à 25 fr. par hectare sur le fauchage ordinaire.

LOUIS. On a donc réellement trouvé le moyen de couper les blés à la mécanique ?

LE MAITRE. Oui, mon ami : l'application de la mécanique à la récolte des blés a fait inventer des engins précieux, qui répondent à l'un des besoins les plus pressants de l'agriculture : celui de suppléer à l'insuffisance des bras et à la cherté de la main-d'œuvre. Il y a soixante ans et plus que les spécialistes du monde civilisé cherchent à réaliser les conditions multiples auxquelles une bonne moissonneuse doit satisfaire. C'était assurément un problème très ardu que celui-là, puisqu'il s'agissait d'inventer une machine qui pût faire, et cela beaucoup plus rapidement, ce que fait le moissonneur le plus habile. Ce problème est enfin résolu : nous possédons dès ce moment plusieurs excellentes machines à moissonner.

LOUIS. Et ces machines fonctionnent bien ?

LE MAITRE. Parfaitement.

LOUIS. C'est extraordinaire !

LE MAITRE. M. Ysabeau cite, parmi les meilleures moissonneuses, celle de l'ingénieur américain Mac-Cormick. Mais tous ces merveilleux instruments ont une base commune, qui consiste dans une rangée de ciseaux disposés de façon à couper les tiges pour ainsi dire au niveau du sol. Ces ciseaux sont mis en action par un mécanisme adapté à l'axe des roues sur lesquelles repose l'appareil ; ils fonctionnent ainsi à mesure que celui-ci avance, et les tiges coupées tombent uniformément sur une sorte de plate-forme, pour être ensuite rangées en javelles par les femmes qui accompagnent le conducteur de la machine.

EUGÈNE. C'est vraiment prodigieux !

LE MAITRE. La moisson se fait ainsi très vite, et avec un personnel peu nombreux. On peut dire qu'en l'état de perfection où la mécanique les livre actuellement, les moissonneuses ont l'avantage d'accomplir un travail excessivement rapide et d'affranchir le cultivateur des exigences d'ouvriers rapaces, qui le tenaient forcément en leur dépendance. Il y a certaines contrées agricoles où chaque exploitation est pourvue de sa moissonneuse. Il y en a d'autres où les cultivateurs traitent avec des entrepreneurs, qui se rendent chez eux avec leurs machines, à l'époque de la moisson.

LOUIS. On a aussi inventé une machine pour battre les grains ?

LE MAITRE. Cette machine est déjà très répandue, et je suis étonné que le fermier de la Warenne soit jusqu'ici le seul cultivateur du pays qui en ait fait l'acquisition ; car les avantages de la batteuse mécanique sont encore plus évidents, s'il est possible, que ceux des autres machines appliquées à l'agriculture. Il est établi, en effet, qu'on obtient une séparation beaucoup plus complète du grain par la batteuse que par le fléau. D'un autre côté, la batteuse mécanique permet au cultivateur de réunir en quelques jours, avant l'hiver, tous ses grains battus, et de veiller à leur conservation beaucoup plus facilement que lorsqu'ils sont en gerbes.

EUGÈNE. Les grains battus, déposés dans les greniers, ont donc besoin de soins ?

LE MAITRE. Lorsque les greniers sont secs, bien aérés, il suffit d'y déposer les grains par petits tas et de les remuer de temps en temps avec une pelle en bois, afin d'éviter qu'ils s'échauffent ou que les insectes s'y mettent.

GUSTAVE. En quoi consiste donc le mécanisme des batteuses ?

LE MAITRE. Principalement dans un grand cylindre, à l'intérieur duquel sont déposés quatre battoirs concentriques à ce cylindre et animés d'un mouvement de rotation. On fait passer le blé entre les parois intérieures du cylindre et ces battoirs ; le grain est séparé de la paille et reçu à l'extrémité de l'appareil.

On distingue deux sortes de machines à battre : les machines à battre *en long*, dans lesquelles les tiges passent suivant leur longueur, et les machines à battre *en travers*, dans lesquelles les tiges passent *en largeur*, ou plutôt *en bout*.

Les premières sont plus portatives, coûtent moins, rendent plus de grain, mais détruisent la paille ; les autres battent un peu moins bien le blé ; mais, en revanche, elles laissent la paille intacte.

L'une des meilleures machines à battre en bout, et la mieux à la portée de la petite culture, est celle de Damey, constructeur à Dôle (Jura). Un cheval suffit pour la faire marcher ; son prix excède à peine 200 fr. et elle peut rendre jusqu'à 20 hectolitres de grain par jour.

LOUIS. Mais ce grain a besoin de passer dans une autre machine pour être nettoyé : j'ai vu cela à la Warenne.

LE MAITRE. Vous avez raison : cette autre machine, c'est le *tarare*, sorte de coffre de bois irrégulier, pourvu d'une trémie dans laquelle on verse le grain. Le tarare remplace fort avantageusement l'antique *van* en osier, que les batteurs au fléau agitent laborieusement sur leurs genoux pour épurer le grain. En principe, cet instrument n'est qu'un simple ventilateur. Le courant d'air qui s'établit à l'intérieur par le mouvement rapide imprimé aux ailes de bois qui y sont fixées à un axe accompagné d'une manivelle, entraîne avec force au dehors les matières légères qui se trouvent mêlées au grain battu.

Le battage et le *vannage* des blés par procédés mécaniques tendent à se généraliser ; ils constituent une pratique excellente, que tout cultivateur intelligent doit se hâter d'adopter.

Questionnaire récapitulatif.

COURS INTERMÉDIAIRE. — 1° Qu'est-ce que la fenaison? — Quelles sont les opérations que comporte la fenaison? — Comment s'exécute le fauchage? — Qu'est-ce que la faux? — Qu'appelle-t-on andains? — Pourquoi est-il important de faucher aussi près de terre que possible? — En quoi consiste le fanage? — Comment appelle-t-on cette chaleur naturelle qui se développe dans les meulons de foin après le séchage? — A quoi sont exposés les fourrages qui ne fermentent que lorsqu'ils sont rentrés?

2° Qu'est-ce que la moisson? — Qu'appelle-t-on javelles, gerbes, moyettes? — Quels sont les instruments dont on se sert pour couper les blés? — D'où viennent les ouvriers qui moissonnent à la sape? — Quel est celui de ces instruments que le cultivateur doit préférer? — Pourquoi? — Qu'est-ce que le battage des grains? — Quelles sont les différentes manières de battre les grains? — Qu'est-ce que le vannage? — De quels instruments se sert-on pour vanner les grains? — En quoi consistent les soins à donner aux grains déposés dans les greniers?

Cours supérieur. — 1° Pourquoi dit-on que le mois de juin pluvieux est un mois malheureux ? — Quel est l'inconvénient de faucher trop tôt les herbes des prairies ? — Celui de les faucher trop tard ? — Quels sont les avantages de la faucheuse mécanique ? — Ceux de la faneuse ? — De quelles substances se compose le foin ? — Pourquoi ne doit-on pas le rentrer dès qu'il est fait ? — Qu'entend-on par *ferment* ? — Citez l'opinion de Mathieu de Dombasle sur la fermentation ? — Pourquoi le trèfle fermente-t-il plus longtemps que le foin des prairies naturelles ? — Les blés coupés subissent-ils également la fermentation ?

2° Quel est le meilleur moment pour couper les blés ? — Comment s'opère le travail à la faucille ? — Quelle différence y a-t-il entre la faux dont on se sert pour les prairies et celle qu'on emploie à la moisson ? — Qu'est-ce que la sape ? — Qu'entend-on par *piqueteurs* ? — Quels sont les avantages du sciage des blés à la sape ? — Ceux du sciage à la moissonneuse mécanique ? — En quoi consiste principalement le mécanisme des moissonneuses ? — Et celui des batteuses ? — N'y a-t-il pas deux systèmes de battage mécanique ? — Faites connaître les avantages de l'un et de l'autre de ces systèmes ? — Qu'est-ce que le tarare ? — Donnez un aperçu du mécanisme de cette machine ? — Quelles sont les conditions d'un bon grenier à blé ? — Comment les grains doivent-ils y être déposés ?

Problèmes sur la récolte des foins et des céréales.

Cours intermédiaire. — 1 — On a récolté, dans un champ, 2496 gerbes de blé, dans un autre 3074 gerbes, et dans un 3e champ, 5012 gerbes. Combien les trois champs ont-ils produit ensemble de gerbes de blé ? — R. 10582 gerbes.

2. — Une prairie a produit 35.675 bottes de foin. L'année précédente, elle en avait donné 32.748. Quelle a été la différence ? — R. 2.927 bottes.

3. — Un moissonneur, en 15 jours, a fauché 7 hectares 50 ares de blé à raison de 14 fr. l'hectare. Combien a t-il gagné par jour ? — R. 7 fr.

4. Le foin d'une prairie a été vendu à raison de 67 fr. l'hectare et a produit 582 fr. Quelle est, en hectares, ares et centiares, l'étendue de cette prairie ? — R. 86 hectares, 86 ares, 56 centiares.

5. — En 9 jours, un moissonneur a fauché un champ de blé de 245 mètres de long sur 136 mètres de large, à 30 francs l'hectare. Combien a-t-il gagné par jour ? — R. 11 fr. 10.

6. — Une prairie est divisée en 4 parties : la 1re contient 6540mq ; la 2e 4875mq ; la 3e et la 4e contiennent chacune 3098mq. Dites l'étendue de la prairie en hectares, ares et centiares ? — R. 1 hectare, 76 ares, 11 centiares.

7. Un pré de 3 hectares 8 ares a produit 2.387 bottes de foin pesant chacune 5 kilogrammes et qu'on a vendues 8 fr. le quintal. Combien a rapporté ce pré par hectare? — R. 310 francs.

8. — Combien est-il dû à un moissonneur pour avoir fauché 8 hectares de blé à 9 centimes l'are? — R. 72 francs.

9. — Un cultivateur vend 4,000 bottes de foin à raison de 9 fr. les 100 kilogrammes; 5 de ces bottes pèsent 40 kilogrammes. Combien lui est-il dû pour le tout? — R. 2.880 francs.

10. — La 1re coupe d'un pré a donné 9540 kil. de foin par hectare; la 2e et la 3e ensemble ont donné autant que la 1re, la récolte des trois coupes s'élève à 370450 kil. : quel est la surface de ce pré? — R. 19 hectares 41

11. — Un faucheur peut couper 51 ares 07 de blé en une journée de 12 heures. Combien de temps lui faudra-t-il pour faucher un champ de 5 hectares 20 ares? Combien aura-t-il gagné par jour, s'il reçoit pour tout salaire 31 fr. 20? — R. 1° 10 jours et 2 heures; 2° 3 fr. 06

12. — Une prairie de 3 hectares 45 ares, a donné, par hectare, 750 bottes de foin, vendues, tous frais déduits, 27 fr. 50 les 100 bottes. Quel a été le produit total? — R. 711 fr. 56.

13. — Un pré de 120m76 de long sur 78m50 de large a produit 1620 bottes de foin. Quelle récolte peut-on espérer dans un pré semblable ayant la même longueur et 45 mètres de largeur? — R. 929 bottes.

14. — On a donné 30 francs à 6 faucheurs pour un travail de 10 heures. Combien gagneraient 17 faucheurs pour un travail de 8 heures? — R. 68 fr.

15. — Quand on loue 122 fr. 50 un pré acheté 3.500 francs, à quel taux place-t-on son argent? — R. 3 fr. 50

Cours supérieur. — 1° L'herbe que l'on fait sécher perd environ 55 p 0/0 de son poids. Combien obtiendra-t-on de kilog. de foin de la récolte d'un champ qui peut produire 43,765 kilog. de fourrage vert? — R. 19,694 kil. 250 de foin.

2. — Un pré de 3 hect. 15 est loué, au moment de la fenaison, savoir : le 1/5 pour 150 fr.; le 1/4 pour 120 fr., et le reste pour 85 fr. A combien revient le quintal de foin, sachant qu'un décamètre carré en a produit en moyenne 28 kil. 1/2? — R. 3 fr. 95.

3. — Un cultivateur a livré à un commerçant 1,248 bottes de foin au prix de 85 fr. les 100 bottes et les 4 au 100. Combien en a-t-il reçu, avec les intérêts, s'il n'a été payé que cinq mois après la livraison, le taux étant de 4 1/2 p. 0/0 par an? — R. 1211 fr. 25.

4. — Dans une prairie de 124 m. 75 de long et 84 m. 25 de large, valant 123 fr. l'are, on a récolté 583 bottes de foin qu'on a vendues à raison de 51 fr. le cent. Quel a été le rapport pour cent de cette prairie? — R. 2 fr. 30.

5. — Il faut 17 faneuses à 1 fr. 25 par jour pendant 3 jours, pour faner le foin d'une prairie; un râteau à cheval, attelé de de deux chevaux, fait le même travail en 2 jours; les chevaux coûtent chacun 6 fr. 50 par jour et il faut deux hommes à 2 fr. 25. On demande l'économie. — R. 28 fr. 75.

6. — Une moissonneuse fait, avec deux chevaux et trois hommes, 5 hectares 7 par jour; il faudrait 21 hommes pour faire le même travail. Sachant que la moisson d'un fermier dure ainsi 9 jours, que les chevaux coûtent 7 fr. 75 par jour et que la journée d'homme se paie 3 fr. 50, on demande le bénéfice du fermier en employant la moissonneuse. — R. 427 fr. 50.

7. — Une faucheuse peut abattre 3 hectares 40 de pré par jour; un ouvrier seul ne peut faire que 40 ares. Combien feront en 7 jours 3 faucheuses et 18 ouvriers? — R. 121 hectares 80.

8. — Une personne a acheté une faucheuse pour 875 fr.; elle la loue 68 jours par an, à raison de 6 fr. par jour; l'usure de la machine est d'environ 0 fr. 25 par jour. On demande en combien de temps cette personne aura regagné sa faucheuse? — R. 152 jours.

9. — Un fermier fait assurer 7 meules de blé contenant chacune 4215 gerbes à 35 fr. 75 le cent; la prime d'assurances est de 1 fr. 18 pour mille. Combien doit-il payer? — R. 12 fr. 45.

10. — Le battage mécanique des grains coûte un tiers de moins que le battage au fléau et produit deux vingt-cinquièmes de plus. Quel profit aura à faire battre sa récolte par une machine un fermier qui aurait employé 5 ouvriers pendant 148 jours, à 2 fr. 75 par jour, et qui aurait obtenu 848 hectolitres de blé à 25 fr. 50 l'hectolitre? — R. 2,408 fr. 25.

11. — Pendant les six premiers mois après le battage, le grain doit être étendu par tas de 0m30 de hauteur, et souvent remué. Combien de mètres cubes, puis d'hectolitres de blé pourra contenir une chambre rectangulaire de 7 m. 20 sur 5 m. 40? Que vaudra ce blé, à 4 fr. 20 le double décalitre? Quel poids supportera la chambre, si ce blé pèse 78 k. l'hectolitre? — R. 1° 11m³664; 2° 116 hectol. 64; 3° 2,449 fr. 44; 4° 9097 kg 92. (Certificat d'études primaires. *Canton de Vic-sur-Aisne*).

12. — Un ouvrier pourrait faucher un pré dans 3 journées 1/2 et un autre dans 4 journées 1/4. Combien d'heures leur faudrait-il pour faucher la même propriété, s'ils travaillaient ensemble? On sait que la journée de travail est de 8 heures. — R. 15 heures 11/31. (Certificat d'études, *Haute-Garonne*).

13. — Un hectare donne par an 3 récoltes de luzerne fraîche, pesant chacune 34,650 kilogrammes : ce fourrage se vend *sec* 54 fr. 75 c. les 1000 kilogr.

Sachant que le produit annuel d'un terrain de 153 mètres de long, sur 74 mètres de large, a été vendu 2,770 fr. 75 c., on demande combien pour cent la luzerne fraîche perd de son poids par l'effet de la dessiccation. — R. 57 0/0. (Examens des aspirantes institutrices, Somme. *Brevet de second ordre*).

EXERCICES DE RÉDACTION SUR LE CHAPITRE III — § IV

1. Récolte et conservation des produits. — *La Fenaison.*

SOMMAIRE. — Narration résumant l'entretien relatif à la fenaison. — Importance et opportunité des travaux de la saison. — Ce que c'est que la *faux*. — Avantages dus à la *faucheuse* et à la *faneuse mécaniques*. — Faut-il rentrer les foins immédiatement après le fanage ? — Opinion de Mathieu de Dombasle à ce sujet. — Réforme à opérer.

La récolte des fourrages est une des principales de l'année ; elle comprend deux opérations distinctes : le fauchage et le fanage.

Pour que le fourrage ait toute sa qualité, il faut que les herbes soient coupées quand elles sont en pleines floraison. C'est à ce moment que leurs principes alimentaires, le sucre, la gomme, le miel, la fécule, etc., sont arrivés à leur maximum de valeur. Plus tôt, les plantes renferment trop d'eau ; plus tard, la graine absorbe tout pour son développement, et il ne reste des tiges que de la paille peu savoureuse pour les bestiaux.

On coupe l'herbe des prairies au moyen de la *faux*, lame d'acier un peu courbée, effilée par un bout et fixée par l'autre à un manche de bois à double poignée.

Les cultivateurs avancés ont laissé là cet instrument, avec lequel la besogne se fait lentement, et ils se servent de la *faucheuse mécanique*, conduite par un cheval. Cet instrument rend les plus grands services par suite de la rapidité, de la perfection et de l'économie avec lesquelles le travail s'exécute.

Pour le fanage, quelques cultivateurs emploient également une machine, la *faneuse Howard*, formée de plusieurs rateaux qui tournent en avançant, et qui prennent à chaque tour les herbes coupées et les éparpillent rapidement sur le pré.

Ce mode a surtout l'avantage de conserver au foin ses principales qualités, tandis que le fanage à la main lui en fait perdre une grande partie par la chute des feuilles et des graines des graminées, chute que les coups de rateau de certaines faneuses ne manquent pas de provoquer.

Il est à remarquer aussi que beaucoup de cultivateurs rentrent leurs foins immédiatement après le séchage. Cette pratique est vicieuse : le foin, disposé en meulons, doit rester pendant quelques jours sur le pré ; il peut ainsi fermenter librement et se dépouiller complètement de l'eau de végétation que contiennent encore les tiges les plus épaisses. Sans cette précaution essentielle, la fermentation se fait au grenier, et dans de mauvaises conditions ; alors le fourrage moisit, devient poudreux et perd infiniment de ses qualités nourrissantes.

Un célèbre agriculteur, Mathieu de Dombasle, mort à Nancy en 1843, regardait comme chose de la plus haute importance de laisser fermenter le foin sur la prairie.

Nos cultivateurs partagent bien cette manière de voir ; mais la routine l'emporte trop souvent, chez eux, sur le raisonnement, et ils continuent à employer tels ou tels procédés, tout simplement parce que leurs pères les employaient.

Espérons mieux de notre génération : il faut absolument que l'instruction fasse justice de toutes les mauvaises pratiques agricoles.

*
* *

2. — Récolte et conservation des produits. — *La Moisson.*

SOMMAIRE. — Dans une lettre à un de ses cousins, qui habite une ville voisine, le jeune Fernand parle des travaux de la moisson, travaux qu'il aime beaucoup. — A cette occasion, il lui fait part des impressions agréables que lui fait éprouver, chaque année, à cette époque, l'aspect des champs à moissonner. — Il lui explique ensuite ce que c'est que la faux, la faucille, la sape, les javelles, les piqueteurs, la moissonneuse de Mac-Cormick, etc., etc.

Mon cher cousin,

Je ne sais si tu es comme moi, mais j'aime beaucoup la moisson, dont les travaux appellent à la fois aux champs la presque totalité de la population de nos villages. Cette émigration, qui commence à la pointe du jour et qui ne finit qu'après le coucher du soleil ; ces nombreux petits groupes de travailleurs, hommes et femmes, qui bravent courageusement la chaleur du jour ; ces allées et venues incessantes des enfants et des vieillards chargés de colporter les frugales provisions de bouche de la journée ; et jusqu'aux joyeux et paisibles repas des familles à l'ombre des buissons, tout cela m'enchante et m'inspire un sentiment voisin de l'admiration.

N'est-ce pas là, vraiment, l'image d'un bonheur parfait ?...

Par eux-mêmes, les travaux de la moisson ont d'ailleurs quelque chose d'attrayant. On les exécute au moyen de la faucille, de la faux, de la sape ou de moissonneuses mécaniques, instruments que je vais te faire connaître :

La faucille est un gentil petit outil, à manche très court, à lame courbe, finement dentée en scie et dont l'usage remonte à la plus haute antiquité.

La faux qui sert à couper les blés est identiquement la même que celle qu'on emploie pour les herbes; mais elle est alors pourvue d'un treillage destiné à faciliter la réunion des épis fauchés. Ces épis sont formés en javelles par une femme : cette femme est une *releveuse*.

La sape est également une sorte de petite faux à manche court; elle est très usitée en Belgique et dans le nord de la France. L'ouvrier la manie de la main droite, tandis que, de la gauche, il saisit, au moyen d'un crochet, et retient sur son genou des poignées de tiges pour les couper. Les moissonneurs qui se servent de la sape se nomment *piqueteurs*.

Quant aux *machines à moissonner*, dont la meilleure est due à Mac-Cormick, ingénieur américain, ce sont des instruments pourvus d'une rangée de ciseaux mis en action par un appareil monté sur des roues. Un cheval est attelé à la machine, et, à mesure qu'il avance, les ciseaux fonctionnent, coupent les tiges au niveau du sol, et les font tomber sur un plancher, d'où elles sont enlevées pour être formées en javelles et liées en gerbes. La moisson se fait ainsi beaucoup plus rapidement et aussi plus économiquement qu'à la faucille, à la faux ou à la sape.

Il en est de même pour le battage des grains : au lieu de recourir, pour ce travail, à l'antique et traditionnel fléau, on se sert assez généralement, aujourd'hui, d'une batteuse mécanique, avec laquelle on obtient, à peu de frais, une séparation parfaite du grain et de la paille. La batteuse permet d'ailleurs au cultivateur de réunir en quelques jours ses grains battus et de les emmagasiner avant l'hiver.

Voilà, mon cher cousin, ce que j'avais à te dire au sujet de la moisson, la plus importante des occupations du cultivateur.

Tout à toi,

FERNAND.

§ V.

Animaux nuisibles aux récoltes : moyens de s'en préserver. — Chenilles et hannetons. — Conservation des petits oiseaux.

Le maitre. Mes enfants, je veux vous entretenir aujourd'hui des animaux qui vivent aux dépens de nos cultures, de ceux surtout qui attaquent, en France, les plantes et les arbres, les grains et les fruits. Ces animaux sont les insectes, c'est-à-dire des êtres dont le corps se compose principalement d'une moelle nerveuse et qui n'ont ni os ni vaisseaux connus. Vous ne sauriez vous faire une idée exacte de l'activité, du travail incessant de ces êtres qui, pour la plupart infiniment petits, deviennent, par le nombre, de gigantesques destructeurs. On évalue à trois millions, en moyenne, la perte annuelle causée par les insectes ; et notez que, dans cette évaluation, on ne comprend pas les ravages du phylloxera, insecte qui s'attaque à la vigne et qui est a lui seul un véritable fléau. Nous sommes littéralement envahis par ce peuple d'insectes dévorants, qui enlève à l'agriculture le plus clair et le plus légitime de ses bénéfices, et qui finirait par amener la famine, si nous ne lui faisions une guerre acharnée.

Louis. Quoi ! les insectes pourraient causer la famine?

Le maitre. Parfaitement : la disette de 1853 a été causée par de petits moucherons jaunes, les *cécydomies du froment*. Ces moucherons apparaissent pendant une soirée de printemps : ils voltigent par millions de millions sur les blés, s'abattent sur les épis en fleur et y déposent leurs œufs imperceptibles. De chacun de ces œufs sort un ver qui, après avoir sucé la sève du blé, sort de l'épi et s'enfonce en terre pour en sortir au printemps suivant à l'état d'insecte parfait. Quand le moucheron jaune s'abat sur un champ, il détruit la moitié de la récolte.

Gustave. Mais comment atteindre ce moucheron ?

Le Maitre. L'homme est impuissant contre le moucheron jaune : les oiseaux seuls, les hirondelles surtout, peuvent en arrêter la reproduction indéfinie. Il en est de même du *négril*, qui détruit la luzerne, de la *pyrale*, et du *coupe-bourgeons*, qui mangent les racines des plantes, de l'*apion* et de l'*hylaste du trèfle*, qui rongent, le premier, les fleurs le second, les racines de la plante. Il en est de même aussi de tous les petits coléoptères, ou insectes pourvus d'ailes renfermées sous des étuis solides, et qui détruisent parfois des champs entiers de colza.

Et les chenilles !... Comment en aurions-nous raison sans le concours précieux des mésanges et fauvettes ? Nous avons une loi, celle du 15 mars 1796, qui enjoint aux propriétaires ruraux de détruire, en hiver, les nids de chenilles sur tous les points de leurs propriétés ; l'autorité peut même faire procéder d'office à cette opération, lorsque les prescriptions de la loi n'ont pas été observées dans le délai voulu. Dans ce cas, l'échenillage se fait aux dépens des propriétaires ou fermiers négligents, qui paient en même temps une assez forte amende. Eh bien ! malgré tout, les chenilles pullulent : on en voit des légions parfois innombrables sur les haies, dans les vergers, dans les bois, partout.

LOUIS. Oh ! les chenilles sont de vilaines bêtes.

LE MAITRE. L'une des espèces de chenilles les plus répandues dans le centre et dans le nord de la France est d'une couleur verdâtre, avec groupes de petits points noirs et lignes longitudinales jaunes sur le dos. Cette chenille provient d'un papillon bien connu, dont les ailes supérieures sont blanches, avec des bords noirs et des taches de la même couleur sur le milieu.

GUSTAVE. Je le connais, moi, ce papillon.

LE MAITRE. (*Ouvrant une boîte à fond de liège, d'une certaine dimension*). Voici ce papillon : c'est la *piéride du chou*.

GUSTAVE. Oui : c'est bien le papillon que je connais.

LOUIS. Et cet autre, plus petit, mais qui ressemble au premier par les couleurs ?

LE MAITRE. C'est la *piéride de la rave*.

LOUIS. Le suivant ressemble au second : quel est son nom ?

LE MAITRE. C'est la *piéride du navet*, dont la chenille est toute verte, sans lignes longitudinales jaunes. — Voici

9

la *noctuelle du chou*, puis la *noctuelle potagère*, et enfin la *noctuelle gamma*. Les chenilles des piérides ne s'attaquent guère qu'aux choux, aux navets, à la rave; elles s'accommodent aussi de quelques fleurs, telles que la capucine et le réséda. Quant aux chenilles des noctuelles, elles sont beaucoup plus voraces, et se nourrissent indifféremment de choux, d'épinards, de laitues, de pois, des feuilles du groseillier et du framboisier. La chenille de la noctuelle gamma est facile à reconnaître. Elle est verte, hérissée de poils fins et courts, avec lignes longitudinales bleuâtres ou blanches et une bande jaune de chaque côté.

Dans son excellent ouvrage intitulé : *Les Ravageurs*, M. Henri Fabre cite une quatrième espèce de noctuelles, la plus redoutable de toutes : la *noctuelle de la betterave*. En voici le papillon : il a, comme vous voyez, les ailes inférieures blanches, et les ailes supérieures, brunes. La chenille est lisse, luisante, d'un vert grisâtre.

Louis. C'est bien cela : les cultivateurs la désignent sous le nom de *vert gris*.

Le Maitre. On ne voit jamais cette chenille sur les plantes, mais elle en ronge constamment les racines, et cause ainsi des ravages parfois incalculables. Il y a quelques années, les fabriques de sucre du Nord et du Pas-de-Calais durent chômer, faute de betteraves : les affreux vers gris avaient anéanti la récolte ! Vous ne sauriez donc apporter trop de soins à la destruction du papillon mi-partie blanc et mi-partie brun ou fauve que je viens de vous faire connaître. Il faut l'atteindre avant la ponte : c'est le seul moyen d'en réduire l'espèce et de préserver nos cultures des ruineuses atteintes du ver gris.

Gustave. Il y a de grosses chenilles rousses et velues qui sont aussi très répandues.

Le Maitre. Ces chenilles proviennent des papillons désignés sous le nom de *bombyx*. Il y a plusieurs espèces de bombyx. Les principales sont le *bombyx commun*, ou *bombyx chrysorrhée*, le *bombyx livrée*, le *bombyx disparate* et le *bombyx tête-bleue*.

La chenille du bombyx commun est d'un brun noir; elle a d'ailleurs sur le dos deux files de taches blanches, coupées de points rouges. En voici le papillon. Il est complètement blanc. Vous trouverez ses œufs disposés en tas, au nombre de trois à quatre cents, sur les feuilles des arbres fruitiers, pommiers, poiriers, pruniers, etc. L'éclosion a lieu à la fin de juillet. Les jeunes chenilles vivent d'abord en se dispersant sur l'arbre où elles sont nées; mais, dès les premiers froids, elles se réunissent et se construisent un nid à l'aide de feuilles et d'une soie blanche qu'elles tirent de leur corps. C'est dans ce nid qu'elles passent l'hiver, engourdies par le froid.

Jules. Sans rien manger ?

Le Maitre. Et où pourraient-elles trouver quoi que ce fût ?

Jules. C'est vrai.

Eugène. Toutes les chenilles naissent-elles donc à la même époque et dans les mêmes conditions que celles du bombyx commun ?

Le Maitre. Non, tant s'en faut. Ainsi, le papillon appelé *bombyx livrée*, papillon d'un jaune roussâtre, avec bandes transversales plus claires sur les ailes supérieures, pond ses œufs, non sur les feuilles des arbres fruitiers, mais autour de leurs branches, en les fixant entre eux et au rameau par un enduit glutineux, collant à la façon de la glu, et qui se durcit en séchant. Ces œufs bravent facilement les rigueurs de l'hiver, pour éclore en avril, lorsqu'ils ont échappé à l'échenillage légal.

Louis. J'ai déjà vu détruire de ces œufs, moi : ils formaient des bagues aussi dures que le bois qu'elles entouraient.

Eugène. Moi aussi : l'enduit qui recouvre ces sortes de bracelets ressemble à une peau de couleuvre.

Le Maitre. C'est bien cela. Vous connaissez les chenilles qui naissent de ces œufs : elles sont bariolées de diverses couleurs, disposées en raies bleues, rousses, noires et blanches qui les parcourent d'un bout à l'autre du corps.

Louis. D'où peut bien provenir le mot *livrée* ajouté au nom de l'animal ?

Le Maitre. De son costume bariolé, qui rappelle la *livrée*, c'est-à-dire les vêtements de couleurs diverses dont on habillait autrefois les pages, laquais ou domestiques, chez les princes et les seigneurs. Les chenilles du bombyx livrée sont très voraces. Il arrive parfois que, pour vivre jusqu'au mois de juin, elles mettent à nu le prunier où elles naissent. A cette époque, chacune d'elles s'enferme dans une feuille enroulée et où elle file une coque blanche dans laquelle elle se transforme en papillon.

GUSTAVE. Oui : ce papillon vole dès le mois de juillet ; il est d'un jaune foncé et on le prend facilement sur les plates-bandes d'œillets.

LE MAITRE. C'est cela.

EGUÈNE. Il y en a un autre, plus grand, qui se montre presque en même temps, et dont les ailes, d'un blanc jaunâtre, sont ornées de traits noirs disposés en zigzag.

LE MAITRE. Le voici : c'est le bombyx disparate, dont on trouve les œufs sur le tronc même des arbres fruitiers, où ils passent l'hiver, protégés par une sorte de couverture qui ressemble à de l'amadou.

Les chenilles du bombyx disparate éclosent en mai et atteignent de 6 à 7 centimètres de longueur. Elles sont d'un brun noir, avec un réseau de lignes pâles et très fines. Mais on les reconnait surtout aux longs poils roux qui s'élèvent sur les différentes parties de leur corps.

JULES. Je connais ces chenilles : ce sont d'affreuses bêtes.

LE MAITRE. Il faut bien se garder surtout de les toucher avec la main.

JULES. Oui, car on éprouverait alors des démangeaisons insupportables.

LE MAITRE. M. Henri Fabre (1) constate qu'il suffit de quelques douzaines de ces gigantesques chenilles pour dépouiller complètement un arbre de son feuillage. Il cite des exemples d'années calamiteuses où la terrible engeance se trouvant en nombre, des cantons entiers furent ravagés comme par le feu.

LOUIS. Le vieux garde du château se souvient de plusieurs de ces années; il raconte qu'une fois, entre autres, la forêt du Mont-Dieu n'avait plus une seule feuille au mois de juillet.

LE MAITRE. Tout est bon, en effet, pour la chenille de ce bombyx : arbres forestiers ou arbres fruitiers, peu lui importe.

(1) *Les Ravageurs*. — Paris, Ch. Delagrave et Ce, rue des Écoles, 58.

pour se métamorphoser, c'est-à-dire passer à l'état de papillon, cette chenille se réfugie ordinairement dans les crevasses de l'écorce des vieux arbres, parfois entre les pierres des murs en ruines, ou sous les corniches des maisons. L'insecte parfait éclot vers la fin de juillet.

LOUIS. Alors on peut détruire ce bombyx pendant toute l'année ?

LE MAITRE. Oui : en automne et en hiver, on en trouve facilement les œufs, que recouvre une sorte de matelas de poils roux. Pendant les chaleurs du mois de juin, les chenilles se réfugient sous les grosses branches des arbres fruitiers : c'est là qu'il faut les atteindre et les écraser au moyen d'un tampon emmanché à l'extrémité d'une perche.

GUSTAVE. Je comprends combien il importe de faire une guerre d'extermination à ces vilaines bêtes, qui détruisent et salissent tout.

LE MAITRE. Voici encore un bombyx; vous ne le connaissez probablement pas, attendu qu'il ne vole que la nuit : c'est le *bombyx tête-bleue*.

JULES. Joli papillon, celui-là.

LE MAITRE. Il est remarquable, en effet, avec sa tête et ses épaules d'un bleu cendré. Sa chenille est d'un blanc sale, avec bandes longitudinales jaunes, et, de place en place, un poil raide et court ; elle vit sur les abricotiers, sur les cerisiers et les haies d'aubépine. On peut en débarrasser les arbres infestés en les secouant ; mais comment agitor efficacement des cerisiers d'un certain âge? Ici encore, le concours des oiseaux est indispensable, et il ne nous fait jamais défaut, lorsque nous respectons les couvées : c'est l'oiseau qui se charge de la besogne que l'homme ne peut faire. A lui seul, le troglodyte, l'humble petit roitelet, ce fidèle ami des chaumières, détruit plus de chenilles et d'insectes que le plus actif et le plus intelligent des jardiniers.

GUSTAVE. Quand il a des petits, le roitelet n'est jamais en repos.

EUGÈNE. Je le crois bien, et pour cause : ce petit oiseau pond jusqu'à dix et douze œufs ! Il a donc une nombreuse famille à nourrir.

LE MAITRE. Oui, relativement nombreuse. Un observateur

a suivi, pendant quinze jours, le développement d'une nichée de roitelets. Eh bien! le père et la mère faisaient, en moyenne, chacun trente voyages par heure pour chercher la nourriture de leurs petits ; ils rapportaient chaque fois un insecte ou une de ces maudites chenilles que nous ne pouvons atteindre. En admettant seulement douze heures d'allées et venues par jour, nous avons là, en quinze jours, et pour une seule nichée, une consommation représentée par le joli chiffre de 10,800 parisites, sans y comprendre la nourriture des parents !

Louis. Plus de 10,000 ravageurs détruits en quinze jours ! c'est à ne pas y croire.

Le Maitre. Vous voyez, mes amis, combien les oiseaux sont utiles ; du roitelet au coucou et aux buses, en passant par le moineau, les mésanges et les engoulevents, tous ont leur mission providentielle, celle de nous protéger contre les déprédations des insectes.

Gustave. Le coucou, lui aussi, se nourrit de chenilles ?

Le Maitre. Nous verrons prochainement quels services le coucou nous rend.

---

§ VI.

Animaux nuisibles aux récoltes (Suite).

Le Maitre. Le coucou nous arrive juste au moment où pullulent celles des chenilles dont nous avons personnellement le plus à nous défier, celles que l'on trouve souvent rangées en lignes uniformes sur le tronc des gros arbres.

Louis. Je les connais : ces chenilles sont noires et toutes couvertes de poils.

Le Maitre. Précisément : ce sont *les chenilles processionnaires du chêne*. Le coucou est à peu près le seul des oiseaux de notre pays qui ose les attaquer et s'en repaître. Nous ne pouvons nous-mêmes toucher ces chenilles sans nous exposer à d'insupportables démangeaisons. Il suffit de s'asseoir au pied d'un chêne hanté par ces affreuses bêtes pour en être incommodé, tant la poussière due à leurs piquants est caustique et malfaisante. Il y a des exemples de bestiaux devenus furieux pour avoir brouté des feuilles sur lesquelles avaient passé des chenilles processionnaires.

Eugène. Pourquoi désigne-t-on ainsi cette espèce de chenilles ?

Le Maitre. Parce qu'elles défilent généralement en *procession*, marchant à la suite les unes des autres lorsqu'elles envahissent ou quittent un arbre.

Gustave. Le papillon des chenilles processionnaires a-t-il quelque chose de leur aspect repoussant ?

Le Maitre. Non, mon enfant. Voici ce papillon, là, à côté du papillon tête-bleue. Il ressemble beaucoup aux autres par la forme, sinon par la couleur, qui est d'un blanc nuancé de gris.

Gustave. Je saurai bien le reconnaître et le détruire partout où je le rencontrerai.

Jules. Et moi aussi.

Louis. Le moineau vit-il donc aussi d'insectes ?

Le Maitre. En grande partie; il s'attaque même au hanneton, dont il fait, au printemps, une prodigieuse consommation.

EUGÈNE. Et les hannetons sont néanmoins toujours fort nombreux.

LE MAITRE. Vous avez raison. Aussi faut-il faire une guerre sans merci à ces terribles ravageurs, qui attaquent à la fois nos cultures au-dessous et au-dessus du sol.

LOUIS. Comment cela ?

LE MAITRE. Le hanneton n'arrive à l'état d'insecte parfait qu'à la quatrième année de son existence. Il passe les trois premières à l'état de larve. Cette larve éclot vers le mois de septembre, un mois ou six semaines après la ponte, suivant l'état de la température. Elle a de deux à trois centimètres de longueur ; sa couleur est jaunâtre, son corps, mou et ridé ; les pattes, au nombre de six, sont toutes placées près de la tête.

GUSTAVE. Les cultivateurs les appellent *vers blancs* ou *chiens de terre*.

LE MAITRE. Le mot propre est *mans*.

LOUIS. La charrue en met parfois de grandes quantités à découvert, notamment au mois de mars.

LE MAITRE. Oui, pendant le premier hiver, les larves du hanneton s'enfoncent profondément dans le sol, où elles restent engourdies ; mais, dès les premiers beaux jours, elles remontent plus haut, creusent des galeries souterraines et rongent la racine de tous les végétaux qu'elles rencontrent. Il y a quelques années, le comice agricole de Salins évaluait aux deux tiers de la récolte le dommage que le ver blanc avait causé aux prairies naturelles. Dans l'Orne, ces ravages étaient tels, que ce département, qui expédiait annuellement de 30 à 40,000 têtes de bœufs au marché de Poissy, avait presque complètement cessé ses envois. On estime que, partout où passent les vers blancs, les pertes peuvent aller, suivant les saisons et les cultures, de 100 à 300 francs par hectare. Ces maudites bêtes sont tellement voraces, qu'elles s'attaquent même aux racines des arbres fruitiers, et les dépouillent de leur écorce. Il faut avoir vu ces arbres jaunir et se flétrir, pour se faire une idée des ravages exercés par les vers blancs.

LOUIS. L'hiver vient interrompre ces ravages, heureusement.

LE MAITRE. *Interrompre*, oui, mais non les arrêter; car,

si les gelées obligent l'animal à s'enterrer de nouveau, il sait très-bien saisir le moment propice pour reprendre son travail de destruction.

LOUIS. Et l'interrompre encore une fois l'hiver suivant.

LE MAITRE. Parfaitement. Cette fois, les mans s'enfoncent plus profondément encore, afin de subir sans danger leur transformation en nymphe, puis en insecte parfait. A cet effet, ils terminent leurs galeries par une chambre ovale ou ronde, et s'y enferment pendant cinq à six semaines, au bout desquelles ils sortent de leur coque insectes parfaits. Mais alors ils sont mous et sans force. Ce n'est que vers le mois de mars qu'ils peuvent quitter la chambre natale pour se rapprocher de la surface du sol, et de là prendre leur volée pour gagner les arbres et s'abattre sur les cultures.

GUSTAVE. On peut en prendre beaucoup, le matin, en secouant les jeunes arbres.

LE MAITRE. Dans certaines localités, on organise de véritables battues aux hannetons ; les enfants sont chargés de cette chasse et reçoivent des propriétaires, ou même des communes, une indemnité de 5 à 10 centimes par litre de hannetons capturés.

EUGÈNE. Oh ! moi, j'aimerais beaucoup à prendre part à la chasse aux hannetons.

LOUIS. Et que fait-on du singulier gibier que procure cette chasse ?

LE MAITRE. On en fait un excellent engrais, mon ami. La chimie nous apprend que les hannetons renferment 26 pour cent d'eau et 19 pour cent de matières fertilisantes. En Hongrie, les hannetons servent à faire de l'huile à graisser les voitures. En Suisse, on en fabrique une excellente huile à brûler, et qui répand, dit-on, une odeur très agréable.

GUSTAVE. Alors il y a tout profit à chasser et à recueillir les hannetons ?

LE MAITRE. Il est certain qu'on parvient ainsi à prévenir leurs dégâts, tout en amoindrissant d'ailleurs la ponte de leurs œufs. Mais pour être réellement efficaces, il faudrait que les battues aux hannetons fussent l'objet d'une mesure générale et que l'Etat en prît l'initiative. Il faudrait aussi que la ponte fût surveillée, ce qui est assez facile.

En effet, on a remarqué que le hanneton recherche le fumier de vache pour déposer ses œufs. Il suffit donc de disposer des trous dans les jardins, vers le mois de juin, et de les remplir de ce fumier pour être certain d'y attirer un grand nombre de pondeuses. Les œufs sont faciles à recueillir, et on les détruit de même en les donnant aux volailles, qui en sont très friandes.

Retenez-le bien, mes enfants, les chenilles dont nous avons parlé jusqu'ici s'attaquent aux racines et au feuillage des plantes; il y en a d'autres qui s'attaquent spécialement aux fruits des vergers et même aux arbres des forêts. Je vais vous les faire connaître sommairement.

GUSTAVE. Comment ? Il y a des espèces de chenilles qui mangent les fruits ?

LE MAITRE. Oui, mon ami. Les principales sont les *pyrales* ou *tordeuses*, dont les papillons sont beaucoup plus petits que ceux que nous connaissons. Voici le papillon de la *pyrale de la vigne :* il a, comme vous voyez, les ailes jaunes, à reflets cuivreux, et des bandes transversales brunes. Au mois d'août, il pond ses œufs sur les larges feuilles de la vigne par petites plaques de quinze à vingt au plus. Les chenilles qui en naissent sont verdâtres, hérissées de quelques poils courts. Sous cette forme, elles tordent les feuilles pour s'en faire un abri contre la chaleur, et, l'hiver venu, elles se réfugient dans les fissures des ceps et des échalas, où elles restent engourdies par le froid. Au printemps elles attaquent les feuilles et les jeunes grappes avec un appétit qu'explique le long jeûne qu'elles ont subi. Et, pour peu qu'elles soient nombreuses, elles causent des dégâts considérables.

EUGÈNE. Et cet autre papillon, dont les ailes sont en partie brunes et en partie d'un gris cendré ?

LE MAITRE. C'est la *pyrale des pommes*. Vous avez tous ramassé, sous les poiriers et les pommiers, des fruits tombés de l'arbre et paraissant être mûrs. Ces fruits étaient tout simplement véreux ; ils renfermaient une petite chenille, ou plûtot un petit ver jaunâtre sorti d'un œuf que le papillon avait introduit dans l'œil du fruit aussitôt après sa formation.

JULES. C'est vrai : il y a ordinairement un ver dans les poires qui tombent avant d'être mûres.

LE MAITRE. Il en est de même des cerises, des prunes, des abricots, des pois et des noisettes qui mûrissent avant le temps : ils sont habités par un ver provenant du papillon brun et gris.

HENRI. Il y a aussi des chenilles qui s'attaquent aux arbres des forêts ?

LE MAITRE. Je le crois bien. Il y en a même de plusieurs espèces, dont la plus redoutable est le *cossus gâte-bois*. Tenez, vous voyez là, près des pyrales, ce papillon ventru d'un gris cendré, avec ailes mouchetées de rayures noirâtres? Eh bien ! c'est le cossus gâte-bois. Sa chenille est d'un rouge vineux et a près d'un décimètre de longueur.

LOUIS. Je la connais : elle est couverte de poils raides, notamment sur ses côtés.

LE MAITRE. Oui, et l'animal distille par la bouche une liqueur visqueuse qui achève de le rendre hideux. « Quand un arbre recèle plusieurs de ces terribles chenilles, dit M. Henri Fabre, il est bien difficile qu'il résiste à leurs ravages. »

GUSTAVE. La chenille du cossus vit-elle donc longtemps sous cette forme ?

LE MAITRE. Trois ans. Pendant la première année, et tant que la bête, faible encore, ne peut que ronger la couche superficielle et tendre du bois, on peut l'atteindre ; mais lorsqu'elle s'est enfoncée dans l'intérieur du tronc, il est impossible de l'en déloger ; elle sort de son plein gré, et cela, lorsqu'elle est devenue insecte parfait.

LOUIS. Quels sont les bois qu'elle attaque de préférence ?

LE MAITRE. Ce sont les saules, les peupliers, les platanes, les ormes. Une autre chenille, d'un jaune pâle, avec tête et pattes noires, la *zeuzère du marronnier*, s'en prend aux arbustes, lilas, troènes, groseilliers, etc. En voici le papillon : il est remarquable par la blancheur de ses ailes et les taches bleues dont elles sont nuancées.

EUGÈNE. C'est le plus beau des papillons que nous voyons là.

LE MAITRE. Oui ; mais vous n'en devez pas moins le détruire, et avec d'autant plus de soin qu'il est impossible d'en atteindre les larves. Nous ne pouvons rien non plus contre un papillon de nuit, la *nonne* (je n'ai pu jusqu'ici me procurer un individu de cette espèce), dont les ravages s'étendent parfois à des forêts entières de pins et de sapins.

Henri. C'est extraordinaire!

Le Maitre. La lutte que nous soutenons fatalement contre les insectes doit donc être sans trève ni merci; et vous le comprenez sans peine, mes enfants, malgré nos soins, malgré le précieux concours des oiseaux, nous finirions par être vaincus, si nous ne trouvions dans d'autres insectes de vaillants auxiliaires.

Jules. Il y a donc des insectes qu'il faut respecter?

Le Maitre. Oui, mes enfants; je dois vous les faire connaître : nous en parlerons prochainement

§ VII.

Insectes utiles. — Insectes nuisibles (suite). — Concours des oiseaux (suite). — Préjugés relatifs au chat-huant et au moineau. — Une histoire à retenir.

Le Maitre. Il y a des insectes utiles de toutes les grandeurs, et les plus petits ne sont pas ceux qui nous rendent le moins de services. Ainsi, c'est au *psylle de Bosc*, ichneumon de la taille d'un puceron, que nous devons la destruction des petits vers rouges nés des œufs que la cécydomie pond dans les épis du blé. Et savez-vous comment ce précieux insecte s'acquitte de sa besogne ?

Louis. En avalant les vers, probablement ?

Henri. En se bornant à les tuer, peut-être ?

Le Maitre. Non : le psylle est armée d'une sorte de tarière de la finesse d'un cheveu, et il s'en sert pour introduire chaque fois un de ses œufs dans le corps du vermisseau, qui ne périt qu'après avoir nourri de sa chair la petite larve de l'ichneumon.

Plusieurs élèves. Oh ! c'est curieux !...

Le Maitre. Il en est de même de l'*oscine du seigle*, petite mouche dont les larves voraces vivent dans les tiges de la plante ; un tout petit ichneumon, l'*alysie noire*, s'y introduit en temps utile et les voue à une mort prochaine, en leur pondant des œufs dans le ventre !

Gustave. Les petits ichneumons, comme vous appelez ces insectes, sont des animaux réellement utiles.

Le Maitre. Il y en a de grands qui s'en prennent aux chenilles, et qui opèrent absolument de la même façon.

Louis. Et les grosses chenilles velues ne se défendent pas ?

Le Maitre. L'ichneumon qui choisit ces chenilles pour la ponte de ses œufs est précisément pourvu d'une tarière d'une certaine longueur : il peut donc se tenir à distance des piquants de la chenille.

Jules. Et il dépose ainsi son œuf dans le corps de la bête ?

Le Maitre. Il en dépose même plusieurs, lorsque la taille de la chenille le permet.

Gustave. Pourquoi donc cet insecte agit-il de cette manière ?

Le Maitre. Parce qu'il faut aux larves qui doivent naître de ses œufs de la chair fraîche et vivante pour se développer.

Gustave. Je ne me serais jamais figuré cela.

Plusieurs élèves. Ni moi non plus.

Le Maitre. (*Ouvrant de nouveau la boîte aux insectes*). Il y a d'autres espèces non moins utiles. Tenez, vous connaissez ce joli petit animal dont le dessus du corps est d'un vert doré ?

Henri. C'est un cheval du bon Dieu !

Jules. C'est la jardinière, comme maman l'appelle.

Le Maitre. Dans le langage des savants, c'est le *carabe doré*.

Eugène. On le voit constamment courir dans les jardins.

Le Maitre. Il court ainsi, non pour pondre ses œufs à la manière des ichneumons, mais pour chercher sa nourriture, qui se compose spécialement de proie vivante, limaces, vers de terre, larves, chenilles, escargots, qu'il éventre et dévore sans pitié. Je dois ajouter que le carabe doré respecte les plantes.

Gustave. Il n'y touche jamais ?

Le Maitre. Non : à ce lion des insectes carnassiers il ne faut absolument que de la chair fraîche.

Henri. Il y a plusieurs espèces de carabes, je crois ?

Le Maitre. Oui : voici le *carabe coriace*, le *calosome* et le *drilus*, tous ennemis acharnés des mollusques et des colimaçons, qu'ils attaquent et dévorent dans leur propre maison. Plus loin, c'est le *carabe brillant des Cévennes*, puis le *carabe rutilant*, qui abonde dans le Midi. Vous voyez que tous ces insectes se ressemblent par la forme et un peu aussi par les couleurs. Ils ont également le même appétit et sont aussi utiles à l'état de larves qu'à l'état d'insectes parfaits.

Gustave. On ne les voit jamais voler, bien qu'ils aient des ailes qui ressemblent à celles du hanneton ?

Le Maitre. Non. Les carabes n'ont point d'ailes propres au vol ; on les conserve donc facilement dans les jardins clos de murs. Il y a des maraîchers qui en font recueillir dans les champs pour les transporter dans les terrains qu'ils exploitent. Le jardinier peut obtenir ainsi des meilleurs produits ; mais c'est souvent aux dépens de ceux du cultivateur ; car les carabes qui vivent dans les terres labourables y poursuivent à outrance le *taupin des moissons*, dont la larve se nourrit des racines du blé.

LOUIS. Quoi ! ce vers d'un jaune sale qu'on trouve parfois dans les touffes du blé qui dépérit, c'est donc une larve du *taupin* des moissons ?

LE MAITRE. Oui. Cette larve est bien connue des cultivateurs, qui la craignent comme le feu.

HENRI. Il y a aussi dans les jardins et dans les champs un petit insecte presque rond et dont les ailes sont d'un rouge vif, avec quelques points noirs.

EUGÈNE. Je le connais : c'est la bête à bon Dieu.

LE MAITRE. Le mot propre est *coccinelle*.

JULES. Faut-il détruire cet insecte ?

LE MAITRE. Gardez-vous en bien : c'est l'ennemi né des pucerons, ces poux ventrus qui couvrent les jeunes plantes et qui en suceraient la sève jusqu'à la moindre goutte, sans l'intervention active de notre petite bête à bon Dieu. La larve de cet insecte a les mêmes appétits et nous rend les mêmes services que l'insecte parfait. Respectez aussi les *libellules*, ces élégantes petites mouches qu'on désigne vulgairement sous le nom de *demoiselles* ; respectez également les fourmis et les araignées des jardins : tous ces insectes travaillent pour nous : ils sont les ennemis de nos ennemis.

LOUIS. Je l'ai déjà entendu dire.

LE MAITRE. M. Martin le sait bien, lui.

GUSTAVE. Oui : il prétend que les fourmis protègent ses plants de choux contre les chenilles.

LE MAITRE. Il a raison : les fourmis s'en prennent à la fois aux œufs, aux chrysalides et aux chenilles de la piéride et de la noctuelle. Ces petits animaux nuisent parfois aux fruits, c'est vrai ; mais il est établi, qu'en somme, ils font plus de bien que de mal.

Maintenant, dites-moi, mes enfants, connaissez-vous les insectes qui attaquent les grains dans les granges et dans les greniers ?

EUGÈNE. Je sais qu'il y en a de plusieurs espèces, mais je ne saurais les nommer.

LE MAITRE. Il y a d'abord l'*alucite*, qui provient des œufs du petit papillon gris que vous voyez là, au-dessus des pyrales. Ces œufs sont déposés dans le grain au moment de la moisson; la larve en épuise la partie farineuse et ne la quitte que pour devenir insecte parfait. Il y a des cultivateurs qui tirent parti des blés ainsi infectés en les faisant battre immédiatement, et en passant les grains au four : la chaleur détruit les larves et les œufs non encore éclos. Mais ce moyen n'est praticable que sur les blés destinés à la mouture, car la chaleur nécessaire pour tuer les insectes enlève au grain la faculté de germer.

Gustave. Il y a un insecte aussi redoutable que l'alucite, qui attaque particulièrement les grains battus, et dont les cultivateurs se plaignent très souvent: j'en ai oublié le nom.

Le Maitre. Vous voulez parler du *charançon*, qu'on appelle également *calandre*. Voyez, j'en ai placé un près du papillon de l'alucite. C'est un petit coléoptère, c'est-à-dire un insecte dont les ailes sont renfermées sous des étuis solides et écailleux; il mesure à peine quatre millimètres de longueur, même en comprenant l'espèce de trompe dont l'animal est pourvu. Le charançon se sert de cette trompe pour entamer les grains de blé, dans chacun desquels il dépose un œuf. Cet œuf donne naissance à un ver imperceptible, pour ainsi dire, mais qui n'en pas moins doué d'un excellent appétit. L'animal est du reste à bonne table pendant les six semaines que doit durer son état de larve; il vit en effet très largement de la farine contenue dans le grain où il est né et d'où il ne sort qu'à l'état d'insecte parfait.

Louis. Et que devient-il alors?

Le Maitre. Il se met en quête des grains non encore rongés et y dépose, à son tour, des œufs qui donnent bientôt naissance à une nouvelle génération de ravageurs. Et quelle génération! On évalue à 10,000 le nombre d'individus qui naissent, en moyenne, d'un couple de charançons pendant le cours d'une saison. Il suffit donc de quelques couples de ces terribles bêtes pour anéantir, en quelques mois, le produit d'une abondante récolte.

Gustave. Oh! la vilaine engeance!

Louis. N'y a-t-il aucun moyen de combattre le charançon?

Le Maitre. Il y en a plusieurs. Ainsi, on a remarqué que le charançon aime beaucoup la chaleur, et l'on profite de cette particularité pour lui tendre un piège qui ne manque pas son effet. Le soir, on couvre les tas de blé de peaux de moutons, en tournant la laine du côté du grain. Le lendemain, dès le matin, on relève ces peaux avec précaution, et on les secoue dans la basse-cour : il en tombe une grande quantité de charançons, que les poules savent très bien attraper.

Il y a des cultivateurs qui détruisent les charançons en soumettant le blé qui en est infecté aux vapeurs du sulfure de carbone. C'est le moyen le plus expéditif et le plus sûr; mais il faut de grandes précautions pour se servir de cette matière liquide, qui prend feu aussi facilement que la poudre. D'autres se bornent à remuer fréquemment leurs blés; ils en éloignent ainsi les charançons, qu'ils savent amis du repos, et qu'ils obligent ainsi à se réfugier dans de petits tas auxquels on ne touche que pour en porter le grain aux volailles. Ce mode de destruction atteint parfaitement les insectes parvenus à l'état parfait, mais il laisse intacts leurs œufs et leurs larves.

Louis. Il y a encore un autre insecte qui habite les greniers et dont les cultivateurs se plaignent beaucoup.

Le Maitre. C'est la *teigne des blés*. L'animal est à peu près de même grosseur et de même couleur que le charançon ; mais il n'en a pas le museau long et pointu. Les teignes ne fréquentent que les réduits obscurs et peu aérés. Pour s'en préserver, les cultivateurs bien avisés disposent leurs chambres à blé de façon à y faire pénétrer abondamment l'air et la lumière.

Gustave. Que de soins, mon Dieu! que d'ennemis à combattre!

Le Maitre. Vous voyez combien il importe de prévenir la destruction des petits oiseaux, qui seuls peuvent atteindre efficacement certaines espèces d'insectes ailés qui s'abattent sur les épis au moment de la floraison, et dont les œufs éclosent dans les granges et les greniers. Les oiseaux sont pour les insectes des exterminateurs spéciaux ; ils obéissent à une loi divine, en se partageant la besogne selon leurs aptitudes particulières, et la plus parfaite harmonie existerait dans la nature, si la main de l'homme, maladroite et cruelle, ne venait la troubler. Epargnez donc les oiseaux, mes enfants ! Défendez-les au besoin contre vos camarades ignorants ; faites leur comprendre combien ils sont utiles. Toutes les fois qu'un enfant détruit un nid, c'est comme s'il prenait quelques pièces d'argent dans la bourse de ses parents pour les jeter à la rivière ; le résultat est le même : diminution dans les récoltes, et, par conséquent, augmentation dans le prix de leurs produits.

Eugène. C'est vrai : moins le blé et les légumes sont abondants, plus ils sont chers.

Le Maitre. Et notez bien qu'il ne s'agit pas de protéger uniquement les becs-fins, mésanges, rouges-gorges, roitelets, etc., qui se nourrissent exclusivement d'insectes sous leurs divers états d'œufs, de larves ou d'insectes parfaits : il faut aussi respecter et protéger la huppe, le rollier, les corneilles, les pies, les chouettes, etc., qui sont également de très utiles auxiliaires pour la destruction des insectes et des rongeurs de toutes sortes. Les effraies et chats-huants sont d'ailleurs, avec les autres rapaces nocturnes, les seuls oiseaux qui puissent faire la chasse aux papillons de nuit et aux insectes crépusculaires.

Louis. Comment! les chats-huants sont des oiseaux utiles, eux qui poussent, la nuit, des cris effrayants?

Le Maitre. Oui, mon ami, les chats-huants, que l'ignorance poursuit stupidement comme des animaux de mauvais augure, nous rendent les services les plus signalés, en détruisant, soit dans les champs, soit autour des habitations, une quantité innombrable de souris, de mulots et de campagnols. Il a été constaté que, quand ils ont des petits, les hulottes et les chats-huants détruisent chaque nuit près de cent rongeurs!...

Louis. Les chats-huants ne sortent, en effet, que pendant la nuit.

Le Maitre. Oui, et ils font, pour se nourrir, eux et leur famille, une besogne que ne sauraient faire les chats à quatre pieds que nous nourrissons.

Gustave. On ne réfléchit pas à cela.

Le Maitre. On y réfléchit si peu que, pour le récompenser de ses services, on sacrifie le chat-huant, on le cloue au pilori sur la porte des granges!

EUGÈNE. Il y en a encore un en ce moment sur le volet du grenier de Grosjean, le maréchal; je l'ai vu attacher, il était vivant!

GUSTAVE. Je le crois bien : trois jours après il se débattait encore.

LE MAITRE. Horreur! Et personne n'a eu pitié du pauvre animal?

GUSTAVE. Personne. Grosjean, qui a lui-même attaché l'oiseau, prétend qu'il fallait un exemple, afin d'éloigner du village les scélérats à plumes qui le troublent par leurs cris lugubres.

LE MAITRE. C'est de la stupidité, mes enfants. En agissant ainsi, Grosjean s'est montré à la fois ingrat et cruel, — cruel par ignorance, je veux bien le croire, il ne sait pas que tuer une chouette ou un chat-huant, c'est supprimer un de nos gardes-champêtres de nuit et accroître ainsi le nombre des malfaiteurs que nous avons intérêt à voir disparaître des cultures. Il ne sait pas, non plus, qu'en laissant le cadavre de l'oiseau se putréfier au soleil, pour le seul profit des mouches charbonneuses, il s'expose aux peines édictées par la loi, qui prescrit d'enfouir les animaux morts. Et puis, retenez-le bien, mes petits amis, la raison, le devoir, notre conscience nous interdisent de martyriser les animaux. « Cœur mauvais pour les bêtes, dit le proverbe, mauvais cœur pour son semblable. »

En effet, Dieu ne nous a pas donné deux cœurs, l'un cruel envers les animaux, l'autre bienveillant pour les hommes.

Voici, à ce sujet, un fait qui nous est attesté par l'histoire : « Henri IV fouetta un jour, de sa propre main, son fils, qui fut plus tard Louis XIII, pour avoir écrasé lentement, entre deux pierres, la tête d'un moineau vivant!.... Quoique le châtiment infligé au méchant enfant fût léger, relativement au mal qu'il avait fait, sa mère, Marie de Médicis, fit quelques représentations sur l'application de cette discipline au futur roi de France. « Dieu veuille me laisser vivre, Madame, répondit Henri IV, car lorsque je n'y serai plus, votre fils maltraitera sa mère. »

Ces paroles étaient prophétiques, elles annonçaient, comme

par inspiration divine, des choses qui devaient arriver dans l'avenir. Vous le savez, l'infortunée Marie de Médicis, délaissée par son propre fils, passa de longues années dans l'exil. Après avoir erré, tantôt en Angleterre, tantôt en Flandre, et sollicitant, toujours en vain, la permission de rentrer en France, elle alla mourir à Cologne, en juillet 1642, dans la douleur et presque dans la misère !

Questionnaire récapitulatif

COURS INTERMÉDIAIRE. — 1° Dire ce qu'on entend par insecte. — A quelle somme évalue-t-on la perte annuelle causée en France par les insectes ? — Quel est l'oiseau qui détruit surtout le moucheron jaune ? — Comment se nomment les papillons qui produisent les chenilles les plus communes ? — Qu'est-ce que le ver gris ? — De quelle espèce de papillons proviennent les chenilles qui déposent leurs œufs en forme de bagues autour des branches d'arbres ? — De quelle couleur est le bombyx-livrée ? — Et le bombyx-disparate ? — Comment reconnaît-on les chenilles de ce dernier ? — A quoi se reconnaît le papillon qui produit les chenilles processionnaires ? — Pourquoi nomme-t-on ainsi ces dernières ?

2° Quel est l'oiseau qui nous débarrasse surtout des chenilles que nous ne pouvons atteindre ? — Quels sont ceux qui détruisent les hannetons ? — Qu'entend-on par vers blancs ? — Comment procède-t-on, dans certaines localités, pour détruire les hannetons ? — Que fait-on des hannetons capturés, — en France ? — en Hongrie ? — en Suisse ? — Comment se nomment les chenilles qui s'attaquent spécialement aux fruits ? — De quelle couleur est le papillon de la pyrale de la vigne ? — celui de la pyrale du pommier ? — Comment reconnaît-on les chenilles de ces deux espèces de pyrales ?

3° Qu'entend-on par insectes auxiliaires ? — Nommez quelques-uns de ces insectes ? — Quel est le nom de la jardinière ou cheval du bon Dieu ? — Qu'est-ce que la coccinelle ? — la libellule ? — Les fourmis et les araignées des jardins sont-ils des insectes utiles ? — Quels sont les insectes qui attaquent les grains dans les greniers ? — L'enfant qui détruit un nid commet-il une mauvaise action ? — Ne nuit-il pas à ses parents ? — et pourquoi ? — Nommez les petits oiseaux qui nous rendent le plus de services ? — Nommez-en de plus gros ? — Faut-il clouer les chats-huants à la porte des granges ? — Quel roi fouetta un jour son fils pour avoir martyrisé un moineau ?

COURS SUPÉRIEUR. — 1° Comment nomme-t-on les moucherons jaunes qui s'attaquent au blé? — A quel moment de l'année et comment se produisent les dégâts occasionnés par ces insectes? — Nommez quelques espèces d'insectes qui détruisent la luzerne, le trèfle, le colza, etc.? — Que prescrit la loi du 15 mars 1796? — De quelle couleur est le papillon désigné sous le nom de piéride du chou? — Et sa chenille? — Décrivez la noctuelle de la betterave? — Nommez les différentes espèces de bombyx? — A quoi se reconnaissent les chenilles du papillon commun? Et celles du bombyx-livrée? — Comment sont disposés les œufs de ce dernier? — Où s'accomplit la métamorphose de sa chenille?

2° Qu'est-ce que le bombyx tête-bleue? — Que savez-vous des chenilles processionnaires du chêne? — Indiquez les transformations que le hanneton subit avant de devenir un insecte parfait? — Par quel moyen peut-on détruire les œufs du hanneton? — Faites connaître les mœurs, la manière de vivre de la pyrale de la vigne et de la pyrale des pommiers? — Comment nomme-t-on la grosse chenille qui s'attaque aux arbres des forêts? — Caractérisez le papillon et la chenille du cossus-gâte-bois et de la zeuzère des marronniers? — Quelles sont les essences d'arbres et d'arbustes que le cossus et la zeuzère attaquent de préférence? — Quand est-il possible de détruire les larves de ces deux espèces d'insectes?

3° Qu'y a-t-il à remarquer au sujet des insectes auxiliaires désignés sous le nom d'ichneumons? — Que savez-vous du psylle de Bosc et de l'alysie noire? — Qu'est-ce que le carabe doré et quels sont les services qu'il nous rend? — Nommez les principales espèces de carabes? — Qu'est-ce que le taupin des moissons? — Quel est l'ennemi le plus acharné des pucerons? — Qu'est-ce que l'alucite? — le charançon? — la teigne des blés? — En quoi consiste les dégâts causés par chacune de ces espèces d'insectes? — Quels moyens emploie-t-on pour les détruire? — Faites connaître les services que nous rendent les petits oiseaux connus sous la désignation commune de becs-fins? — ceux que nous devons aux rapaces nocturnes? — Qu'arriva-t-il un jour à un jeune prince qui avait été cruel envers un moineau? — Citez les paroles prophétiques que le roi Henri IV prononça à cette occasion? — Comment ces paroles se justifièrent-elles?

Problèmes sur la conservation des oiseaux

COURS INTERMÉDIAIRE. — 1. — Un savant naturaliste, M. Koltz, a calculé qu'une mésange détruit chaque jour, en moyenne, 822 œufs ou larves d'insectes. Combien en détruit-elle par année? — R. 300,030.

2. — Un autre savant, M. de Tschudi, rapporte qu'en quatre

heures, une mésange nonnette nettoya un jour un rosier infesté de 2.000 pucerons. En supposant que cette mésange travaille dans les mêmes conditions 10 heures par jour, combien d'insectes détruit-elle pendant 6 mois de l'été ? — R. 900,000.

3. — Suivant M. Toussenel, un couple de troglodytes apporte chaque jour à sa famille une moyenne de 156 mille chenilles. En évaluant à un mois la durée de cette chasse dans les mêmes proportions, dire combien chacun des oiseaux désignés a détruit de chenilles pour la seule nourriture de ses petits pendant ce temps. — R. 2,340,000.

4. — Le grimpereau est un oiseau qui attaque de préférence les œufs de papillons déposés dans les fentes et crevasses des troncs rudes et des grosses branches des grands arbres. Il détruit ainsi, en moyenne, 600 œufs par jour. Combien cet oiseau en détruit-il pendant les quatre mois qu'il consacre principalement à cette chasse? — R. 72,000.

5. — M. Florent-Prevost, savant qui a employé sa vie à étudier le régime alimentaire des oiseaux, raconte qu'on tua un jour en sa présence 10 martinets au moment où ils rentraient, le soir, à leur nid, et qu'on trouva alors dans leur estomac un total de 5,430 insectes. Faire connaître le nombre d'insectes détruits ainsi, en un jour, par chaque martinet, en admettant avec raison que déjà pareil nombre d'insectes avait été détruit, dans la matinée, par les mêmes oiseaux. — R. 1086.

6. — En 1835, le conseil général de la Sarthe dut consacrer un crédit de 18.000 fr. au paiement de pareille somme promise aux destructeurs de hannetons ; 60.000 décal. de ces animaux furent ainsi échangés contre autant de primes de 30 centimes. Chaque décalitre en contenait 5000, en moyenne. Dire combien de hannetons furent ainsi détruits, en 1835, dans le département de la Sarthe. — R. 300 millions.

7. — D'après les observations dues à un naturaliste anglais, un couple d'effraies détruit, par année, 54,750 petits rongeurs, souris, mulots et campagnols. A combien revient, pour chaque jour, le nombre de rongeurs détruits par chacun des deux oiseaux indiqués ? — R. 75.

8. — On a calculé qu'un couple de moineaux emploie 34,400 insectes, larves, sauterelles, chenilles et hannetons pour sa nourriture et celle de ses petits pendant les 40 jours qu'il les nourrit au nid Combien d'insectes ce couple détruit-il par jour ? — R. 860.

9. — On évalue à 200 mille le nombre d'œufs de chenilles collés aux branches des arbres qu'une mésange détruit, chaque année, pendant cinq mois d'hiver. Combien la mésange détruit-elle d'œufs de chenilles, par jour, pendant la saison d'hiver ? — R. 1333.

10. — Les dégâts que le hanneton cause chaque année à la France se chiffrent parfois par millions. En une seule année, le

département de la Seine-Inférieure a éprouvé à lui seul une perte de 27 millions de francs. Ce département compte 760 communes : quelle a été, en moyenne, la perte de chaque commune? — R. 35,526 fr. 31.

11. — Le moineau fait, par année, trois couvées de chacune 5 œufs au moins. Si l'on admet, avec M. Florent-Prévost, que le moineau détruit 300 mille chenilles pour la première nourriture des petits de chaque couvée, et que chaque oiseau insectivore nous conserve 4 litres de blé, déterminer : 1° le nombre de chenilles que le moineau porte aux petits qu'il élève chaque année; 2° combien de décalitres de blé il nous conserve, en pourvoyant à la seule nourriture de ses petits pendant qu'ils sont au nid ? — R. 1° 900.000 chenilles; 2° 3 doubles décalitres de blé.

12. — Un enfant barbare et imprévoyant a enlevé un nid de passereau contenant 5 petits, dont chacun mangeait en moyenne 30 mouches par jour. Cette consommation aurait duré 40 jours environ. Sachant que chaque mouche détruite aurait journellement mangé, en feuilles et fleurs une quantité égale à son poids jusqu'à ce qu'elle ait atteint son maximum de croissance, soit, pour les 40 jours, une moyenne de 10 fleurs (abstraction faite des feuilles), fleurs qui seraient devenues autant de fruits, faire connaître combien l'enfant précité aurait conservé de pommes, poires, abricots, etc., s'il avait laissé en place le nid qu'il a étourdiment détruit ? — R. 60,000 fruits.

Cours supérieur. — 1. — L'un des plus redoutables ennemis des céréales est un petit papillon gris, celui de l'alucite, qui ne dépose pas moins de 140 œufs dans autant de grains de blé au moment où ces grains arrivent en maturité. Chacun des œufs de l'alucite donne naissance à un petit ver qui se nourrit de la substance mise à sa portée jusqu'à ce qu'il devienne papillon à son tour. L'hirondelle, qu'on voit voltiger sans cesse auprès des champs de blé au moment de cette ponte, laquelle dure 15 jours environ, fait à l'alucite une guerre à outrance. En évaluant à 300, en moyenne, le nombre de papillons gris ainsi détruits, combien de grains de blé une seule hirondelle parvient-elle à nous conserver ? — R. 42.000.

2° — L'instituteur de X... a fondé entre ses élèves une association ayant pour objet la chasse aux hannetons et autres rongeurs, ainsi que la conservation des œufs d'oiseaux insectivores. En trois années, les membres de cette association, au nombre de 80, ont détruit 58,998 hannetons, 21,000 escargots, 1,503 courtilières, 1.125 limaces et 1,107 papillons. On demande : 1° combien d'animaux nuisibles ont été ainsi anéantis ; 2° combien il en a été détruit de chaque espèce, par année ; 3° quelle somme, à moins d'un centime près, revient à chaque sociétaire, si une prime de 1 centime est allouée pour chaque animal détruit. — R. 1° 83,733 animaux ; 2° 19,666 hannetons, 7.000 escargots, 501 courtilières, 375 limaces et 369 papillons; 3° 10 fr. 466 par sociétaire.

3. — Dans une autre commune, celle de V...., une association écolière, composée de 60 élèves, s'est également formée en vue de protéger les oiseaux et d'aider au progrès de l'agriculture. Du 18 janvier au 2 juin, les membres de cette association ont détruit 52.673 bourses qui contenaient, en moyenne, chacune 125 chenilles. Combien ont-il détruit de chenilles : 1° en totalité, 2° par jour? — R. 1° 6.584.125; 2° 48,771.

4. — On compte, en moyenne, 300 nids par kilomètre carré. Sachant que le territoire d'une commune mesure 3000 m. de longueur et 2000 mètres de largeur, faire connaître combien ce territoire peut offrir de nids; et, en admettant pour chacun une nichée de 5 petits, dont la nourriture se compose, par jour, de 120 chenilles, larves ou insectes quelconques, trouver également combien de chenilles ou larves, etc. sont ainsi détruites, chaque jour, pour les besoins des couvées, indépendamment de la nourriture des pères et mères. Dire enfin à quel chiffre doit s'élever cette énorme consommation pour les 30 jours environ pendant lesquels les petits reçoivent leur nourriture au nid. — R. 1° 1,800; 2° 1,080,000; 3° 32,400,000.

5. — Un département a alloué 2,000 fr. qui sont distribués en primes de 10 fr., pour 100 kilog. de vers blancs détruits et de 8 fr. pour 100 kilog. de hannetons. Les larves ramassées se sont élevées à 5.250 kilog. et les insectes parfaits à 18,437 k. 5? Quelle somme revient-il : 1° aux destructeurs de larves; 2° aux destructeurs de hannetons? — R. 1° 525 fr.; 2° 1475 fr.

6. — On a constaté qu'une nichée de 5 moineaux a consommé un grand nombre de hannetons pendant que les petits sont restés au nid. En estimant, pour une durée de 15 jours, la consommation de chacun des deux adultes, père et mère, à 25 hannetons par jour, celle de chacun des 5 petits à 12 par jour, dire quelle est l'importance des services que rendent ainsi un couple de moineaux et leur nichée, en admettant, d'après M. C. Pin, que la destruction de 1,000 hannetons préserve, en moyenne et par année, une dévastation estimée 140 fr. 58? — R. 231 fr, 95.

7. — On évalue le nombre de moineaux en France à 120 couples au moins par commune. Déterminer, aux conditions du problème précédent: 1° le nombre de hannetons que les couples et leur nichée de 5 petits détruisent en 15 jours dans chaque commune; 2° l'importance des services qu'ils rendent également par commune; 3° l'importance de ces services pour un département composé de 490 communes? — R. 1° 198.000 hannetons; 2° 27834 fr. 81; 3° 13.639.071 fr. 60.

8. — Par suite des préventions qu'on a eues pendant longtemps contre le moineau, on avait prescrit, en Autriche, que tout contribuable apportât, en payant son impôt, deux têtes de moineau.

Sachant : 1° que la population de Vienne et de ses environs était alors de 2.629.237 habitants ; 2° qu'on comptait un contribuable sur 20 habitants ; 3° que la valeur des services dus à la nichée d'un couple de moineaux est de 231 fr. 95, déterminer le chiffre représentatif de la taxe imposée, en ce qui concerne ladite ville et ses environs ? — R. 30.492.610 fr. 90 c.

9. — Suivant M. Ch. Viel, le charançon du blé produit en moyenne 80 œufs qui, déposés dans autant de grains de blé, s'y développent en larves et en dévorent avidement le contenu. De son côté, la pyrale de la vigne pond en moyenne 115 œufs déposés dans pareil nombre de bourgeons de grappes de raisin qui se flétrissent et ne produisent rien. En admettant que, parmi les 400 petits insectes que le martinet détruit par jour, au minimum, (ce qui est bien au-dessous de la vérité), il y ait un dixième seulement des insectes désignés sous le nom de charançons et de pyrales, faire connaître combien de grains de blé et de grappes de raisin le martinet sauve de la destruction : 1° en un seul jour ; 2° pendant les 15 jours que dure, en moyenne, la ponte de cet intéressant petit oiseau ? — R. 3,200 grains de blé et 1,150 grappes de raisin ; 2° 48,000 grains et 17,250 grappes.

EXERCICES DE RÉDACTION SUR LA CONSERVATION DES OISEAUX

1. — Lettre de l'élève Paul à sa sœur Juliette.

Sommaire. — Il lui rappelle le temps où elle le grondait de s'adonner ou au moins de s'associer au dénichage ; il apprécie les raisons du blâme dont il était alors l'objet. — Il comprend la sensibilité de sa sœur ; mais il s'étonne qu'elle ne lui ait jamais parlé de l'utilité des oiseaux au point de vue de la fortune publique. — Détails à ce sujet. — Concours de l'hirondelle. — Pertes causées à l'agriculture par les insectes, dont il fera connaître ultérieurement les noms. — Formation d'une Société protectrice entre les élèves de l'école ; — triple but de cette association ; — services que ces sortes de Sociétés sont appelées à rendre.

Ma chère Juliette,

Je comprends maintenant pourquoi tu me grondais si fort lorsque, encore tout petit, je rapportais à la maison des nids d'oiseaux que m'avaient donnés des camarades plus âgés que moi ; j'apprécie parfaitement, aujourd'hui, les raisons que tu faisais valoir, sans succès, hélas ! pour m'amener à ne prendre aucune part à la destruction des couvées. C'était par pure bonté d'âme que tu me parlais ainsi ! Tu me disais que c'est une action excessivement mauvaise, à tous égards, de torturer, de faire périr de charmants petits êtres créés pour chanter le printemps et les fleurs; mais tu aurais pu ajouter que, tourmenter ces doux hôtes de nos jardins et de nos bois, dont ils sont la gaieté et la vie, c'est non seulement prouver un mauvais cœur, mais encore faire pauvreté et famine, en détruisant à la fois le pain, les légumes, les fruits, le vin, etc!..

En effet, je le sais maintenant, les oiseaux sont les anges gardiens de nos récoltes; c'est à eux, c'est à la guerre incessante et acharnée qu'ils font aux myriades d'insectes qui naissent avec le printemps, que nous devons de voir arriver à maturité les moissons et les productions de toute sorte.

Oui, les oiseaux sont nos meilleurs auxiliaires dans la lutte que nous avons à soutenir contre les insectes; ils sont dotés d'organes qui leur permettent de voir de loin la proie qu'ils convoitent et dont ils se repaissent sans jamais être rassasiés. L'hirondelle, par exemple, a besoin, pour sa nourriture de chaque jour, d'autant d'insectes qu'il en faut pour faire un poids égal à son corps. Et combien d'autres petits oiseaux ont les mêmes besoins journaliers!... Je les connais désormais, ces douces et utiles créatures, et je me ferai un devoir et un plaisir de te les faire connaître par chacun de leurs noms et par chacune de leurs œuvres. Sans leur précieux concours, le monde périrait sous l'action destructive d'ennemis qui pullulent et qui attaquent les végétaux dans leurs tiges et dans leurs feuilles, dans leurs fleurs et dans leurs fruits, dans leurs graines et jusque dans leurs racines.

Les dégâts ainsi causés se chiffrent, chaque année, par une perte moyenne de 300 millons de francs, non compris les ravages que le phylloxéra exerce dans les vignes, et qui s'étendent, dit-on, sur près d'un million d'hectares de terrains!

En t'écrivant de nouveau et tout prochainement, je te dirai les noms des principaux insectes qui sont conjurés à notre ruine; ces noms, je les ai précieusement annotés à la suite de notre dernier entretien sur l'agriculture. Mais, dès aujourd'hui, je suis heureux de t'apprendre qu'une *Société protectrice des animaux utiles* vient d'être formée entre les élèves de notre école. Cette association, due aux soins dévoués de notre maître, a un triple but : 1° l'échenillage des arbres à partir du mois de février; 2° la destruction des hannetons, escargots, courtilières, limaces, papillons, mulots et souris des champs, etc.; 3° la conservation des nids et des œufs des oiseaux insectivores sur tout le territoire communal. Nous allons nous mettre à l'œuvre.

Il serait à désirer que toutes les écoles primaires eussent ainsi leur Société protectrice; elle rendrait, à coup sûr, d'immenses services à l'agriculture, surtout si, partout, les élèves parvenaient à distinguer les insectes nuisibles de ceux qui sont pour nous d'utiles auxiliaires.

A bientôt, ma chère Juliette. **Ton frère affectionné,**

Paul.

* * *

II. — Nouvelle lettre de Paul à Juliette.

SOMMAIRE. — Il énumère les diverses variétés d'insectes qui attaquent les céréales, soit par leurs racines, soit sur pied, avant la floraison, soit plus tard, au moment où se forme le grain. — Il nomme ensuite ceux des insectes qui détruisent la luzerne, les colzas, — fait connaître l'*altise* ou *puce de terre*, le ver blanc, ou *mans*, et désigne les espèces de chenilles les plus répandues. — Le jeune homme énumère enfin ceux des insectes qui sont les ennemis de nos ennemis, les *ichneumons*, les *carabes*, etc, et il termine en annonçant une troisième lettre, dans laquelle il parlera à sa sœur, si elle le veut bien, des oiseaux insectivores, nos meilleurs défenseurs contre les insectes.

Ma chère Juliette,

Je me suis promis de te faire connaître, par leurs noms et par leurs exploits, ceux des insectes qui nous causent le plus de tort. Je commence par quatre des plus petits, la cécydomie du froment, l'alucite, le charançon et la teigne des blés, qui ne sont pas, pour cela, les moins redoutables.

La cécydomie est un simple moucheron jaune, qui s'abat sur les blés en flenr et qui dépose dans les épis des milliers d'œufs imperceptibles, d'où naissent des vers voraces qui se nourrissent aux dépens du grain mis à sa portée.

Il en est de même de l'alucite, petit papillon gris qui introduit ses œufs dans les épis au moment de la moisson et dont la larve se trouve ainsi à bonne table jusqu'au moment de sa transformation en insecte parfait.

Quant au charançon, c'est un insecte de trois à quatre millimètres de longueur, et qui vit, lui, à l'intérieur des greniers, où il entame les grains pour y déposer ses œufs, en se servant de la trompe dont il est pourvu. Il ne faut que quelques couples de charançons pour anéantir, en quelques mois, les meilleures productions de nos champs.

La teigne des blés est elle même une espèce de charançon, dont le travail s'accomplit de préférence dans les réduits obscurs.

Et il y a quinze autres espèces d'insectes qui s'en prennent également à nos céréales !...

Je dois citer aussi, parmi les insectes ennemis de nos récoltes, le négril, qui détruit la luzerne, l'oscine du seigle, affreuse mouche dont les larves s'introduisent dans les tiges de cette céréale et les font périr, le coupe-bourgeons, l'apion, l'hylaste du trèfle, qui rongent, les uns la racine, les autres la fleur des plantes. Ces animaux, si faibles en apparence, et en réalité si forts, si puissants par le nombre, font le plus grand mal à l'agriculture.

Il est un autre insecte un peu plus développé que les précédents, et contre lequel, néanmoins, la force de l'homme n'est que faiblesse : c'est l'altise ou puce de terre, qui détruit parfois des champs entiers de colza. Le vulgaire hanneton en est là également : sa larve, nommée man, ou ver blanc, attaque les céréales par la racine et les fait rapidement périr.

Et les chenilles !... Je n'en finirais jamais, si j'avais à en énumérer toutes les espèces. Qu'il me suffise de te nommer quelques-uns des beaux papillons qui les produisent.

Le plus répandu est la piéride du chou, dont les ailes supérieures sont blanches, avec des taches et des bords noirs.

Viennent ensuite les piérides de la rave et du navet, les noctuelles potagères, les noctuelles de la betterave, qui donnent l'affreux ver gris, si redouté du cultivateur, puis les diverses variétés du bombyx, dont on trouve les œufs en si grande quantité sur les feuilles des arbres fruitiers, les pyrales ou tordeuses, les plus petits des papillons, fléaux de la vigne et des pommiers, le cossus gâte-bois, papillon ventru, aux ailes mouchetées de rayures noiratres, et dont la chenille a près d'un décimètre de longueur, le zeuzère du marronnier, la nonne, petit papillon de nuit, dont les ravages portent en certaines années, sur des forêts entières, enfin, pour clore ma liste, le papillon d'un gris sale qui produit les chenilles processionnaires les plus voraces et les plus incommodes de toutes.

Heureusement, nous avons pour auxiliaires certains insectes dont le concours atténue les ravages occasionnés par les chenilles. Tels sont les individus qui composent l'importante tribu des ichneumons, et, entre autres, le psyle de Bosc et l'alisie noire. Ces insectes ont à peine la taille d'un puceron ; mais ils sont armés d'une sorte de tarière, dont ils se servent pour introduire leurs œufs dans le corps des vermisseaux nés de ceux que la cécydomie et l'oscine pondent, soit dans les grains de blé, soit dans les tiges de seigle. Il y a des ichneumons plus forts et qui s'en prennent aux chenilles, en opérant exactement de la même manière.

Enfin, il faut comprendre aussi, parmi les insectes dont le concours nous est acquis, le carabe doré, que nous appelons jardinière, la coccinelle, ou bête à bon Dieu, et les libellules, mouches fort jolies, que nous appelons demoiselles. Tous ces insectes travaillent réellement pour nous, le premier en détruisant les mollusques, les courtilières et le terrible taupin des moissons, la seconde en purgeant les plantes de pucerons, et la troisième en poursuivant, sur l'eau et dans l'air, les mouches malfaisantes.

Dans une troisième lettre, si tu veux bien me la permettre, je te dirai quels sont, principalement parmi les oiseaux, les alliés que la nature nous a donnés pour combattre efficacement les innombrables légions d'ennemis qui s'attaquent aux produits de la terre.

Adieu, ma chère Juliette, A bientôt.

Ton frère dévoué,

PAUL.

* * *

III. — Dernière lettre de Paul à Juliette.

SOMMAIRE. — Suivant sa promesse, le jeune homme fait connaître à sa sœur les services qui nous sont rendus, en particulier, par les oiseaux que la nature nous a donnés pour alliés, depuis l'humble et petit roitelet jusqu'aux grandes chouettes, en passant par l'étourneau, la grive et le coucou, etc. — Il termine en déplorant l'erreur dont la chauve-souris, la taupe, le hérisson et le crapaud sont encore, de nos jours, les innocentes victimes. — En ce qui le concerne, il ne perdra jamais de vue les leçons de l'école à ce sujet.

Ma chère sœur,

Tu sais aussi bien que moi que les oiseaux sont des auxiliaires que la nature nous a donnés pour combattre les insectes qui pullulent au printemps et qui menacent constamment nos récoltes. Mais tu ne t'es peut-être jamais demandé dans quelle mesure chacun de ces charmants petits êtres nous accorde ses services, en pourvoyant à ses propres besoins. Eh bien ! je vais te le dire, et, pour cela, je ne ferai que me rappeler les indications que j'ai recueillies en classe.

En première ligne viennent, avec l'hirondelle, les joyeux musiciens de nos jardins, de nos bois et de nos champs, le roitelet, la mésange, le grimpereau, le chardonneret, le pinson, la fauvette, le traquet, le rouge-gorge, le rossignol, le bouvreuil, le bec-figue, la linotte, le loriot, l'alouette, le bruant, enfin le moineau, si injustement décrié dans les campagnes !

L'hirondelle, je te l'ai dit déjà, ma chère Juliette, l'hirondelle détruit chaque jour, pour les seuls besoins de son existence, les milliers d'insectes ailés qu'il faut pour faire équilibre au poids de son corps; c'est l'hirondelle qui détruit les cécydomies du blé : elle seule peut les atteindre et les saisir, grâce à sa vue perçante et à la rapidité de son vol.

Les naturalistes établissent que, de leur côté, le roitelet et la mésange anéantissent par année 300 mille œufs d'insectes, outre un nombre prodigieux de vers et de cousins ; en hiver même, on voit ces gracieux et agiles petits êtres inspecter nos vergers et y rechercher sans cesse les amas d'œufs de papillons collés aux branches des arbres.

Le grimpereau s'impose le même travail et visite de préférence les fentes et les crevasses des troncs noueux des vieux chênes ; il fait également une guerre sans merci aux affreux cloportes, dont les autres oiseaux ont peur.

Le chardonneret, lui, passe son temps à purger les chemins des champs de la graine du chardon, cet implacable et tenace ennemi des cultures ; le nom de ce bel oiseau dit assez qu'il a le monopole de l'importante besogne dont il s'acquitte.

Quant au pinson et à la fauvette, au traquet, et au rouge-gorge, en frétillant, les uns dans les hautes branches des arbres, les autres dans les haies, les buissons et les grandes herbes, ils font une guerre acharnée aux scarabées, aux tipules et aux pucerons.

Il en est de même de l'incomparable musicien de nos bois, du rossignol qui détruit les larves et les œufs de fourmi, du bouvreuil, du bec-figue, de la linotte, du loriot et de l'alouette, qui recherchent, soit les criquets et les pyrales, soit les vers, les grillons et les sauterelles.

En ce qui le concerne, le bruant poursuit les guêpes et il les avale comme de simples pilules, tandis que le moineau, lui, se charge des hannetons, en faisant d'ailleurs manger 300 mille chenilles aux petits de chacune de ses trois couvées annuelles.

Dis-moi, ma chère Juliette, notre gentil pierrot ne vaut-il pas mieux que sa réputation ?

Et si, maintenant, j'aborde les oiseaux de moyenne grosseur, j'aurai à te citer, parmi ceux qui sont nos meilleurs alliés, l'étourneau, la grive, le merle, la huppe, le coucou, le pivert, la pie, le corbeau, les corneilles, la caille, le rale et la perdrix.

L'étourneau dévore les escargots et les mordelles ; la grive, les gros vers mous et les limaces ; le merle, les colimaçons et les cerfs-volants les mieux armés, la huppe, les horribles courtilières ou taupe-grillons.

Le coucou et le pivert, de leur côté, savent s'arranger, le premier, des grosses chenilles velues et venimeuses dont les autres oiseaux ne s'approchent jamais, le second, des cossus gate-bois, qui s'attaquent aux grands arbres de nos forêts.

La pie s'acquitte d'une mission identique en nettoyant d'insectes les parties pourries des vieux arbres, tandis que les corbeaux et les corneilles tirent de la terre toutes sortes de vermines et notamment une quantité prodigieuse de vers blancs.

La caille, le râle et la perdrix procèdent de la même façon, en poursuivant partout, dans les prairies et dans les terrains ensemencés, les vers de terre, petits et grands.

Enfin, n'oublions pas la buse, le hibou, le chat-huant, les chouettes, les effraies : comme la buse, tous les individus de la tribu des oiseaux de proie nocturnes font une guerre acharnée aux rats et aux souris, aux loirs et aux lérots ; pendant que nous dormons, ils détruisent également des myriades d'autres petits rongeurs, campagnols et mulots.

Et, à l'occasion, on les cloue à la porte des granges !...

Nos cultivateurs ne sont pas plus raisonnables lorsqu'ils détruisent la taupe, une de nos alliées les plus utiles contre l'affreux ver blanc, lorsqu'ils s'attaquent à la chauve-souris, qui peut seule happer les papillons de nuit, lorsqu'ils poursuivent le hérisson et le crapaud, qui se nourrissent exclusivement de vers, de limaces, de limaçons et même d'insectes venimeux.

Ces pauvres bestioles sont les innocentes victimes de préjugés dont l'instruction seule pourra faire justice. Je l'espère, et je suis heureux que les leçons de l'école m'aient éclairé sur nos véritables intérêts; je ne manquerai pas, désormais, de conformer ma conduite à ces excellentes leçons.

Tels sont, chère sœur, les sentiments de

Ton frère affectueux,

PAUL

CHAPITRE IV.

§ 1.

Classification des Plantes agricoles.

CÉRÉALES : blé, seigle, avoine, orge, maïs, millet, sorgho, sarrasin.

LE MAITRE. Mes amis, nous abordons aujourd'hui l'étude des plantes agricoles, de celles qui sont cultivées dans les champs, et qui servent à notre nourriture ou à celle des animaux.

GUSTAVE. Il y en a de différentes sortes ?

LE MAITRE. Oui. Les plantes agricoles offrent cinq grandes divisions : 1° les *céréales ;* 2° les *légumes farineux ;* 3° les *plantes racines ;* 4° les *plantes commerciales ;* 5° les *plantes fourragères.*

LOUIS. Les céréales comprennent, je crois, le blé ou froment, le seigle, l'orge ?

LE MAITRE. Et aussi l'avoine, le maïs, le millet, le sorgho, et le sarrasin.

GUSTAVE. D'où vient ce nom de *céréales ?*

LE MAITRE. De Cérès, dont la religion des païens avait fait la déesse des moissons.

LOUIS. Les céréales servent surtout à faire le pain ?

LE MAITRE. Oui : le blé, notamment, contient une farine très nourrissante : c'est la céréale par excellence, et la seule qui fournisse le pain blanc.

EUGÈNE. Il y a du blé à épis barbus et du blé à épis sans barbes.

LE MAITRE. *(montrant des épis de blé).* C'est vrai : le blé cultivé en France offre principalement les deux variétés que je tiens là ; le *blé fin* et le *blé barbu.* Le premier réussit partout dans les terres légères et fertiles ; le second a une tige plus forte et convient mieux aux grosses terres.

LOUIS. Il y a aussi du *blé de mars ?*

LE MAITRE. *(tenant des épis de ce blé).* Au point de vue

de la culture, les blés se divisent en *blés d'hiver*, dont vous venez de voir des échantillons, et en *blés de printemps*, ou *blés de mars*. Voici des épis de blé de mars Les premiers se sèment en automne, du 20 septembre à la fin de novembre, suivant les terrains, le climat et le temps. Les autres sont mis en terre en mars, et souvent pour remplacer les blés d'hiver qui ont manqué.

LOUIS. Les blés manquent quelquefois, en effet, surtout quand l'hiver est très froid ?

LE MAITRE. Non : si frêle qu'elle vous paraisse en hiver, la tige du blé résiste parfaitement à l'action du froid : ce sont les alternatives de gelées et de dégel qui nuisent le plus à la précieuse plante, parce qu'elles la déchaussent en mettant ses racines à nu. L'humidité constante de la partie inférieure de la couche arable est aussi une cause de dépérissement pour le blé. Les cultivateurs qui négligent de faciliter par le drainage l'écoulement de l'eau qui se trouve en excès dans leurs terrains, s'exposent ainsi à perdre leurs récoltes.

EUGÈNE. La récolte des blés de mars vaut-elle donc celle des blés d'hiver?

LE MAITRE. Jamais : vous le voyez, le grain est plus petit, moins pesant, et la paille est d'ailleurs d'un gros tiers plus courte.

LOUIS. C'est pour cela, sans doute, que le fermier de la Warenne ne sème pas de blé de mars?

LE MAITRE. M. Martin n'a pas recours à cette céréale, tout simplement parce que tous ses blés d'hiver manquent rarement, ses terrains étant toujours tenus dans les meilleures conditions.

GUSTAVE. M. Martin tire de la terre ce qu'il veut.

LOUIS. C'est le modèle des cultivateurs.

EUGÈNE. Modèle mal imité.

LE MAITRE. Vous avez raison : que les autres cultivateurs fassent comme lui, qu'ils *étudient* la terre qu'ils cultivent, et ils en tireront les mêmes produits.

LOUIS. Ceux de nos cultivateurs qui ne peuvent plus étudier devraient s'en rapporter à lui et l'imiter dans ce qu'il fait.

LE MAITRE. Oui ; mais la routine les tient étroitement

attachés aux vieilles pratiques : les fils ne drainent pas, parce que les pères cultivaient sans drainer, et ils en arrivent trop souvent à retourner leurs blés d'hiver pour les remplacer par des blés de printemps, c'est-à-dire à faire doubles frais pour une seule et moindre récolte.

LOUIS. Au lieu de retouner ses blés d'hiver, M. Martin leur donne un hersage.

GUSTAVE. Ce que les autres ne font jamais.

EUGÈNE. A quoi sert donc ce hersage?

LE MAITRE. A briser la croûte qui se forme ordinairement à la surface de la terre par suite de l'action du vent sec connu sous le nom de *hâle de mars*. En ameublissant la surface du sol, le hersage pratiqué dans ce cas dégage le collet de la jeune plante, dont il facilite d'ailleurs le *tallage*, c'est-à-dire la pousse de tiges nouvelles sur le même pied.

EUGÈNE. Mais les dents de la herse doivent enlever un certain nombre de plantes encore peu enracinées.

LE MAITRE. La herse n'enlève que les plantes faibles ou superflues, et les autres ne s'en portent que mieux après l'opération.

LOUIS. Après la herse, le fermier de la Warenne fait parfois passer le rouleau sur ses blés au commencement du printemps. Pourquoi cela?

LE MAITRE. Il fait ainsi périr les limaces, qui pullulent à la suite des hivers humides.

LOUIS. De plus, M. Martin fait semer, pendant la nuit, sur ses terrains emblavés, de la chaux réduite en poudre.

LE MAITRE. Il atteint ainsi les limaces qui ont échappé au rouleau : le moindre grain suffit pour foudroyer ces vilaines bêtes.

GUSTAVE. Vous voyez bien que M. Martin sait tout.

LE MAITRE. M. Martin sait tout, oui : il sait tout ce qu'il faut savoir pour tirer le plus possible des terrains qu'il cultive.

GUSTAVE. Aussi, quelle différence entre ses récoltes et celles des autres cultivateurs du pays!

LE MAITRE. Savez-vous, en ce qui concerne le blé, par quels chiffres se représente cette différence?

LOUIS. Nous ne saurions le dire.

Le Maitre. Eh bien ! nos cultivateurs obtiennent tout simplement de leurs terres ce que leurs pères en tiraient eux-mêmes en 1840 c'est-à-dire 11 hectolitres environ à l'hectare, pas davantage ; tandis que chez M. Martin, et avec moins de frais, le rendement moyen atteint 18 et même 20 hectolitres.

Louis. Oh !

Le Maitre. Ne vous récriez pas : le fermier de la Warenne fera mieux encore : il arrivera, avant peu, comme dans le Nord et le Pas-de-Calais, comme en Angleterre aussi, à 24 et 25 hectolitres en moyenne.

Louis. Mais comment ?

Le Maitre. En multipliant de plus en plus son bétail et en produisant, pour cela, des montagnes de fourrages. M. Martin a acquis cette conviction, que ce sont les engrais qui donnent les riches moissons.

Gustave Connaît-on la moyenne de la production pour l'ensemble des blés cultivés en France ?

Le Maitre. Oui, mon ami : cette moyenne est aujourd'hui de 15 hectolitres à l'hectare.

Louis. Alors la France produit beaucoup plus de blé qu'autrefois, sans en semer davantage ?

Le Maitre. Notre récolte totale a été portée de 70 millions d'hectolitres à 95 millions.

Eugène. Il y a donc une augmentation de 25 millions d'hectolitres ?

Le Maitre. Oui : 25 millions d'hectolitres, tel est le chiffre qui mesure le progrès accompli par l'agriculture française depuis moins de quarante ans.

Eugène. C'est énorme.

Le Maitre. Vous le voyez, mes enfants, à force de travail et de soins, l'homme parvient à se rendre maître de la terre ; il lui commande, il la domine et l'oblige à lui livrer des trésors longtemps ignorés. N'est-ce pas ce que fait le fermier de la Warenne ? Car ce sont de vrais trésors que M. Martin tire des terrains qu'il exploite.

Louis. Il a la *chance*, comme disent les autres cultivateurs.

Le Maitre. Il a la chance !... Beau raisonnement, ma foi !

Cela veut-il dire que la réussite de M. Martin est tout bonnement l'œuvre du hasard ?

LOUIS. Mieux que cela : il y a un vieux berger qui prétend que le fermier de la Wareune est sorcier !

LE MAITRE. Sorcier ! Dans les siècles d'ignorance et de superstition, les sorciers passaient pour jouir d'un pouvoir surnaturel, qui n'appartient qu'à Dieu, mais qu'ils étaient censés tenir du démon. Il n'y a pas, il n'y a jamais eu de sorciers, mes enfants ; et M. Martin pourrait très bien faire ce que fit un jour un cultivateur romain, qu'on accusait sottement d'employer des sortilèges pour attirer dans ses champs les moissons d'autrui, parce que ses récoltes étaient toujours beaucoup plus belles que celles des autres cultivateurs.

LOUIS. Que fit donc le cultivateur romain ?

LE MAITRE. Il parut devant les juges avec un attirail agricole que ne possédaient pas ses confrères ; il était d'ailleurs accompagné de ses serviteurs, qui conduisaient un bétail parfaitement tenu :

« Voilà, dit-il, en montrant le tout, voilà mes sortilèges. J'y joins mes veilles et mes fatigues : je ne connais pas d'autre magie. »

La foule battit des mains, et le tribunal ne se borna pas à absoudre sur-le-champ l'heureux cultivateur : il le combla d'éloges et lui fit décerner la couronne civique, c'est-à-dire une des plus hautes récompenses alors en usage chez les Romains.

---

§ II.

Classification des Plantes agricoles.

Céréales : Blé, Seigle, Avoine, Orge, Maïs, Millet, Sorgho, Sarrasin (*Suite*).

LE MAITRE. La culture des autres céréales est également en progrès. Le seigle, par exemple, dont voici des épis, le seigle, qui donnait autrefois moins de 20 hectolitres en moyenne par hectare, arrive aujourd'hui à en donner de 22 à 25 et même 30 hectolitres dans les bonnes terres légères bien fumées.

GUSTAVE. Le seigle exige, je crois, moins d'engrais que le blé?

LE MAITRE. Oui. Il est aussi moins difficile sur la qualité du sol et prospère dans les terres qui contiennent jusqu'à 85 pour cent de sable, lorsque le climat est quelque peu humide. Sous ce rapport, le seigle offre une immense ressource. Sans le seigle, les habitants du nord de l'Europe, dont le sol est de médiocre qualité, n'auraient pas de pain.

LOUIS. Le seigle demande, je crois, à être semé plus tôt que le blé?

LE MAITRE. Dans le nord et dans le centre de la France, cette céréale doit être semée avant le 20 septembre. Dans ces conditions, elle peut être fauchée en vert dès le mois de mars et fournir aux bestiaux, surtout aux vaches laitières, un des meilleurs fourrages que nous ayons. Débarrassée de bonne heure, la terre peut donner ainsi une seconde récolte, soit de haricots, soit de carottes, navets, etc. A l'état de maturité, la tige du seigle fournit également une excellente paille, soit qu'on l'emploie comme litière, soit qu'on la fasse servir à une multitude d'ouvrages qui entrent dans le commerce.

EUGÈNE. N'y a-t-il pas une sorte de céréale composée de seigle et de blé?

LE MAITRE. Oui : c'est le méteil, qu'on cultive ordinairement dans les terres qui, sans être pauvres, ne sont pourtant pas assez riches pour porter exclusivement du blé. La propriété la plus caractéristique et la plus précieuse du méteil est de réussir plus sûrement que le blé ou le seigle pris séparément. On sème le méteil en mettant seulement un tiers de seigle et deux tiers de froment, si le sol convient mieux à ce dernier qu'au seigle, ou un tiers de froment et deux tiers de seigle, si le terrain est léger et sablonneux.

Louis. On vante beaucoup le pain de méteil ?

Le Maitre. C'est avec raison. La farine de méteil donne un pain gris ou brun, mais sain, nourrissant, et qui a, de plus, la propriété de se conserver frais beaucoup plus longtemps que le pain de blé pur.

Gustave. L'orge est aussi une céréale dont on utilise la graine en farine ?

Le Maitre. Oui. En dépit du proverbe : « Grossier comme du pain d'orge, » cette céréale était, au commencement de notre siècle, celle dont les populations laborieuses vivaient principalement. Mais aujourd'hui l'orge est surtout employée à la fabrication de la bière et à l'engraissement des bestiaux.

Louis. — L'orge a une tige beaucoup moins élevée que le blé et le seigle, je crois ?

Le Maitre. Oui. Voici une tige complète d'orge avec son épi. Vous voyez qu'elle a un tiers à peine de celle du seigle. Mais les produits de l'orge n'en atteignent pas moins 32, 35, et même parfois 40 hectolitres par hectare. Un autre mérite de cette céréale, c'est de s'accommoder de tous les terrains qui ne sont pas trop humides. Les engrais décomposés lui conviennent d'ailleurs beaucoup mieux qu'une fumure fraîche.

Louis. M. Martin sème ordinairement ses orges après les blés, sans fumier.

Le Maitre. C'est cela : et il se sert toujours du semoir mécanique, avec lequel il économise moitié de la semence.

Gustave. Vraiment ?

Le Maitre. En semant à la volée, nos cultivateurs emploient au minimum 2 hectolitres et demi de semence par hectare ; avec la machine à semer, M. Martin en emploie tout au plus 1 hectolitre 25.

Eugène. C'est-à-dire la moitié.

Gustave. Et cela suffit?

Le Maître. Cela suffit d'autant mieux que la semence est partagée également entre la surface du terrain.

Louis. Il y a plusieurs espèces d'orge, je crois?

Le Maître. Il y en a deux principales : l'escourgeon, ou orge à six rangs de grains, dont voici un épi, et l'orge à deux rangs ou orge commune, que je vous ai montrée tout-à l'heure. L'escourgeon se sème avant l'hiver, dès les premiers jours d'automne ; l'orge commune ne se sème qu'au printemps. Il y a une variété d'orge à six rangs récemment importée d'Asie, qui se recommande par son rendement considérable et par ses qualités comme plante farineuse : c'est l'orge Nempto. Cette variété est cultivée dans plusieurs de nos départements ; mais je n'en possède aucun échantillon.

Eugène. Nos cultivateurs ne connaissent que l'orge commune.

Le Maître. Ils en tirent d'assez bons produits, lorsqu'ils ont la précaution de la moissonner avant sa complète maturité.

Louis. Pourquoi faut-il prendre cette précaution?

Le Maître. Pour éviter l'égrenage des épis, qui sont très fragiles. L'orge est d'ailleurs de toutes les céréales celle qui germe le plus facilement : aussi ne faut-il pas la laisser trop longtemps en javelle sur le sol.

Gustave. L'avoine, au contraire, doit, dit-on, y rester un certain temps?

Le Maître. Les cultivateurs prétendent qu'elle acquiert ainsi plus de poids et de qualité. Mais il ne faut pas abuser de cette pratique, car on s'exposerait à perdre une partie de la récolte, s'il survenait des pluies prolongées.

L'avoine est principalement cultivée pour la nourriture des chevaux ; elle donne une farine qui ne se prête nullement à la panification et qu'on emploie en gruau ou en galette, lorsqu'on la fait servir à la nourriture des personnes, ce qui ne se voit plus que rarement.

Louis. L'avoine se sème ordinairement au mois de mars?

Le Maître. Oui. On la sème même parfois au mois de février. Il importe de choisir une semence bien mûre, sans quoi la plus grande partie ne lèverait pas.

Eugène. On peut semer l'avoine dans les plus mauvais terrains ?

Le Maitre. Cette céréale est en effet très rustique ; elle s'accommode de tous les sols, excepté de ceux qui sont trop secs. Néanmoins, elle ne donne des produits considérables que dans les terres plutôt fortes que légères. Sur défrichement ou marais défrichés, elle peut revenir deux fois sur elle-même et donner jusqu'à 40 et 45 hectolitres à l'hectare.

Louis. M. Martin fait souvent passer le rouleau sur ses avoines nouvellement semées, surtout lorsque le temps est sec.

Le Maitre. Dans ces conditions, le passage du rouleau sur les avoines est destiné à produire un tassement favorable à la germination. Le rouleau facilite d'ailleurs le fauchage.

Louis. M. Martin répète souvent cette opération lorsque l'avoine commence à grandir.

Le Maitre. Cette fois, en tassant la terre entre les nœuds inférieurs de la plante, le rouleau en assure le tallage.

Eugène. N'y a-t il pas plusieurs variétés d'avoine ?

Le Maitre. Oui : l'avoine offre plusieurs variétés caractérisées par leur qualité, par leur couleur et par leur précocité. Voici l'*avoine noire de Beauce* : c'est la plus productive et la plus estimée ; mais elle demande un sol riche et profond. On la sème indifféremment en février ou mars, à raison de trois à quatre hectolitres par hectare.

Louis. Ce doit être celle que cultive M. Martin.

Le Maitre. Le fermier de la Warenne cultive aussi et de préférence *l'avoine de Georgie*, la plus hâtive de toutes. En voici un échantillon. Voyez : le grain est noir comme celui de l'avoine de Beauce.

Eugène. Mais il est un peu moins gros.

Le Maitre. C'est vrai ; et, de plus, cette avoine est inférieure à la première sous le rapport de la qualité. Mais elle a le grand avantage de mûrir rapidement.

Louis. Il y aussi de l'avoine à grains blancs ou jaunâtres ?

Le Maitre. J'allais vous parler de cette variété, dont j'ai là quelques épis fort beaux.

LOUIS. Je reconnais cette avoine : M. Martin en fait le plus grand cas.

LE MAITRE. C'est notre *avoine blanche des Flandres*. Sa paille égale souvent en hauteur celle des plus beaux blés. Cette variété est précieuse aussi à un autre titre : elle peut être semée tard et elle n'en donne pas moins d'excellents produits. Il y a encore plusieurs autres variétés d'avoine, telles que les avoines de Pologne, d'Irlande et d'Ecosse. Mais comme elles ne sont pas cultivées dans notre pays, je n'en ai pas de spécimen. Il en est de même du maïs ou *blé de Turquie*, du millet et du sorgho, céréales qui ne prospèrent et qui ne sont cultivées avec fruit que dans le Midi. Mais, s'il m'est impossible de vous faire connaître ces plantes *de visu*, je puis au moins vous en montrer les dessins.

GUSTAVE. Nous les verrons avec plaisir.

TOUS. Oui, oui.

LE MAITRE. *(Ouvrant un livre d'agriculture)*. Vous voyez dans cette même planche, outre les avoines étrangères que je vous ai nommées, le maïs, le millet et le sorgho.

LOUIS. Le maïs a donc plusieurs variétés ? J'en vois là de différentes tailles.

LE MAITRE. Oui, le maïs offre plusieurs variétés ; mais il n'y en a guère qu'une seule qui puisse mûrir convenablement dans nos départements du Nord ; la voici : c'est le *petit maïs de Thourou*, qu'on a récemment obtenu dans les Flandres belges, où il est cultivé avec succès pour la nourriture et l'engraissement des porcs.

EUGÈNE. Le maïs, qu'on désigne aussi sous le nom de *blé de Turquie*, vient-il donc de cette contrée ?

LE MAITRE. Non, mon ami : le maïs est très improprement nommé blé de Turquie, car il nous est venu de l'Amérique du Sud. La grande espèce donne jusqu'à soixante hectolitres à l'hectare : c'est le produit le plus considérable qu'on puisse obtenir des céréales. Malheureusement, la farine de maïs ne peut être panifiée seule ; et, même en l'alliant par moitié à la farine de froment, elle ne donne qu'un pain lourd et peu estimé.

GUSTAVE. Le millet que nous voyons là, à côté du maïs, est-il donc le même que celui qu'on donne aux serins ?

Le Maitre. Exactement; mais on le vend décortiqué, c'est-à-dire dépouillé de son écorce, lorsqu'il doit être livré à la consommation.

Henri. On peut donc faire du pain avec le millet?

Le Maitre. Non, mon enfant : le millet ne peut servir à la nourriture des personnes que sous forme de semoule ou de bouillie. Il est même d'un usage assez limité sous cette forme, et c'est surtout en vue de son excellent fourrage que la plante est cultivée.

Eugène. Et le sorgho?

Le Maitre. Le sorgho est le proche parent du millet : il prospère, comme lui, dans les climats chauds, et donne, comme lui aussi, lorsqu'il est coupé en vert, un fourrage très abondant et très substantiel pour les bestiaux. Une seule variété du sorgho diffère essentiellement du millet : c'est le *sorgho à sucre*, récemment importé de la Chine. Il paraît que cette variété renferme dans ses tiges, après la formation des épis, une assez grande quantité de sucre cristallisable, c'est-à-dire qui peut former corps, comme le cristal.

Gustave. Alors cette plante pourrait être avantageusement cultivée comme plante à sucre?

Le Maitre. Je ne le pense pas : on a tenté déjà de le faire, et cela, sans succès appréciable. Mais, comme fourrage, le sorgho est la plante par excellence des terres chaudes du Midi, où il rend les plus grands services.

Eugène. Il reste maintenant à parler du sarrasin, ou *blé noir ?*

Le Maitre. Oui, en voici des graines et des tiges.

Gustave. Ces graines ressemblent aux fruits du hêtre.

Henri. Oui : on dirait de petites faînes.

Eugène. Les feuilles ont aussi une forme particulière.

Edmond. Elles ressemblent à des fers de lance.

Le Maitre. Parfaitement : elles sont *lancéolées*, comme disent les livres de science. Le sarrasin offre encore une autre particularité, lorsqu'on le compare aux autres céréales.

Louis. Il n'a pas d'épi à son sommet, comme en ont les blés et les avoines.

Le Maitre. C'est cela ; son grand défaut est d'émettre successivement des pousses qui donnent des fleurs à d'assez longs intervalles. Aussi, voyez : la même tige offre à la fois des fruits qui s'égrènent, des fruits verts encore, des fleurs écloses et des boutons.

LES ÉLÈVES. C'est vrai.

LE MAITRE. L'égrenage amoindrit considérablement le rendement du sarrasin, et ce n'est pas là le seul inconvénient de cette culture, dont l'insuccès tient le plus souvent à diverses causes atmosphériques. Ainsi, la sécheresse empêche la plante de s'élever, la pluie fait tomber ses fleurs et la moindre gelée blanche la tue. C'est pour parer à ce dernier inconvénient que les semis de cette céréale ne peuvent avoir lieu que pendant le mois de mai, lorsque les gelées du printemps ne sont plus à craindre.

LOUIS. Il n'y a donc pas de sarrasin sur le territoire de notre commune?

LE MAITRE. Non. Cette plante était autrefois cultivée en vue de l'engraissement du bétail ; mais on ne la rencontre plus guère, à l'état de culture suivie, que dans les départements formés de notre ancienne province de Bretagne. Dans certains cantons de ces départements, le sarrasin sert à la nourriture des habitants et des animaux.

LOUIS. Le pain de sarrasin est-il donc de bonne qualité ?

LE MAITRE. On ne fait pas de pain avec le sarrasin ; la farine qu'il donne ne peut subir la fermentation panaire. Cette farine est consommée en bouillie, en gaufres ou en galettes cuites, non au four, mais tout simplement sur une plaque de tôle.

GUSTAVE. Et les habitants de la Bretagne se passent ainsi de pain de blé ?

LE MAITRE. Ils en mangent le dimanche, et, dans certaines familles, seulement les jours de fête. Le sarrasin est également la nourriture ordinaire des habitants de la Pologne et de la Tartarie, d'où la plante nous est venue · c'est la céréale des contrées indigentes. Dans les bois communaux de l'Ardenne, lors de l'exploitation des coupes, le sarrasin était autrefois semé après la récolte du seigle On le semait aussi dans les clairières déboisées et dans les terres vaines et vagues du territoire. Pour cela, les habitants employaient le *gazonnage* ou l'*essartage*, dont nous avons déjà parlé.

Louis. Je me rappelle : l'essartage est un mode de culture qui consiste à lever le gazon à l'aide d'un hoyau.

Gustave. Oui : on forme avec la croûte du sol des mottes qui sèchent au soleil et qu'on réunit ensuite en petits tas pour y mettre le feu.

Le Maitre. C'est cela. Les cendres ainsi obtenues sont alors répandues sur le sol, et elles tiennent lieu d'engrais. A la fin du siècle dernier, le sarrasin était également cultivé avec avantage dans les vastes savarts de la Champagne pouilleuse. Des documents authentiques nous apprennent, en effet, qu'en l'an III de la République (1794 95), les habitants de l'Ardenne trouvèrent chez ceux de la Champagne le sarrasin qui leur faisait défaut. On voit qu'une commune, celle de Gespunsart, fit acheter à Machault 100 sacs de cette céréale, qu'elle paya sur le produit d'un emprunt de 20,000 francs !... (1)

Gustave. Le sarrasin s'accommode donc partout des plus mauvais terrains ?

Le Maitre. Oui, et le grain qu'il donne a si peu de prix aujourd'hui dans le commerce, qu'on ne le sème dans les bonnes terres, qu'après y avoir fait déjà une autre récolte dans la même année. Ce second produit est ce qu'on appelle une *récolte dérobée.*

Louis. Et le sarrasin peut mûrir encore, quoique semé tardivement ?

Le Maitre. Non : il produit un fourrage qui est ordinairement enfoui avant la floraison de la plante, et qui constitue un excellent engrais végétal. Ce fourrage est parfois coupé en vert et donné aux bestiaux ; mais on remarque qu'il les incommode fréquemment.

Eugène. Pourquoi cela ?

Le Maitre. Parce que le sarrasin renferme un principe mauvais, qui devient un véritable poison, en se concentrant dans l'écorce du grain, lorsqu'il mûrit. Aussi, la farine qu'il donne doit-elle être blutée et tamisée avec le plus grand soin : cette farine n'es réellement inoffensive que lorsqu'elle ne retient aucune parcelle de son ou de l'écorce du grain.

(1) P.-L. Péchenard, *Histoire de Gespunsart*, p. 256.

Questionnaire récapitulatif.

COURS INTERMÉDIAIRE. — 1° Qu'entend-on par *céréales* et d'où vient ce mot ? — Nommez les principales céréales. — Quelles sont les principales variétés du blé ? — A quoi sert le hersage des blés au printemps ? — Pourquoi les roule-t-on aussi parfois à la même époque ? — Quel était, vers 1840, le produit moyen des blés par hectare ? — Et aujourd'hui ? — Cette moyenne n'est-elle pas de beaucoup dépassée dans les départements du Nord, du Pas-de-Calais et en Angleterre ? — Que faut-il faire pour augmenter la moyenne actuelle ? — Quand doit-on semer le seigle ? — Quel était autrefois le produit moyen du seigle ? — Quel est-il aujourd'hui ? — Qu'est-ce que le méteil ? — Indiquez une des propriétés du pain de méteil ? — Qu'est-ce que l'orge ? — Citez un proverbe relatif au pain d'orge ? — Après quelle céréale sème-t-on ordinairement l'orge ? — Quelle économie réalise-t-on en se servant du semoir mécanique ?

2° Qu'est-ce que l'avoine, et quel en est le produit moyen par hectare ? — Quelles sont les qualités de l'avoine noire de Beauce ? — Celles de l'avoine de Georgie ? — Qu'est-ce que le maïs, le millet et le sorgho ? — Le maïs est il exactement désigné par le nom de *Blé de Turquie* ? — Quel est le produit moyen de cette céréale ? — Quel est le grand défaut du sarrasin ? — A quelle epoque sème-t-on cette céréale ? — Pourquoi ne fait-on pas de pain avec la farine de sarrasin ? — Comment les Bretons, s'en nourrissent-ils. et quand font ils usage du pain de blé ? — A quoi sert le sarrasin quand on le sème après une autre céréale dans la même année ? — Pourquoi cette plante incommode-t-elle parfois les bestiaux auxquels on la donne en vert ?

COURS SUPÉRIEUR. — 1° Qu'entend-on par *plantes agricoles* et comment les divise-t-on ? — Quelles sont les terres qui conviennent le mieux au *blé fin* ? — Au *blé barbu* ? — Quelle différence y a-t-il entre les *blés d'hiver* et les *blés de mars* ? — A quelles causes faut-il, le plus souvent, attribuer le dépérissement du blé, en hiver ? — A quel chiffre s'élevait, vers 1840, la production totale du blé en France ? — A quel chiffre s'élève-t-elle aujourd'hui ? — Que fit un jour un cultivateur romain accusé d'employer des sortilèges pour obtenir de meilleures récoltes que ses voisins ? — Quels sont les terrains qui conviennent le mieux à la culture du seigle ? — Et à celle du méteil ? — A celle de l'orge ? — A quel chiffre évalue-t-on le produit moyen de cette dernière céréale ? — Quel en est le principal emploi ? — N'y a-t-il pas plusieurs variétés d'orge ?

2° Qu'est-ce que l'escourgeon ? — Quelles précautions faut-il prendre pour récolter l'orge ? — L'avoine ne demande-t-elle pas une semence bien mûre ? — Indiquez les terrains qui lui conviennent le mieux ? — Pourquoi doit-on faire passer le rouleau, à diverses reprises, sur les avoines récemment semées? — Enumérez les différentes variétés d'avoine, en caractérisant chacune d'elles? — Faites connaître le maïs cultivé dans les Flandres belges? — Quelle est l'utilité du millet et du sorgho? — Qu'est-ce que le sarrasin et quels en sont les caractères distinctifs? — Où cultive-t-on principalement cette céréale, et sous quelle forme en utilise-t-on la farine? — Comment cultivait-on autrefois le sarrasin dans les bois de l'Ardenne? — Rappelez en quoi consiste l'essartage? — Où les habitants de l'Ardenne trouvèrent-ils le sarrasin qui leur manquait en l'an III de la République? — Quelles précautions doivent prendre les personnes qui emploient pour leur nourriture la farine de sarrasin?

Problèmes sur la récolte des différentes sortes de céréales.

Cours intermédiaire. — 1. — Dans les Ardennes, les 225,000 hectares cultivés en céréales donnent un produit total de 4 millions 050 mille hectol. de grains. Combien chaque are donne-t-il, en moyenne, de doubles décalitres? — R. 18 litres par are, ou 9/10 de double-décalitre.

2. — Un champ de blé de 74 ares a rapporté 920 petites gerbes de blé par hectare; 2 gerbes ont fourni une botte de paille pesant 5 kilogr. On demande le prix de toute la paille provenant de cette récolte, à raison de 30 fr. les 500 kilogr.? — R. 966 francs.

3. — La production brute totale des terres cultivées en blé, dans un arrondissement des Ardennes, s'est élevée à 426,880 hectolitres. Quelle est la production nette du blé dans cet arrondissement, en déduisant le blé de semence, qui représente un huitième de la production brute? — R. 373,520 hectolitres.

4. — La population de cet arrondissement est de 72,272 habitants, et la consommation moyenne est de 4 hectolitres de blé par habitant. Dans ces conditions, quel est l'excédent de la production nette en blé sur la consommation locale? — R. 84,432 hectolitres.

5. — On a ensemencé 2 hectares de terre avec 440 litres de blé; le rendement a été de 700 fortes gerbes. Sachant que 100 gerbes produisent 7 hectol. 05 de blé, quel est le produit d'un litre de semence. Combien faudrait-il cultiver d'hectares pour récolter 500 hectolitres de blé? — R. 1° 11 litres 215; 2° 20 hectares 26 ares 17 centiares.

6. — Sur une propriété de 18 hectares 23 ares, on a récolté 28 hectolitres 1/2 de blé et 900 bottes de paille par hectare. On demande la valeur de la récolte, au prix de 26 fr. 50 le quintal

de blé et de 15 fr. les 100 bottes de paille, sachant que le double décalitre de ce blé pèse 15 kil. 200? — R. 12,924 fr. 84.

7. — La récolte d'une terre en froment a été vendue à raison de 27 fr. 50 le quintal, et a rapporté 1,524 fr. La contenance de cette terre est de 4 hectares 6 ares 40 centiares, et le double décalitre de ce blé pèse 125 hectogrammes. On demande le rendement d'un demi-hectare en froment et en argent? — R. 1° 10 hectolitres 10; 2° 187 fr. 50.

8. — Un hectolitre de blé pesant 80 kilog., on demande le poids du blé produit par une gerbe, sachant qu'un hectare a donné 925 gerbes de blé ayant fourni 31 hectol. 5 de grain? — R. 2 kilogr. 724.

9. — Le chargement d'une voiture de seigle pèse 3,518 kilogrammes; 1 hectolitre de seigle pèse en moyenne 75 kilog. Combien la voiture contient-elle d'hectolitres? — R. 46 hectolitres 9 décalitres.

10. — L'hectolitre d'orge pesant 67 kilog. et le rendement d'un demi-hectare étant de 16 hectol., on demande combien il faut ensemencer d'hectares pour récolter 35 quintaux d'orge. — R. 1 hectare 63 ares 20.

11. — Dans un pays pauvre et mal cultivé, la production de l'orge est de 14 hectol. à l'hectare; dans un pays bien cultivé, cette production s'élève à 38 hectol. Quelle est la différence pour 175 hectares, l'hectolitre valant 13 fr. 50? — R. 56,700 fr.

12. — Un cultivateur a fait battre au fléau sa récolte en orge Sachant que cela lui a coûté 360 fr., à raison de 3 fr. par sac de 150 litres, et que 3 douzaines de gerbes ont donné un sac de grain, on demande combien ce cultivateur a récolté de gerbes d'orge. Dites aussi combien le batteur a gagné par jour, s'il a mis 100 jours pour faire son travail? — R. 1° 4,320 gerbes; 2° 3 fr. 60.

13. — Un cultivateur a ensemencé les 3/5 de ses terres en méteil, 1/7 en orge; le surplus, cultivé en avoine, comprend 5 hectares 15 ares. Quelle étendue de terrain exploite ce cultivateur? — R. 20 hectares 02 ares 77 centiares.

14. — Dans un canton de l'arrondissement de Rethel, où l'on apporte beaucoup de soin à la culture de l'avoine noire, dite de Champagne, le rendement moyen, par hectare cultivé, est de 32 hectolitres, pesant chacun 49 kilogrammes, et de 20 quintaux de paille. Quel doit être : 1° en grain, 2° en paille, le poids en kilogrammes de l'avoine récoltée sur une parcelle de terrain triangulaire ayant 198 mètres de base, sur 63 mètres de hauteur perpendiculaire? — R. 1° 977 kilog 96; 2° 1247 kilog. 400.

15. — L'avoine récoltée dans un champ de 6 hectares 1/2 est vendue pour 2457 fr., à raison de 21 fr. les 100 kilog. Sachant que la densité de l'avoine est moitié de celle de l'eau, quel est, en hectolitres, le rendement par hectare? — R. 36 hectolitres.

16. — L'hectolitre d'avoine pèse 45 kilog. 3/4 : quel doit être le prix de l'hectolitre et du double décalitre, lorsque le quintal se vend 15 fr. 50? — R. 1° 7 fr. 09; 2° 1 fr. 81.

17. — L'arrondissement de Vouziers produit annuellement 425,880 hectolitres d'avoine. Les terrains consacrés à cette culture ayant ensemble une étendue de 18,200 hectares, déterminer le rendement moyen, par hectare, des terrains ensemencés en avoine dans ledit arrondissement. — R. 23 hectol. 40.

18. — L'hectolitre de sarrasin pèse en moyenne 56 kilogrammes. Quel sera le poids de la récolte d'une parcelle de terrain ayant produit 45 hectolitres? — R. 2520 kilogr.

19. — Sachant que l'hectolitre de sarrasin peut être vendu 11 fr., quelle est la valeur de la récolte indiquée au problème précédent? — R. 495 fr.

Cours supérieur. — 1. — La production moyenne et annuelle des terres du canton de Machault, cultivées en seigle, est de 49,840 hectolitres. Sachant que la population de ce canton est de 4 399 habitants, et que la consommation moyenne de chaque habitant, en seigle, est de 30 litres, faire connaître l'excédent annuel de la dite production, sur la consommation locale, déduction faite d'un huitième de cette production, chiffre représentant la quantité de semence à employer pour l'emblavement nouveau. — R. 42,290 hectolitres 30.

2. — Une commune de l'arrondissement de Mézières cultive annuellement 108 hectares de terrain en méteil. La production moyenne de cette culture est, par hectare, de 18 hectolitres 4 de grain et de 3,000 kilogr. de paille : quelle en est la production totale : 1° en grain ; 2° en paille? — R. 1° 1987 hectol. 20 litres ; 2° 324,000 kilogr.

3. — En évaluant à 15 fr. 95 le prix de vente de l'hectolitre de méteil, et à 4 fr. 50 celui des 100 kilogr. de paille, quelle est la valeur totale de la récolte des terres cultivées en méteil dans la commune indiquée au problème précédent? — R. 46,275 francs 84.

4. — L'orge cultivée dans de bonnes conditions peut produire 4500 kilog de paille à l'hectare, et 42 hectol. de grains : quelle valeur aura la récolte d'un champ de 35 ares 40, si les 100 bottes de paille de 5 kilog. valent 22 fr. 50 et l'hectol. 12 fr. 08. — R. 251 fr. 29.

5. — Un hectare de sarrasin produit, en moyenne, 18 hectol. 5 de grain et 1800 kilog. de paille : sachant que les frais de culture et d'engrais, pour une récolte dérobée de cette plante, s'élèvent à 148 fr. 85, on demande quel profit il y a à faire cette culture, si le sarrasin vaut 11 fr. 85 l'hectolitre et la paille 9 fr. 85 les 100 kilogr. — R. 247 fr. 67.

6. — Un fermier récolte 150 quintaux de blé ; l'hectolitre de ce blé pèse 75 kilogr. et se vend 25 fr. Quel nombre de pièces de 5 fr., en argent, ce fermier recevra-t-il pour le prix de sa récolte, et quel en sera le poids ? — R. 1° 1000 pièces ; 2° 25 kilogr. (Certificat d'études, *Nord*).

7. — Un terrain d'un hectare a produit 92 doubles décalitres de froment et 32 quintaux de paille. Le froment se vend 27 fr. l'hectolitre, la paille 25 fr. la tonne ; les frais de culture se sont élevés à 194 fr. 50. Quel est le bénéfice du cultivateur ? — R. [illegible] fr. 50. (Certificat d'études, *Meuse*).

8. — On a récolté 28 hectolitres de méteil par hectare dans un champ de 560 mètres de long sur 355 mètres de large. Chaque hectolitre pesant 75 kilogr., on demande quelle est la valeur de la récolte, à raison de 25 fr. les 75 kilog. — R. 1391 fr. 60. (Certificat d'études, *Canton de Loriol*).

9. — L'hectolitre d'avoine pèse 46 kilog. et demi. Quel doit être le prix de l'hectolitre et du double décalitre, lorsque le quintal se vend 15 fr. 85 ? — R. 1° 7 fr. 37 ; 2° 1 fr. 474. (Certificat d'études, *Nièvre*).

10. — L'are de terrain cultivé produisant en moyenne 17 litres de seigle par an, on demande : 1° combien de seigle produit un champ de 4 hectares 8 ares ; 2° à quel prix a été acheté le mètre carré de ce champ, sachant que le propriétaire, en vendant le terrain 24,800 fr., gagne 8 fr. 50 pour 100 sur le prix d'achat. — R. 1° 69 hectol. 36 ; 2° 0 fr. [illegible] le mètre carré. (Certificat d'études, filles, *Charente*).

11. — Un propriétaire a vendu sa récolte de froment à raison de 27 fr. 75 l'hectolitre et il en a retiré 13840 fr. On sait que les terrains qu'il avait ensemencés ont produit 18 litres par are. — Quelle est la superficie de ces terrains en hectares, ares et centiares ? — R. 27 hectares 70 ares 87 centiares. (Certificat d'études, *Cantal*).

12. — Un agriculteur a vendu 15 hectolitres de méteil à 21 fr. [illegible] et [illegible] hectolitres de seigle à 18 fr. 75. Il a employé l'argent retiré de cette vente à l'achat d'un terrain à bâtir du prix de [illegible] fr. l'are. Quelle est la superficie du terrain acheté ? — R. 1 are [illegible] centiares, ou 1[illegible]8 mètres carrés. (Certificat d'études, *Belfort*).

13. — Un cultivateur a un champ de 74 ares 76 centiares ; les 2/3 sont ensemencés en blé. Le blé donne 15 hectolitres à l'hectare et vaut 1 fr. 10 le double décalitre. On demande la valeur de la récolte ? — R. 41 fr. [illegible]. (Certificat d'études, *Loir-et-Cher*).

14. — Une récolte de froment a été vendue à raison de [illegible] fr. le quintal métrique et a produit [illegible] fr. 50. On avait ensemencé [illegible] hectares. Quel est, en décalitres, le rendement par are [illegible]

poids de l'hectolitre de froment est de 80 kilog. — R. 2 décalitres 357. (Certificat d'études, *Seine-Inférieure*).

15. — Un fermier vend la récolte de son blé pour 5,583 fr. 50, à raison de 28 francs les 100 kil. On demande, en hectares, ares et centiares, la surface du terrain qui a produit ce blé, sachant que 1 hectare a donné 20 hectolitres et que l'hectolitre pèse 75 kilogr. — R. 13 hectares 29 ares 40 centiares. (Certif. d'études primaires, *Doubs*).

16. — Une terre de 5 hectares 32 ares a été ensemencée en seigle et a rapporté 17 hectolitres de grain par hectare. L'hectolitre de seigle pèse 72 kilogrammes et le poids de la paille récoltée égale deux fois et demie celui du grain. On demande combien on a récolté d'hectolitres de seigle et de quintaux de paille sur cette terre ? — R. 1° 90 hectol. 44 ; 2° 162 quintaux 792. (Certificat d'études primaires, *Ardennes*).

17. — Les frais de culture de 1 hectare de terre ensemencé en méteil se sont élevés à 185 fr. Le cultivateur a récolté 17 hectolitres ; il a vendu pour 24 fr. de paille. Combien devra-t-il vendre le double décalitre de grain pour gagner 2 fr. 13 par are? — R. 4 fr. 40. (Admission d'élèves-maîtres à l'école normale de *Tulle*).

18. — Dans un champ de 2 hectares 58 ares, on a récolté 33 hectol. 49 de blé qu'on a vendus à raison de 23 fr. 20 l'hectolitre. On demande quel a été le rendement et le produit en argent par hectare? — R. 1° 12 hect. 98 ; 2° 776 fr. 96. (Certificat d'études, Bégard, *Côtes-du-Nord*.)

19. — Un champ appartenant à 3 propriétaires a produit 45 hectolitres de blé. La récolte doit être partagée entre les 3 propriétaires, de manière que le 1er ait le quart, le 2e le cinquième et le 3e le reste. Quelle somme chaque propriétaire retirera-t-il, si le blé, qui pèse 78 kil. l'hectolitre, se vend 27 fr. 50 le quintal? — R. 1er 241 fr. 31 ; 2e 193 fr. 05 ; 3e 520 fr. 89. (Certificat d'études, canton de Bessèges, *Gard*).

20. — Dans un champ de 1 hectare 4, on a récolté 550 bottes de paille de 10 kilog. et 35 mesures de blé de 75 kilog. Combien l'hectare a-t-il rendu de kilog. de paille et de kilog. de grain? Combien valent toute la paille et tout le grain récoltés, les prix étant 4 fr. 25 par 100 kilogrammes de paille et 32 fr. par sac de 120 kilogrammes de blé? — R. 1° 3,928 kil. ; 2° 1,875 kil. ; 3° 233 fr. 75 ; 4° 700 fr. (Certificat d'études, canton de Braisne, *Aisne*.)

21. — Un hectare de terrain ensemencé en froment peut donner 18 hectol. 1/2 de grain pesant chacun 78 kilog. 450 l'hectolitre et valant 32 fr. les 100 kil. Quelle serait la valeur de la récolte faite sur un terrain de forme rectangulaire ayant 158 mètres de long et 128 mètres de large? — R. 939 fr. 30 (Examens des écoles secondaires rurales, canton de Genève, *Suisse*).

22. — Un champ de forme rectangulaire a 140 mètres de longueur et 98 mètres de largeur. Les 2/5 de sa superficie sont cultivés en blé ; le 1/7 en seigle ; les 3/9 en sarrasin, et le reste en avoine. Exprimer, en ares et centiares, la superficie de chacune de ces parties ; dire quel est le rapport annuel du champ, si la partie ensemencée en avoine donne un bénéfice brut de 400 fr., et si la production d'un hectare en avoine vaut celle de 97 ares 80 cent. en blé, ou de 103 ares 32 en seigle, ou de 127 ares 03 en sarrasin. — R. Blé, 54 ares 88 ; seigle, 19 ares 60 ; srrrasin, 45 ares 74 ; avoine, 16 ares 98 ; rapport annuel : 2,717 fr. 20. Aspirants, brevet simple, *Académie de Montpellier.*)

Exercices de rédaction sur les céréales.

I. — Le Blé.

Sommaire. — Résumer, dans une narration rapide, l'entretien relatif aux céréales. — D'où vient le mot *céréales.* — Céréales dont on tire principalement le pain ; — céréales qui servent à l'alimentation des animaux domestiques. — Blé fin ; — blé barbu ; — terrains qui leur conviennent. — Blés d'hiver, — blés de printemps ; — ce qui nuit aux premiers ; — inconvénients des seconds. — Moyenne, par hectare, de la production du blé en France, autrefois et aujourd'hui. — Production totale annuelle de cette céréale.

On nomme *céréales,* du nom de *Cérès,* déesse des moissons chez les païens, les plantes cultivées en vue de notre alimentation et de celle des animaux domestiques.

Les principales céréales sont le blé, ou froment, le seigle, le méteil, l'orge, l'avoine et le sarrasin.

C'est du blé et du seigle que les meuniers tirent la farine dont les boulangers font le pain ; les autres céréales servent principalement à la nourriture des animaux.

Le blé est la céréale par excellence, la seule qui donne le pain blanc. Il y en a de nombreuses variétés, parmi lesquelles on distingue le *blé fin,* qui réussit dans les terres légères et fertiles, et le *blé barbu,* qui convient surtout aux terres fortes ou limoneuses.

Considérés sous le rapport de la culture, les blés se divisent en *blés d'hiver*, qui se sèment en automne, et en *blés de printemps*, qui se mettent en terre au mois de mars, et, le plus souvent, pour remplacer ceux des blés d'hiver qui ont manqué.

Ce qui nuit, le plus souvent, aux blés d'hiver, c'est l'humidité trop prolongée du sol et du sous-sol ; les cultivateurs bien avisés ne manquent jamais de prévenir cet inconvénient, soit en drainant leurs terres basses, soit en facilitant l'écoulement des eaux sur le sol au moyen de rigoles bien entretenues.

Outre qu'ils occasionnent des frais supplémentaires d'une certaine importance, les blés de printemps donnent, en grain et en paille, un produit inférieur à celui des blés d'hiver.

La moyenne de la production, pour l'ensemble des blés cultivés en France, était naguère encore de 11 hectolitres seulement par hectare ; elle est aujourd'hui de 15 hectolitres et plus. C'est ainsi que notre récolte totale en blé a été portée de 70 à 95 millions d'hectolitres par année.

II. — Le Seigle et le Méteil.

Sommaire. — Culture et produit du seigle; — terrains qui lui conviennent; — époque à laquelle on le sème. — Comment on utilise la récolte du seigle; — la farine et le pain dus à cette céréale. — Ce que c'est que le méteil ; terrains dont il se contente; — dans quelles proportions on le sème. — Caractériser le pain de méteil.

La culture du seigle et du méteil est également en progrès ; le seigle surtout, la plus importante des céréales, après le blé, le seigle donne aujourd'hui 22,25 et même 30 hectolitres par hectare ; il exige d'ailleurs beaucoup moins d'engrais que le blé et se contente des terres maigres, légères et calcaires, pourvu qu'elles soient libres de bonne heure.

En effet, le seigle doit être semé du 15 au 20 septembre. Cette céréale supporte facilement les gelées de l'hiver ; elle peut être utilisée en partie comme fourrage vert, dès le mois de mars, et laisser le terrain libre pour une seconde récolte.

Le seigle resté debout mûrit un peu avant le blé et se récolte au commencement de juillet ; sa paille a plus de corps que celle du blé : aussi en fait-on des liens pour les autres céréales ; elle entre également dans la fabrication des chaises et autres objets mobiliers.

La farine de seigle, quoique beaucoup moins estimée que celle du blé, fournit un pain brunâtre dont se nourrissent exclusivement les habitants de certaines contrées du nord de l'Europe. Ce pain est moins savoureux et moins nourrissant que le pain de blé ; on le dit également difficile à digérer; mais il a un avantage incontestable : c'est de se conserver longtemps frais.

Quant au méteil, c'est une céréale mixte, composée de blé et de seigle. On la cultive dans les terres médiocres, et ce mélange produit ordinairement plus que n'aurait fait le blé et le seigle cultivés séparément.

Le méteil se sème dans la proportion, soit d'un tiers de seigle et de deux tiers de froment, soit d'un tiers de froment et de deux tiers de seigle, selon que le terrain convient spécialement à l'une ou à l'autre de ces cultures.

Le méteil donne un pain gris, mais de fort bonne qualité; il durcit d'ailleurs beaucoup moins vite que le pain de froment pur. Le pain de méteil constitue encore la nourriture principale d'une grande partie des habitants des campagnes, de ceux surtout qui ont conservé l'excellent usage de cuire leur pain chez eux.

III. — L'Orge et l'Avoine.

SOMMAIRE. — Résumer également, dans une narration succincte, la causerie ayant pour objet la culture des céréales principalement utilisées pour la nourriture des animaux et pour les besoins de l'industrie. — Culture, récolte et emploi de l'orge et de l'avoine; — variétés de ces céréales.

Quoi qu'en dise le proverbe, *grossier comme le pain d'orge*, cette céréale a bien son importance et sa valeur. On la fait ordinairement succéder au blé, sans nouvelle fumure; elle s'accomode de tous les terrains qui ne sont pas trop humides. Semée à la volée, l'orge exige, au minimum, 2 hectolitres et demi par hectare; avec le semoir mécanique, on en emploie tout au plus 1 hectol. 25.

L'orge fournit peu de paille; mais son rendement en grain est de 32,35 et même 40 hectolitres par hectare.

Employée seule, ou mêlée à celle du seigle, la farine d'orge fournit un pain dont se contentaient autrefois les populations laborieuses des campagnes et même des villes. Aujourd'hui l'orge est assez généralement employée, soit à la fabrication de la bière, soit à la nourriture des bestiaux.

Il y a plusieurs espèces d'orges; les principales sont l'*escourgeon*, ou orge à six rangs de grains, et l'*orge commune*, ou à deux rangs seulement; la première se sème avant l'hiver, la seconde au printemps.

On vante beaucoup une troisième variété d'orge récemment importée d'Asie, l'orge Nempto; quoique hâtive, cette variété est encore assez peu cultivée. La plupart des cultivateurs paraisssent vouloir s'en tenir à l'orge commune, dont ils tirent d'assez bons profits, lorsqu'ils savent la couper en temps utile, c'est-à-dire avant l'égrainage des épis.

L'avoine tient également une large place parmi les céréales, dont elle est la plus rustique; elle peut, en effet, être semée dans les terres les plus ingrates et donner jusqu'à 40 et 44 hectolitres de grain par hectare.

La variété la plus productive est l'*avoine noire de Beauce*, surtout lorsqu'elle succède, soit au froment dans les terres propres à cette céréale, soit aux plantes sarclées ou aux fourrages artificiels, trèfle ou luzerne. On peut la semer dès le mois de février, après un seul labour, à raison de 3 à 4 hectolitres par hectare ; un tour de rouleau, après la levée, favorise beaucoup l'accroissement de la plante.

La variété la plus hâtive est l'*avoine de Georgie*, dont le grain est noir, comme celui de l'avoine de Beauce ; mais elle lui est inférieure sous le rapport de la qualité.

Il y a une troisième variété d'avoine assez généralement répandue, laquelle offre le double avantage de pouvoir être semée tardivement et de donner d'excellents produits : c'est l'*avoine blanche des Flandres*, dont la paille acquiert une hauteur égale à celle des plus beaux blés.

L'avoine est la principale nourriture des chevaux ; son grain donne un pain noir qui se travaille difficilement et dont se nourrissent seuls les habitants des pays les plus déshérités.

IV. — Le Sarrasin.

SOMMAIRE. — Caractère distinctif du sarrasin ; — son origine ; inconvénients attachés à sa culture ; — en quoi il diffère des autres céréales ; — pourquoi il produit peu ; — comment on utilise les graines. — Comment la culture du sarrasin était autrefois pratiquée dans les communes forestières du nord des Ardennes. — Les habitants de Gespunsart en l'an III : souvenir historique.

Le sarrasin est le blé des contrées indigentes ; il nous est venu de Pologne et d'Afrique, et il se plait dans les plus mauvais terrains ; mais il ne peut être semé qu'après les gelées tardives du printemps. Même sous un climat propice, cette céréale réussit difficilement : la sécheresse l'arrête dans son développement, la pluie fait tomber ses fleurs et la moindre gelée blanche suffit pour l'anéantir.

Le sarrasin diffère essentiellement aussi des autres céréales : outre que ses fruits ressemblent à ceux du hêtre par leur forme à trois pans, le sarrasin a des feuilles assez grandes, qui sont dites *lancéolées*, parce qu'elles affectent la forme d'un fer de lance. Cette céréale offre encore une autre particularité : elle n'a pas d'épi au sommet de sa tige, et son grand défaut est d'émettre successivement des pousses qui donnent des fleurs à d'assez longs intervalles. De là le grave inconvénient d'offrir à la fois des fruits mûrs et des fruits verts, des boutons et des fleurs à peine écloses. Dans ces conditions, le cultivateur doit forcément se résoudre à perdre une partie de sa récolte.

D'un autre côté, le sarrasin a relativement si peu de valeur commerciale, qu'on ne le sème, dans les terrains fertiles, qu'en *récolte dérobée*, c'est-à-dire, après avoir déjà moissonné sur ces mêmes terrains. Dans ce cas, la céréale, semée en juillet, est récoltée en vert ou enfouie dans le sol, avant la floraison, ce qui constitue un excellent engrais végétal.

Le grain du sarrasin vaut l'orge pour l'engraissement des porcs et de la volaille ; mais la farine qu'il donne ne peut subir la fermentation que comporte la fabrication du pain ; aussi, pour servir à la nourriture des personnes, doit-elle être convertie en bouillie, en gaufres ou en simples galettes cuites sur une plaque de tôle, si ce n'est même sur la cendre du feu.

Nos départements bretons sont à peu près les seuls où les habitants des campagnes se livrent aujourd'hui à une culture suivie du sarrasin.

Autrefois, après la récolte annuelle du seigle dans leur coupe affouagère, les habitants des communes forestières de l'Ardenne ensemençaient cette coupe en sarrasin. La récolte qu'ils obtenaient de cette culture supplémentaire entrait tout entière, dit-on, dans l'alimentation des personnes. Il est au moins certain qu'en l'an III de la République (1794-1795), la commune de Gespunsart fit un emprunt de 20,000 fr. pour acheter en Champagne le sarrasin qui avait manqué dans ses bois !!!

§ III.

Classification des plantes agricoles.

Légumes farineux : fèves, pois, haricots, lentilles, etc.

LE MAITRE. Mes amis, nous parlerons aujourd'hui des plantes dont les graines servent, comme celles des céréales, à la nourriture de l'homme et à celle des animaux. Vous connaissez ces plantes ?

EUGÈNE. Oui : ce sont les fèves et les pois.

GUSTAVE. Et aussi les haricots, les lentilles, etc.

LOUIS. Elles sont toutes faciles à reconnaître par leurs graines, qui sont renfermées dans des cosses.

LE MAITRE. En effet, les légumes farineux, plus généralement désignés sous le nom de *légumineuses*, sont caractérisés par la forme de leurs fruits, qui se trouvent toujours renfermés dans une gousse ou cosse.

EUGÈNE. C'est vrai ; on ouvre facilement les cosses des fèves et des pois avec l'ongle du pouce, et les graines s'en détachent presque toutes seules.

LE MAITRE. Ces graines sont très précieuses, mes enfants ; elles contiennent une notable proportion d'amidon, ce qui leur donne une grande puissance nutritive, c'est-à-dire une grande valeur comme nourriture. La plus importante des légumineuses est la fève.

LOUIS. M. Martin en a, chaque année, de vastes champs.

LE MAITRE. Oui. La fève cultivée à la Warenne est la *fève de Windsor*, celle qu'on cultive surtout en Angleterre pour l'approvisionnement de la marine. M. Martin vend lui-même les produits de cette culture à l'intendance militaire pour la nourriture des troupes.

LOUIS. Les fèves cultivées par le fermier de la Warenne ont cela de particulier, qu'elles conservent une couleur verte, quoique parfaitement mûres.

LE MAITRE. C'est là un des caractères de la fève de Windsor, dont voici un échantillon.

GUSTAVE. Comment nomme-t-on la fève cultivée par les autres laboureurs du pays ?

LE MAITRE. C'est la *fève de marais*, ou grosse fève commune. Celle-là est connue de temps immémorial; elle réussit surtout dans les terres fortes et fertiles.

LOUIS. Il y a encore cette autre espèce que nos laboureurs appellent *fèverole* ?

LE MAITRE. Oui : le nom propre de cette légumineuse est *gourgane*. La gourgane est spécialement cultivée en vue de l'excellent fourrage qu'elle donne, et dont on fait usage, après dessiccation, pour les chevaux malades ou fatigués outre mesure.

GUSTAVE. Les fèverolles viennent partout ?

LE MAITRE. Oui ; mais elles préfèrent les terres compactes et un peu humides : là, elles peuvent se succéder plusieurs fois à elles-mêmes, sans que le produit en souffre.

EUGÈNE. Comment cela peut-il se faire ?

LE MAITRE. Ce fait s'explique par le développement des feuilles de la plante, qui puise dans l'air la plus grande partie de sa nourriture.

LOUIS. A quelle époque sème-t-on les fèves ?

LE MAITRE. Au mois de mars. On emploie, pour cela, de 100 à 300 litres par hectare, suivant qu'on sème au semoir mécanique ou à la volée. Il faut d'ailleurs que la terre soit préparée par plusieurs labours. Un hersage après l'ensemencement, deux binages à la houe, enfin un buttage, tels sont les soins ou *façons* à donner à cette culture pendant la végétation.

LOUIS. La récolte des fèves se fait, je crois, à la fin de l'été, avec celle des avoines ?

LE MAITRE. La récolte des fèves cultivées dans les champs se fait dès que les cosses passent du vert au noir violet. On y procède en se servant de la faux.

GUSTAVE. Le rendement est-il le même pour toutes les variétés cultivées ?

LE MAITRE. Il s'en faut de beaucoup. Pour la fève des marais et la fève de Windsor, le rendement n'excède guère 15 hectolitres à l'hectare ; pour les fèverolles, le rendement atteint parfois 30 hectolitres de graines, plus 2,000 à 2,500 kilogrammes de fanes sèches, qui sont remisées pour être consommées en fourrages.

GUSTAVE. Y a-t-il aussi diverses variétés de pois ?

LE MAITRE. Oui, comme les fèves, les pois comprennent plusieurs variétés, pour lesquelles la culture est à peu près la même. En dehors de celles de ces variétés qui appartiennent au jardinage et dont les produits sont consommés à l'état frais, c'est-à-dire avant la maturité, il faut notamment citer le *pois vert normand* et le *pois anglais de Norfolk*.

EUGÈNE. J'ai déjà entendu prononcer ces noms, mais je ne connais pas la chose qu'ils désignent.

LE MAITRE. (*Ouvrant deux petites boîtes dont il montre le contenu*). Voici des pois verts normands. Voici maintenant des pois anglais de Norfolk. Vous voyez que ces variétés diffèrent peu de notre pois commun cultivé dans les jardins. Mais ils sont infiniment plus rustiques et aussi plus productifs. M. Martin cultive les uns et les autres, comme on le fait en Angleterre, et il n'est jamais embarrassé de ses produits, qui sont très-recherchés pour la nourriture des marins pendant leurs longues traversées.

LOUIS. Il est à remarquer qu'à la Warenne, les fèves et les pois ne sont jamais cultivés dans les mêmes terrains.

LE MAITRE Cela ce comprend : à l'inverse des fèves, les pois aiment mieux un terrain sec qu'humide; ils se plaisent surtout dans les sols légers, contenant du carbonate de chaux, et fumés l'année précédente; une fumure récente les fait pousser beaucoup en vert, mais c'est aux dépens de la production en grains.

GUSTAVE. On sème les pois au commencement du printemps?

LE MAITRE. Oui; mais il est indispensable de donner à la terre qui les reçoit un labour profond avant l'hiver : plus le climat est sec, plus il faut semer de bonne heure, et la récolte est d'autant meilleure qu'elle est plus hâtive.

LOUIS. M. Martin sème tantôt ses pois à la volée, et tantôt en lignes, à l'aide du semoir mécanique : pourquoi cela?

LE MAITRE. La semaille en lignes est de beaucoup préférable à la semaille à la volée : au lieu de 200 litres par hectare, la première en exige 100 litres; elle rend d'ailleurs les binages plus expéditifs et par conséquent plus économiques. Lorsque M. Martin sème ses pois à la volée, c'est qu'il en destine le produit à la nourriture des bestiaux; et dans ce cas, l'habile cultivateur y mêle, soit des fèves, dont la tige raide et droite soutient celle des pois, soit de l'orge, de l'avoine, des vesces, noires ou blanches, toutes plantes qui prospèrent parfaitement à côté l'une de l'autre. Pour ce genre de culture, M. Martin emploie avec raison les pois gris ou bisailles, qui, de même que les autres plantes auxquelles on les associe, s'accommodent parfaitement de ce voisinage.

GUSTAVE. A quel moment coupe-t-on cette sorte de fourrage?

LE MAITRE. Les pois fourragés doivent être coupés aussitôt que les cosses sont formées et avant la maturité de la graine. Lorsque les pois sont cultivés en vue du grain et qu'ils occupent seuls le terrain, il faut attendre que la plupart des gousses soient mûres avant de les couper.

LOUIS. A quel chiffre évalue-t-on le rendement moyen des pois cultivés dans les champs?

LE MAITRE. Pour les pois comestibles, destinés à notre nourriture, le rendement est en moyenne de 16 à 20 hectolitres à l'hectare, avec 4,000 kilogrammes de fourrage au minimum. Le rendement des pois gris, cultivés dans les mêmes conditions, n'est que de 12 à 15 hectolitres de graines et de 2,300 à 3,000 kilogrammes d'un fourrage particulièrement propre à la nourriture des chèvres et des moutons.

LOUIS. Les haricots rapportent-ils autant que les pois comestibles?

LE MAITRE. La culture des haricots est plus productive encore que celle des pois comestibles; elle est d'ailleurs d'autant plus avantageuse, qu'elle laisse le terrain libre de bonne heure, et qu'on peut faire ainsi une seconde récolte sur le terrain dépouillé de la première.

LOUIS. Les haricots se sèment-ils donc avant les pois?

LE MAITRE. Non; les semailles de haricots ne doivent s'effectuer qu'à la fin d'avril et même au commencement du mois de mai, lorsque les gelées tardives ne sont plus à craindre. Avec des espèces hâtives, la récolte ne se fait pas moins de fort bonne heure.

EUGÈNE. Il y a, je crois, des haricots à rames et des haricots nains?

LE MAITRE. C'est vrai: les haricots cultivés en France comprennent principalement deux groupes: les haricots qui ont besoin de tuteurs ou de rames pour se soutenir, et les haricots nains, qui s'élèvent peu, et qui se soutiennent par eux-mêmes. Il y a d'ailleurs plusieurs variétés de haricots à rames et de haricots nains.

LOUIS. Et quelles sont les meilleures ?

LE MAITRE. Parmi les haricots à rames, on distingue surtout le *Soissons*, le *haricot sabre*, et le *haricot rouge de Prague*. Parmi les espèces à basse tige, on cite le *flageolet*, le *Soissons nain* et le *nain de Suisse*, qu'on reconnaît facilement à ses grains blancs, rouges, gris ou bigarrés. Voici des échantillons de chacune de ces variétés. Vous le voyez, à part la couleur et le volume, elles diffèrent peu entre elles.

GUSTAVE. Quels sont les terrains qui conviennent le mieux à la culture de ces légumineuses ?

LE MAITRE. Les haricots demandent une terre à la fois légère et argileuse, bien ameublie. Dans toutes les variétés, la plante supporte mieux la sécheresse et la chaleur que la froid et l'humidité.

LOUIS. Comment doivent être faites les semailles de *haricots* ?

LE MAITRE. Les semailles de haricots doivent être faites en lignes espacées de 40 à 45 centimètres ; les plantes doivent d'ailleurs être séparées les unes des autres de 5 à 6 centimètres. C'est une mauvaise pratique de planter plusieurs graines ensemble, de manière à former des *touffes*.

GUSTAVE. Pourquoi ?

LE MAITRE. Parce que, dans ce cas, les tiges se gênent mutuellement et produisent beaucoup moins que lorsqu'elles sont isolées.

LOUIS. Quelle quantité de semence emploie-t-on ?

LE MAITRE. Par hectare, 150 litres environ. Le produit est de 25, 30 et 35 hectolitres à l'hectare, suivant les variétés employées, et aussi suivant la valeur du terrain dont on dispose.

EUGÈNE. C'est un très bon rapport.

LE MAITRE. Oui : en admettant une moyenne de 30 hectolitres de grain par hectare, soit 30 litres par are, on obtient, pour le produit de l'are, au prix modique de 30 centimes le litre, une somme de 9 fr. à laquelle il y a lieu d'ajouter la valeur du fourrage, bien qu'elle ne soit pas de nature à être réalisée en argent.

LOUIS. La valeur du fourrage, en ce qui concerne les haricots, représente, dit-on, le tiers environ de celle de la graine.

LE MAITRE. Elle serait donc de 3 fr. Nous avons ainsi 12 fr. pour le rendement brut d'un are de terrain, ou 1,200 fr. pour celui d'un hectare. En supposant que les frais de culture et autres soient de 50 pour cent de cette somme, il reste, pour le produit net, 600 fr., ou 6 fr. par are, ce qui est énorme.

GUSTAVE. La culture des lentilles doit être beaucoup moins productive?

LE MAITRE. Oui. La lentille est regardée comme la plus délicate et la plus nourrissante des légumineuses ; mais elle donne à peine de 8 à 10 hectolitres à l'hectare, ce qui fait qu'on ne la cultive guère aujourd'hui qu'en vue du fourrage excessivement substantiel qu'elle fournit.

LOUIS. La lentille s'accommode, je crois, de tous les terrains ?

LE MAITRE. Oui ; mais elle préfère les sols calcaires ou sableux aux terres argileuses, car l'humidité lui est contraire. Les semailles se font au printemps, comme celles des autres légumineuses, à la volée, ou en lignes espacées de 40 à 50 centimètres. Les façons que la plante exige, binage et buttage, sont à peu près les mêmes que pour les pois ; elles ont ainsi pour résultat d'ameublir le sol, de le nettoyer et de l'approprier aux nouvelles cultures qu'il doit recevoir.

Questionnaire récapitulatif.

COURS INTERMÉDIAIRE. — Qu'entend-on par légumineuses ou légumes farineux ? — Nommez-en les principales espèces ? — Quelle est la plus importante ? — A quelle époque sème-t-on les fèves ? — les pois ? — les haricots ? — Quelle quantité de semence emploie-t-on pour chacune de ces légumineuses ? — Quels sont les avantages des semailles en lignes ? — Dans quel cas doit-on semer les légumineuses à la volée ? — A quel moment doit-on couper les pois fourragers ? — Qu'entend-on par haricots à rames ? — par haricots nains ? — Quelle est la plus nourrissante des légumineuses et quel en est le rendement? — A quels points de vue y a-t-il avantage de cultiver les lentilles?

COURS SUPÉRIEUR. — Quel est le caractère distinctif des plantes dites légumineuses? — En quoi consiste la valeur de ces plantes? — Faites connaître les variétés de la fève? — Quels sont les terrains qui conviennent le mieux à la fève de marais? — à la fèverole ou gourgane? — aux pois? — aux haricots? — Comment reconnaît-on la fève de Windsor? — En quoi consiste la préparation du terrain cultivé en fèves? — Quelles façons comporte la culture de la fève? — des pois? — des haricots? — des lentilles? — Quelles sont les principales variétés de haricots à rames? — de haricots nains? — Quel est le rendement moyen des fèves? — des pois? — des haricots? — des lentilles? — Evaluez le produit brut et le produit net que peut donner la culture des haricots : par are? — par hectare?

Problèmes sur les légumes farineux

COURS INTERMÉDIAIRE. — 1. — Un hectare de terrain a produit, dans une année, 25 hectolitres de fèves et 18 hectolitres de pois. Combien d'hectolitres de grains a-t-on récoltés, en fèves et en pois, sur 3 hectares, dont deux en fèves et le troisième en pois? — R. 68 hectolitres, dont 50 hl. de fèves et 18 hl. de pois.

2. — Les haricots dits de Soissons pèsent, en moyenne, 66 kilog. l'hectolitre : dire quels sont les poids respectifs du litre, du décalitre et du décilitre? — R. 1° : 0 kilog. 66; 2° 6 kil. 6; 3° : 0 kil. 066.

3. — Une caisse remplie de lentilles pèse 25 kilog., indépendamment du bois dont elle est formée. Combien contient-elle de litres, si le litre pèse, en moyenne, 0 kilog. 90? — R. 27 litres 77.

4. — Le litre de pois récoltés sur un terrain pèse, en moyenne, 0 kil. 75 : que pèsent le double-décalitre et l'hectolitre? R. 1° : 15 kil.; 2° : 75 kil.

5. — En admettant que la récolte totale donnée par ce terrain ait été de 25 hectolitres, que vaut-elle, à raison de 0 fr. 30 cent. le litre? — R. 750 fr.

6. — Un cheval mange par jour 7 kilog. 15 de fèveroles, paille et grains : quelle étendue de terrain faut-il ensemencer en fèveroles pour nourrir 4 chevaux pendant 240 jours, si un hectare fournit 4,200 kilog. de ces légumineuses? — R. 1 hectare 63.

7. — Une parcelle rectangulaire mesure 48 m. 50 de longueur et 23 m. 80 de largeur. On l'a ensemencée en fèves de marais, à raison de 2 litres 50 par are. Combien de litres a-t-il fallu pour cet ensemencement, et quelle en a été la dépense, le litre valant

30 centimes et les frais d'engrais et de labour s'étant élevés à 20 fr.? — R. 1° 28 litres 86; 2° 28 fr. 65.

8. — La récolte en grains, produite par cette parcelle, a été, en moyenne, de 15 litres par are. A quel chiffre faut-il évaluer la récolte totale et quelle somme le propriétaire en a-t-il retirée, en la vendant 50 centimes le double-litre? — R. 1° 173 lit. 67 2° 43 fr. 29.

9. — On a planté des haricots nains dans un jardin ayant 60 mètres de longueur, sur 40 mètres de largeur. Combien a-t-on employé de litres de semence, si le litre contient en moyenne 2000 grains et si chaque mètre carré reçoit 25 grains? — R. 30 litres.

10. — Sachant que la récolte fournie par ce jardin a été, en grains seulement, de 4 hect. 80, valant 0 fr. 45 le litre, quelle somme le propriétaire a-t-il retirée de cette culture, en tenant compte des frais de sarclage, représentés par 7 journées d'ouvrier, à 2 fr. 75 l'une. — R. 196 fr. 75.

11. — La surface de ce même jardin étant de 24 ares, et la valeur du fourrage obtenu ayant largement couvert les frais de fumure, de labourage et de semence, faire connaître, par are, le produit net de cette culture? — R. 8 fr. 19.

12. — La fumure et le sarclage d'un champ de fèves sont de 168 fr., et les frais de culture, de 245 fr. 85; ce champ produit 68 hectol. de graines, à 14 fr. 50 et 4,200 kilog. de paille, à 5 fr. les 100 kilog. : quel est le bénéfice net? — R. 782 fr. 15.

13. — Dans un champ on a semé 28 rangées de haricots de chacune 820 touffes, à raison de 6 grains par touffe. La semence ayant décuplé, on demande la valeur de cette récolte, à 30 fr. les 100 kg. On sait qu'un litre de haricots de moyenne grosseur en contient 1600, et que le double-décalitre pèse 15 kg, 600? — R. 201 fr. 47.

14. — Deux jardiniers font un échange; le 1er donne à son voisin 5 hectol. de pois secs, valant 6 fr. 50 le double-décalitre, contre des fèveroles estimées 18 fr. le quintal. Quelle quantité de fèveroles recevra-t-il en échange? — R. 902 kg. 777.

Cours supérieur. — 1. — Un hectare de fèves donne environ 25 hectolitres de graines et 3,200 kilog. de paille; l'hectolitre de graines étant évalué 13 fr. 50 et les 100 kilog. de paille, à 5 fr. 85, dire quel est le produit d'un champ rectangulaire de 60 mètres de longueur sur 42 m. 50 de largeur? R. 133 fr. 79.

2. — Un hectare de fèveroles, bien fumé, a donné 52 hect. de graines, à 14 fr. 50, et 3,400 kilog. de paille, à 5 fr. les 100 kilog. mais l'engrais employé a coûté 165 fr. Non fumé un hectare du même terrain a donné 36 hectolitres de graines, à 13 fr. 80 et 2,300 kil. de paille, à 4 fr. 50 : quel bénéfice a-t-on réalisé en fumant? — R. 158 fr. 70.

3. — Un cultivateur a récolté 25 hectolitres de pois consommables sur un hectare de bon terrain, bien préparé. Quel sera, dans ces conditions, à moins d'un décilitre près, la production d'un jardin ayant, en moyenne, une longueur de 45 mètres et une largeur de 15 mètres? — R. 1 hect. 68 lit. 75.

4. — En supposant que la récolte fournie par ce jardin soit vendue à raison de 35 centimes le litre, quelle somme le cultivateur en retirera-t-il, s'il dispose du dixième de la récolte pour les besoins de son ménage? — R. 53 fr. 16.

5. — La superficie et la production de ce même jardin étant connues (6 ares 75 et 1 hect. 68 litres 75), en déduire la valeur du rendement par are, déduction faite des frais de culture et d'engrais, évalués au cinquième de la valeur de la récolte totale? — R. 7 francs.

6. — Pour l'ensemencement des pois champêtres, l'emploi du semoir mécanique exige à peine 1 hectolitre de graine par hectare, tandis qu'en semant à la volée, on en emploie le double. La semence valant 30 centimes le litre, faire connaître l'économie à réaliser par l'ensemencement en lignes d'un terrain triangulaire ayant 180 mètres de base, sur une hauteur perpendiculaire de 120 mètres? — R. 32 fr. 40.

7. — La dépense des sarclages, dans un semis de haricots en lignes, est de 7/12 moins que dans un semis à la volée. Quelle sera l'économie pour un champ de 7 hectares 30, si la dépense par hectare, dans un semis à la volée, eût été de 66 fr. 80? — R. 284 fr. 45.

8. — Une commune cultive annuellement 40 hectares en fèves et féveroles, dont le rendement moyen est, par hectare, de 25 hectolitres de graines et de 2,200 kilog. de fourrage. Quelle est 1° la production totale de cette culture, en graines et en fourrage; 2° la valeur de la production, les graines valant 5 fr. le double-décalitre, et le fourrage, le quart de la valeur des graines? — R. 1° 1000 hectolitres de graines et 88,000 kilog. de fourrage; 2° 25,000 fr. plus 6250 fr. ou 31,250 fr.

9. — Un terrain de 73 ares, ensemencé en pois verts normands, a donné un produit brut de 274 fr. 625. Les frais de culture et autres se sont élevés à 300 fr. par hectare. Déterminer le taux de l'intérêt auquel le propriétaire a placé son argent sachant que le terrain lui a coûté 43 francs l'are. — R. 5.475 p. 0/0.

10. — La récolte d'un cultivateur en lentilles et pois gris, est placée dans un grenier mesurant 5 mètres de longueur, sur 4 de largeur; elle forme une couche régulière de 15 centimètres d'épaisseur : quelle est la charge supportée par ce grenier, en admettant que le litre de lentilles et de pois gris pèse, en moyenne, 0 kilog. 80. — R. 2400 kilog.

11. — Quelle est la valeur d'un sac cylindrique de haricots ayant 0m92 de profondeur et un diamètre de 0m36, à raison de 0 fr. 30 le litre ? — R. 28 fr. 09.

12. — Établir le compte d'exploitation d'un terrain qui a produit, dans une année, savoir : 1° 54 hectolitres de fèveroles, à 2 fr. 20 le double-décalitre ; 2° 15 hectol. de pois, à 3 fr. 40 le double-décalitre ; 3° 38 hectol. de menus légumes farineux, à 8 fr. 25 l'hect. : 4° enfin 7,845 kilog. de paille et fourrages divers, à 4 fr. 25 le quintal. Les dépenses ont été les suivantes : 1° engrais, 36 m. cubes, à 10 fr. le mètre ; 2° semences, 25 hectol. à 9 fr. 75 l'hect. ; 3° labour du terrain et transport de la récolte, 16 journées d'homme, à 4 fr. et 40 journées de cheval, à 7 fr. 60 ; 4° sarclages, 8 journées de femme à 1 fr. 75 ; 5° impôts, fermage et frais divers, 125 fr. 90. — R. Bénéfice : 384 fr. 25.

Exercices de rédaction sur les légumes farineux

I. — Les Fèves.

Sommaire. — Résumer la causerie sur ce sujet, en adoptant l'ordre suivant : Ce qu'on entend par légumes secs ; — leur caractère distinctif et leur valeur comme nourriture. — La fève de Windsor, — la fève des marais, — la fèverole ou gourgane : — terrains qui leur conviennent ; — façons à leur donner. — Epoque et rendement de la récolte.

Les plantes désignées sous le nom de légumes secs, ou de légumineuses, sont celles dont les graines servent à notre nourriture et à celle des animaux domestiques. Les principales sont les fèves, les pois, les haricots et les lentilles.

Les légumineuses ont cela de particulier, que leurs graines sont renfermées dans une gousse ou cosse, qu'on ouvre facilement avec l'ongle du pouce droit. Ces graines sont d'autant plus précieuses, qu'elles fournissent un aliment sain et nourrissant, et qu'elles peuvent être facilement conservées.

On distingue, parmi les diverses variétés de fèves comestibles, la fève de Windsor, cultivée en grand en Angleterre, et la fève des marais, notre grosse fève commune. Il y a encore la fèverole, ou gourgane, qui donne surtout un excellent fourrage et qui prospère, comme la fève des marais, dans les terres compactes et un peu humides.

Les fèves se sèment au mois de mars, sur une terre préparée par plusieurs labours ; elles ont, d'ailleurs, besoin de plusieurs binages pendant la végétation. La récolte doit se faire un peu avant la maturité des graines, lorsque les cosses prennent une teinte violette et noirâtre.

La culture de la fève des marais, comme celle de la fève de

Windsor, donne un rendement moyen de 15 hectolitres à l'hectare. Pour la fèverole, le produit peut aller jusqu'à 30 hectolitres, avec un poids de fanes sèches à peu près égal à celui du grain. Ces fanes sont remisées avec soin et consommées notamment par les chevaux.

II. — Les Pois.

SOMMAIRE. — Principales variétés: — pois vert normand, — pois anglais de Norfolk. — Terrains qui leur conviennent. — Epoque des semailles; — modes employés. — Culture, — pois comestibles et autres : — récolte, — rendement en graines et en fourrage.

Les pois comprennent, comme les fèves, plusieurs variétés, dont les principales sont le pois vert normand et le pois anglais de Norfolk. Ils comportent également les mêmes soins de culture ; mais ils se plaisent mieux sur un terrain sec que sur un terrain humide, et ils réussissent généralement lorsque le sol, bien fumé l'année précédente, contient en notable proportion, du carbonate de chaux.

Les pois se sèment de bonne heure au printemps, sur un labour donné avant l'hiver. On procède à cette opération, soit à la volée, soit en employant le semoir mécanique. Ce dernier mode est beaucoup plus économique que le premier, qui se prête mal d'ailleurs à un binage convenable.

Les cultivateurs bien avisés ne sèment les pois à la volée que lorsque la récolte est exclusivement destinée au bétail, et alors ils y mêlent avec avantage d'autres plantes fourragères, des fèves, de l'avoine, des vesces, des pois gris ou bisailles.

Les pois fourragés doivent être récoltés avant la maturité complète de la graine. Lorsque les pois sont cultivés seuls et en vue du grain, on attend, pour les couper, que la plupart des gousses soient mûres.

Pour les pois comestibles, le rendement est, en moyenne, de 16 à 20 hectolitres de graine à l'hectare, et pour les pois gris, ou bisailles, de 12 à 15 hectolitres seulement.

Quant au rendement en fourrage, il varie, pour les pois comestibles, entre 3,000 et 4,000 kilogrammes, et, pour les autres, il atteint 3,000 kilog. au plus. Les pois gris fournissent surtout un fourrage très estimé, dont on dispose en faveur des chèvres et des moutons.

***

III. — Les Haricots et les Lentilles.

SOMMAIRE. — Résumer, comme pour les fèves et les pois, ce qui a été dit dans la causerie sur ce sujet, en observant, dans la narration, l'ordre suivi dans l'entretien.

La culture des haricots comporte à peu près les mêmes soins que celle des fèves et des pois. Elle a, de plus, l'avantage d'occuper moins longtemps que ces derniers le terrain auquel on la confie.

En effet, on sème les haricots longtemps après les pois surtout, et on les récolte beaucoup plus tôt et de façon à obtenir un nouveau produit, en navets, par exemple, sur le terrain resté libre.

Il y a des haricots à rames, parmi lesquels on distingue principalement les haricots dits de Soissons, le haricot sabre et le haricot rouge de Prague. Il y a aussi des haricots de petite taille, qui se soutiennent seuls, et dont les meilleures variétés sont le flageolet, le Soissons nain et le nain de Suisse.

Les haricots prospèrent notamment dans les terres légères et argileuses, bien ameublies. Il y a avantage à les semer en lignes, en employant environ 150 litres de graines par hectare.

Le rendement est, en moyenne, de 30 hectolitres par hectare. Au prix minime de 30 centimes le litre, ce rendement constitue un produit remarquable, auquel s'ajoute encore la valeur du fourrage, qui représente, paraît-il, le tiers de celle de la graine.

Quant aux lentilles, elles sont regardées comme les plus nourrissantes de toutes les légumineuses ; mais elles souffrent de l'humidité et ne produisent guère que de 8 à 10 hectolitres de graines par hectare. Aussi, le plus souvent, les lentilles ne sont-elles cultivées qu'en vue de l'excellent fourrage qu'elles procurent.

§ IV

Classification des Plantes agricoles.

Récoltes racines : Pommes de terre.

Le Maitre. Mes amis, nous parlerons aujourd'hui de la *pomme de terre,* plante que vous connaissez tous et dont beaucoup de personnes font leur principale nourriture. Cette plante a été importée d'Amérique en Europe par les Espagnols et les Anglais. Ces derniers l'introduisirent en France dans le 17e siècle ; elle y fut cultivée dès l'année 1616 ; mais on croyait alors qu'elle donnait la lèpre, affreuse maladie de la peau. Ce ne fut que sous le règne de Louis XVI, et grâce aux efforts du célèbre Parmentier, que la pomme de terre fut définitivement cultivée en France. (1)

Il a fallu près de deux cents ans pour faire entrer la précieuse plante dans l'alimentation. Lorsqu'en 1774, Turgot, nommé sous-secrétaire d'Etat de la marine, voulut propager cette plante dans ses terres du Limousin et de l'Anjou, on lui attribuait encore toutes sortes de fièvres malignes.

Louis. Oh ! c'est à ne pas y croire !

Le Maitre. La disette de 1769 avait déterminé l'Académie de Besançon à mettre au concours un Mémoire consacré à à la recherche des substances alimentaires pouvant suppléer à l'absence des céréales, et ce fut l'admirable travail présenté par Parmentier qui obtint le prix. L'auteur y démontre que, parmi les plantes dont les produits contiennent un principe nutritif, c'est-à-dire propre à la nourriture, la pomme de terre tient le premier rang. Pour justifier son assertion, Parmentier fit sous les yeux de Franklin, savant Américain, l'un des bienfaiteurs de l'humanité, du pain

(1) Auguste Parmentier, né à Montdidier (Somme), en 1737, intendant des hôpitaux, pharmacien en chef aux Invalides, mort en 1813, après avoir rendu les plus grands services à son pays par son vaste savoir et surtout par ses recherches sur l'amélioration des substances alimentaires.

exclusivement pétri avec de la fécule de pommes de terre.

GUSTAVE. Cette curieuse expérience eut-elle lieu en France ?

LE MAITRE. Elle se fit à Paris, à l'Hôtel des Invalides, dont Parmentier était alors pharmacien en titre. Quelques jours après, Parmentier donna un dîner où tout ce qui fut servi, depuis le pain jusqu'aux liqueurs, consistait uniquement dans l'emploi de la pomme de terre présentée sous vingt formes différentes !

LOUIS. Cette fois l'épreuve était concluante.

LE MAITRE. Concluante pour les convives du savant, oui ; mais il fallait encore vaincre les préjugés répandus dans les campagnes et surtout parmi les cultivateurs, ce que Parmentier entreprit en feignant de confier à des gendarmes la garde de la plaine des Sablons, qu'il avait fait planter en pommes de terre afin de donner aux habitants voisins l'envie de piller la récolte.

GUSTAVE. Et le moyen réussit ?

LE MAITRE. Il réussit à ce point que, l'année suivante, les environs de Paris était couverts de petits champs de pommes de terre.

HENRI. Oh ! la bonne farce !

LE MAITRE. Cette bonne farce, comme vous dites, fut réellement l'origine de la propagation de la précieuse plante sur le territoire de la France.

LOUIS. M. Martin a tous les ans de vastes et magnifiques champs de pommes de terre ; mais on remarque que, contrairement à ce qui se passe chez plusieurs autres cultivateurs, il ne donne jamais les tiges à ses bestiaux : pourquoi cela ?

LE MAITRE. Parce que les fanes de pommes de terre ont une odeur vireuse qui peut causer des accidents aux animaux auxquels on les donne comme fourrage.

Il faut que vous le sachiez, mes enfants, la pomme de terre appartient à une famille de végétaux que les savants appellent les *Solanées*, plantes d'un aspect sombre et d'une odeur désagréable ; elle est ainsi une des plus proches parentes de la belladone et du datura, dont on tire des poisons violents !...

GUSTAVE. Quoi ! La pomme de terre, qu'on accommode à toutes les sauces, aurait une tige malfaisante ?

LE MAITRE. Oui ; mais ses tubercules, ou produits, n'ont aucun des principes vireux de la feuille et de la tige, et ils constituent une nourriture saine, savoureuse et recherchée avec raison par le riche comme par le pauvre.

LOUIS. En effet, j'entends dire au fermier de la Warenne que les pommes de terre se vendent toujours très bien.

LE MAITRE. Et puis, les champs de pommes de terre n'ont pas à craindre, comme les céréales, la gelée, la carie, la nielle, la grêle surtout ; de plus, ils sont assurés contre la larve des charançons, aussi bien que contre la voracité des rats, qui ne les attaquent que rarement.

LOUIS. Il y a encore cet avantage, avec la pomme de terre, qu'elle s'accommode de tous les terrains.

LE MAITRE. C'est vrai ; mais, en général, les produits sont meilleurs et plus abondants lorsque le sol est léger, sablonneux, chaud et sec. Les terres humides, froides, tenaces ne donneraient presque rien. D'un autre côté, la pomme de terre demande un terrain très meuble, labouré profondément.

GUSTAVE. La plante peut ainsi étendre librement ses racines.

LOUIS. M. Martin sait cela, car il se sert toujours de ses plus forts attelages pour le labour des terrains qui doivent être plantés en pommes de terre.

LE MAITRE. Et connaissez-vous l'engrais dont il se sert de préférence, dans ce cas ?

LOUIS. Parfaitement : C'est le fumier ordinaire, largement arrosé avec l'urine des écuries.

LE MAITRE. C'est cela. De nombreuses expériences ont été faites à ce sujet ; on a essayé tour à tour le fumier de litière, l'urine et l'eau de savon, la paille d'orge, la potasse, le fumier d'étable, tantôt avec du sel, tantôt avec de la chaux ; et toujours la récolte la plus abondante a été celle de la portion de terre fumée avec un mélange d'engrais ordinaire et d'urine.

GUSTAVE. Il arrive aussi que M. Martin plante ses pommes de terre sans employer d'engrais ?

LE MAITRE. C'est la pratique la plus ordinairement suivie

par les cultivateurs. La pomme de terre vient à merveille, par exemple, après le blé et le trèfle, tout simplement parce que cette plante trouve dans la terre une nourriture autre que celle dont le blé et le trèfle ont eu besoin pour se développer. Ce que je vous dis là appartient à la théorie des assolements, dont nous parlerons plus tard. Qu'il vous suffise, pour le moment, de savoir dans quel cas la pomme de terre peut être cultivée avec ou sans engrais.

Eugène. Il y a, je crois, beaucoup de variétés de pommes de terre ?

Le Maitre. Oui : la culture en grand du précieux tubercule, notamment dans les Flandres belges et en Angleterre, a donné naissance à un nombre considérable de variétés, qu'on divise en deux séries : les *précoces* et les *tardives*.

Louis. C'est vrai : le fermier de la Warenne distingue ainsi ses pommes de terre.

Le Maitre. (*Découvrant une corbeille remplie de pommes de terre*). Parmi les précoces, c'est-à-dire celles qui mûrissent de bonne heure, il faut citer, en première ligne, les *quarante jours*, puis les *neuf semaines*, dont voici des échantillons. Vous le voyez, les tubercules de ces deux variétés affectent la forme allongée, un peu moins prononcée dans la première ; elles sont d'ailleurs d'un même blanc jaunâtre.

Louis. Ces pommes de terre sont bien celles que M. Martin récolte en juin et juillet.

Eugène. Les autres cultivateurs aussi.

Le Maitre. Oui. Nos cultivateurs connaissent tous aujourd'hui les bonnes variétés de pommes de terre hâtives. Seulement, le fermier de la Warenne, à l'exemple des cultivateurs de la Belgique, d'où ces espèces nous sont venues, s'en occupe beaucoup plus largement que ses confrères. Une partie de ses terrains devient libre ainsi de très bonne heure, et il en dispose, soit pour une récolte dérobée, soit pour les préparer à recevoir en temps utile, chose précieuse chez le cultivateur, une semaille de céréale d'hiver.

Louis. Il y a une espèce de pommes de terre dont M. Martin fait surtout beaucoup de cas et qu'il désigne sous le nom de *corne de chèvre*.

Le Maitre. La voici : c'est une *longue rouge*, un peu

courbée, et qui ressemble ainsi aux cornes de la chèvre; elle est originaire du pays de Liége, et sa chair délicate la fait surtout rechercher pour la table; mais elle appartient aux variétés tardives. Il en est de même de la *violette de Campine* et de la *grise aux yeux violets* que vous voyez-là; cette dernière est connue sous le nom d'*yeux bleus* sur toute la frontière belge du Nord et des Ardennes.

Eugène. Je la connais; c'est une espèce qui produit beaucoup; mais on ne la récolte parfois qu'au mois d'octobre.

Le Maitre. Comme la *patraque jaune* et la *patraque blanche*, ronde ou longue, qui dominent dans toute la région de l'Est, et dont je me dispense de vous montrer des échantillons. D'autres variétés, parmi lesquelles on citait la *grosse rouge*, nommée *betterave* dans la partie forestière des Ardennes, ont été délaissées à partir de 1845, époque à laquelle la maladie a commencé à les attaquer. Heureusement, les cultivateurs ont aujourd'hui, pour remplacer la *grosse rouge* absolument perdue, la *grosse blanche commune*, la plus féconde et la plus vigoureuse de toutes les variétés; on l'emploie de préférence à la nourriture des bestiaux et dans les établissements de féculerie.

Gustave. Quelle est donc cette maladie de la pomme de terre dont on parle depuis si longtemps déjà?

Le Maitre. Cette maladie consiste, comme celle de la vigne, dans la présence d'un petit champignon parasite, qui attaque la feuille et la tige et va décomposer le tissu du tubercule. Pour la vigne, ce champignon est l'*oïdium*; pour la pomme de terre, c'est le « *peronospora infestas.* »

Louis. Et il n'y a aucun moyen de détruire ce maudit champignon?

Le Maitre. On n'en connaît aucun qui soit réellement efficace. En Angleterre et en Belgique, les cultivateurs remédient parfois au mal en coupant les fanes attaquées au niveau du sol, et en comprimant fortement la terre, soit par le piétinement d'hommes chaussés de gros sabots, soit en employant le rouleau. Cette opération préserve de la maladie les tubercules restés en terre et qu'on ne récolte qu'à l'époque ordinaire de l'arrachage, mais elle les empêche d'atteindre leur grosseur normale.

Le meilleur procédé à employer pour obtenir des récoltes

qui soient à l'abri de la maladie, c'est de régénérer les espèces par le semis de leurs graines.

LOUIS. M. Martin sème tous les ans sur une planche de terre bien amendée des graines qu'il a fait recueillir dans ses champs les plus avancés.

LE MAITRE. C'est cela même, et, dès l'automne, il obtient une multitude de tubercules de la grosseur d'une forte noisette, et qui servent à faire des plantations au printemps suivant. A la fin de la saison, ce plant donne une récolte plus abondante et des produits d'une qualité supérieure à celle que l'on obtient, en général, de la plantation de fragments de tubercules des anciennes races...

GUSTAVE. Et qui ne sont jamais atteints par la maladie?

LE MAITRE. Jamais, sinon après de longues années.

EUGÈNE. Il y a des cultivateurs qui font revenir d'Amérique les pommes de terre qu'ils destinent à la plantation.

LE MAITRE. Oui, et l'on ne peut blâmer cette pratique; mais pourquoi acheter à l'étranger ce qu'on peut avoir chez soi?

LOUIS. C'est vrai : le fermier de la Warenne donne en cela un exemple que les autres cultivateurs devraient suivre.

LE MAITRE. Comme lui, ils auraient toujours à leur disposition, et à peu de frais, des tubercules sains, qui leur assureraient des produits abondants. C'est ainsi que les cultivateurs des Flandres arrivent à récolter communément 300 hectolitres de pommes de terre par hectare. Il est vrai qu'ils ne donnent rien au hasard, et que, pour mieux assurer leur récolte, ils vont jusqu'à trier avec soin les tubercules destinés à la plantation de l'année suivante. Ces tubercules sont laissés pendant quelques jours sur le sol, où ils verdissent et deviennent impropres à l'alimentation, mais où ils acquièrent une vigueur qui les dispose à pousser énergiquement et à résister ainsi aux atteintes de la maladie.

EUGÈNE. On prétend qu'il n'est pas sans danger de manger les pommes de terre avant leur maturité?

LE MAITRE. C'est un préjugé. Sans doute, les pommes de terre nouvelles n'ont pas la valeur nutritive de celles qui sont parfaitement mûres; elles contiennent plus d'eau et moins de fécule; mais elles n'ont aucun des principes mauvais qu'offrent la tige et la feuille de la plante.

Gustave. Il y a des cultivateurs qui emploient pour semence leurs plus petites pommes de terre ; d'autres se servent des plus grosses, en les coupant en morceaux : lequel de ces deux modes est le meilleur ?

Le Maitre. L'emploi des petites pommes de terre pour la plantation est évidemment vicieux, les tubercules les moins développés, tardifs et mal venus, ne pouvant donner les tiges les plus vigoureuses. Avec les gros tubercules coupés en morceaux, il y a un autre inconvénient : c'est que ces morceaux lèvent inégalement et que la plupart pourrissent par suite de leur contact avec la terre avant d'être ressuyés convenablement. A tous égards, il est préférable de ne planter que des tubercules de moyenne grosseur et de bonne qualité, en les laissant entiers.

Henri. Quelle quantité de pommes de terre emploie-t-on pour un hectare ?

Le Maitre. De huit à dix hectolitres, en espaçant les pieds de 40 centimètres environ les uns des autres. Dans ces conditions, les plantes ne se nuisent pas mutuellement.

Gustave. Le fermier de la Warenne plante ses pommes de terre à la charrue, en ouvrant une raie de 10 à 15 centimètres seulement de profondeur, dans laquelle une femme qui suit le laboureur dépose le plant.

Le Maitre. C'est là le mode de plantation le plus expéditif. Mais, dans la petite culture, la plantation se fait à la houe.

Louis. Ce mode est, dit-on, le plus avantageux ?

Le Maitre. Oui ; mais il est aussi le plus coûteux.

Gustave. Lorsqu'on se sert de la houe, les tubercules sont également placés à dix ou quinze centimètres de profondeur ?

Le Maitre. Sans doute. Les façons à donner pendant la végétation sont également les mêmes.

Louis. Dès que les jeunes plantes sont bien sorties de terre, M. Martin fait donner un binage énergique pour aérer le sol.

Le Maitre. Oui ; un peu plus tard, on procède à un buttage complet, en relevant la terre autour des pieds.

Eugène. Le binage peut-il se donner à l'aide de la houe à cheval ?

LE MAITRE. Dans les plantations en lignes, oui; mais dans les autres, cette opération se fait au hoyau. Il en est de même du buttage, qui s'exécute avec le buttoir mécanique lorsque la plantation s'est faite à la charrue.

LOUIS. Pour l'arrachage, M. Martin emploie une charrue spéciale, qui fait énormément de besogne.

LE MAITRE. On peut aussi se servir du buttoir.

GUSTAVE. C'est à l'automne qu'on récolte les pommes de terre ?

LE MAITRE. Oui : l'arrachage doit se faire dès que les tiges et les feuilles de la plante se dessèchent. Il faut choisir, pour cela, un temps sec et rentrer la récolte le plus promptement possible.

LOUIS. Pourtant on voit souvent, dans les champs, des tas de pommes de terre qui y restent plusieurs jours.

LE MAITRE. Les cultivateurs qui procèdent ainsi ont tort : les pommes de terre qui restent un certain temps sur le sol prennent une teinte verdâtre, qui leur commnnique une saveur détestable et les rend impropres à la nourriture.

Questionnaire récapitulatif

COURS INTERMÉDIAIRE. — 1° Quelle est la principale de nos plantes racines ? — Quelle peut être l'étendue des terrains que la France cultive chaque année en pommes de terre ? — D'où cette plante nous est-elle venue ? — Qu'était-ce que Parmentier ? — Quelle expérience fit-il un jour aux Invalides au sujet de la pomme de terre ? — Convient-il de donner les fanes de cette plante aux bestiaux ? — Quel est le rendement moyen de la pomme de terre ?

2° Quelles sont les deux grandes séries qui servent à classer les pommes de terre ? — En quoi consiste la maladie qui atteint parfois cette plante ? — Quels moyens emploie-t-on pour la combattre ? — Pourquoi les pommes de terre de moyenne grosseur doivent-elles être préférées pour la plantation ? Quelle quantité emploie-t-on par hectare de terrain ? — A quelle époque et comment procède-t-on à la récolte des pommes de terre ?

COURS SUPÉRIEUR. — 1° Comment utilisons-nous la pomme de terre ? — Comment cette plante fut elle introduite en France ? — Quel préjugé existait alors relativement à l'emploi de la pomme de terre dans l'alimentation ? — De quel travail Parmentier s'occupa-t-il à l'occasion d'une grande disette ? — Comment cet homme de bien s'y prit-il pour propager la pomme de terre en France ? — A quelle famille de végétaux la pomme de terre appartient-elle ? — Quels sont les caractères distinctifs de cette famille ? — Faites connaître les avantages que présente la culture de la pomme de terre sur la culture du blé ? — Quel est le sol qui convient le mieux à cette plante ? — Quel engrais doit-on lui donner ?

2° Nommez les différentes variétés de pommes de terre qui appartiennent à la série des précoces ? — à la série des tardives ? — Quel est le meilleur procédé à employer pour obtenir des récoltes qui soient à l'abri de la maladie de la plante ? — Quels inconvénients y a-t-il à se servir, à la plantation, soit des plus petits tubercules, soit des plus gros, en coupant ces derniers en morceaux ? — Pourquoi y a-t-il avantage de planter les pommes de terre à la charrue ? — Quelles sont les façons ou cultures à donner aux pommes de terre pendant la végétation ?

---

§ V

Classification des plantes agricoles.

Récoltes racines : Betteraves.

LE MAITRE. (*Découvrant un panier rempli de betteraves*). Mes amis, nous parlerons aujourd'hui de la betterave, dont voici plusieurs variétés.

GUSTAVE. C'est la plante qui sert à faire le sucre.

LOUIS. Elle sert aussi à l'entretien du bétail...

EUGÈNE. Et parfois même à la nourriture des personnes.

LE MAITRE. C'est vrai : après la pomme de terre, la betterave est la plante racine qni nous rend le plus de services. Déjà précieuse en sa double qualité de plante alimentaire pour l'homme et d'excellent fourrage pour les animaux, la betterave est devenue plus précieuse encore depuis qu'on en tire un sucre aussi bon et aussi beau que celui qu'on n'obtint, pendant de longues années, que de la seule canne à sucre de l'Amérique.

EUGÈNE. Il n'y a donc pas bien longtemps qu'on emploie la betterave pour faire le sucre ?

LE MAITRE. Non, mon ami. Cette plante fut importée en France à la fin du 16e siècle ; mais on ne la cultivait que pour l'alimentation des hommes et des animaux. Ce fut vers le milieu du siècle dernier qu'un chimiste allemand signala à l'attention du monde savant les propriétés saccharines de la betterave, c'est-à-dire les matières sucrées qu'elle renferme. Toutefois, on n'utilisa cette découverte en France qu'à partir de 1806, lorsque les Anglais eurent mis nos côtes en état de blocus, en empêchant les vaisseaux américains de pénétrer dans nos ports avec leurs cargaisons de sucre des colonies.

EUGÈNE. Je comprends : c'est la disette du sucre ancien qui fit employer la betterave à la fabrication du sucre nouveau?

LE MAITRE. Parfaitement. Le comte Chaptal, un de nos grands chimistes, membre de l'Institut, contribua puissamment au succès des établissements qui furent créés en France en vue de la fabrication du sucre de betterave. François de Neufchâteau, autre compatriote dont vous devez retenir le nom, parcequ'il fut à la fois celui d'uu poète distingué et d'un savant économiste, François de Neufchâteau indiqua lui-même comment la terre doit être cultivée pour produire la betterave.

« Trois labours serrés et graduellement profonds, dit-il dans un Traité devenu célèbre, des hersages à dents de fer sur chaque labour pour bien émietter la terre et détruire les mauvaises herbes, sont les préparations nécessaires pour cultiver la batterave. »

LOUIS. C'est ainsi que les cultivateurs procèdent encore aujourd'hui ?

LE MAITRE. Exactement ; ils donnent les deux labours immédiatement après l'enlèvement de la récolte précédente, une céréale ordinairement. Ce labour est suivi d'un fort hersage, destiné à compléter le déchaumage du terrain. A la fin de l'automne, on procède à un second labour, plus profond que le premier, puis à un nouveau hersage et à des roulages qui ameublissent la surface du sol. Enfin, après l'hiver, on donne un dernier labour, afin de faciliter le développement des racines toujours pivotantes de la plante.

LOUIS. La betterave peut-elle être cultivée dans tous les terrains ?

LE MAITRE. Oui ; mais elle ne réussit parfaitement que dans les terres légères, profondes, sablonneuses, un peu humides, riches en humus, bien fumées et aussi ameublies que possible.

LOUIS. On remarque que M. Martin s'abstient de cultiver la betterave dans ceux de ses terrains qui contiennent beaucoup de chaux.

LE MAITRE. Il fait très bien, car, malgré la nécessité des sels de chaux pour la formation du sucre, les terrains trop calcaires, et, en général peu profonds, sont défavorables à la réussite de la betterave.

GUSTAVE. Il y a d'ailleurs des variétés de betteraves qui réussissent mieux que d'autres dans les mêmes terrains.

LE MAITRE. Vous avez raison : le choix de la betterave

ne doit pas être indifférent. Voici celle qui donne généralement les produits les plus abondants, au point de vue de l'industrie sucrière : c'est la *betterave blanche de Silésie.*

LOUIS. Je la reconnais parfaitement à son collet rosé.

LE MAITRE. Parmi les betteraves fourragères, on distingue la *betterave champêtre* ou *disette*, espèce rouge, très répandue, et qui est d'un bon rendement; elle réussit surtout dans les terres fortes, parce qu'elle sort presque entièrement du sol. Il y a encore les *globes*, *ovoïdes*, etc., qui donnent des produits abondants lorsqu'on les cultive dans les terres franches.

Voici maintenant la petite *betterave rouge*, la plus riche en principes nourriciers. Elle appartient à la culture jardinière et convient parfaitement à l'alimentation de l'homme. A la campagne, nos aïeux s'en nourrissaient, conjointement avec la pomme de terre, alors que celle-ci était rare encore. Aujourd'hui, cette betterave ne paraît guère que sur les tables des villes, tandis qu'en la conservant dans le vinaigre, après l'avoir passée au four, elle constituerait pour les ménages champêtres un aliment sain, abondant et de facile digestion.

EUGÈNE. Je vois là encore d'autres variétés de la betterave.

LE MAITRE. Oui : celle-ci est la *jaune*; celle-là, la *blanche tendre*. Ces deux variétés sont d'une saveur plus sucrée encore que toutes les autres ; mais elles produisent beaucoup moins et sont également moins recherchées pour la culture.

LOUIS. On ne voit partout, en effet, que la grosse rouge et la blanche à collet rose.

LE MAITRE. Vous dites vrai : ce sont là les deux espèces qui rapportent le plus au cultivateur.

EUGÈNE. On sème, je crois, les betteraves au mois de mars ?

LE MAITRE. Et parfois au commencement d'avril.

GUSTAVE. Il y a des cultivateurs qui sèment leurs betteraves à la volée ; d'autres les sèment en lignes, à l'aide d'un semoir mécanique : à quel mode doit-on donner la préférence ?

LE MAITRE. Les semailles de la betterave à la volée sont aujourd'hui abandonnées par les agriculteurs soucieux de leurs véritables intérêts. Avec ce mode, on est obligé de sarcler et de butter à la main : de là des dépenses dont on s'affranchit, en grande partie, en se servant du semoir mécanique, qui permet l'emploi de la houe à cheval pour toutes les façons à donner à la plante pendant la végétation. La culture en lignes est donc de beaucoup préférable aux autres.

LOUIS. Le fermier de la Warenne, lui, fait toujours ses ensemencements de betteraves à la volée.

LE MAITRE. Oui ; mais lorsque les jeunes plantes ont acquis une certaine force, il les fait transplanter en lignes et à la charrue, dans des terrains préparés à cet effet. On appelle cela semer en pépinière et repiquer. Le repiquage des betteraves se fait ordinairement à la fin du mois de mai. A la Warenne, on procède à cette opération avec beaucoup de soins. D'abord, avant d'être placé dans le sillon ouvert par la charrue, chaque pied a été trempé dans un bain composé d'un mélange de purin, de terre et bouse de vache.

GUSTAVE. Pourquoi cette précaution ?

LE MAITRE Pour assurer la reprise des plantes et en favoriser le développement.

LOUIS. M. Martin veut aussi que ces plantes soient placées à une distance uniforme les unes des autres.

LE MAITRE. Oui, et les lignes qu'elles forment ont également le même intervalle entre elles, c'est-à-dire 30 ou 40 centimètres, suivant le plus ou moins de fertilité du sol. Dans les terrains riches en humus, on ne va même pas jusqu'à 30 centimètres. Cette disposition des plantes, à une égale distance les unes des autres, leur permet de se développer librement ; de plus, elle facilite les sarclages, qui s'exécutent ainsi avec beaucoup d'économie, au moyen de la houe à cheval.

LOUIS. Les champs de betteraves de la Warenne offrent généralement cette disposition. M. Martin appelle cela planter en *quinconce*.

LE MAITRE. En quinconce, ou en échiquier, c'est-à-dire de telle sorte que les pieds de betteraves forment entre eux des carrés semblables aux cases des tablettes sur lesquelles on joue aux échecs ou aux dames.

EUGÈNE. C'est cela : j'ai déjà vu jouer aux dames, moi ; on se sert d'une tablette carrée, divisée en cases égales, de deux couleurs.

LE MAITRE. Eh bien ! les champs de betteraves de M. Martin affectent exactement la disposition de ces cases, auxquelles il ne manque que d'être de couleur différente entre elles pour représenter un vaste échiquier.

Il y a des cultivateurs qui ont l'habitude d'enlever aux betteraves quelques-unes de leurs feuilles basses pour les donner à manger en vert à leurs bestiaux : c'est là une mauvaise habitude. Les fanes de la betterave ne constituent qu'une très médiocre nourriture pour les vaches et l'on ne doit en faire usage qu'au moment de l'arrachage, et dans une faible proportion, ces fanes devant être en grande partie enfouies. En effeuillant leurs betteraves pendant la végétation, les cultivateurs leur font émettre de nouvelles pousses, et cela aux dépens de la racine, qui n'acquiert jamais le poids ni la qualité des betteraves restées intactes.

GUSTAVE. La récolte de la betterave se fait, je crois, d'octobre à novembre, suivant les terrains et suivant l'année ?

LE MAITRE. Oui : cette besogne s'exécute ordinairement à la main, et elle exige beaucoup de temps.

LOUIS. En effet, M. Martin est jusqu'ici le seul de nos cultivateurs qui se serve de la charrue pour l'arrachage des betteraves.

LE MAITRE. C'est vrai. La charrue dont le fermier de la Warenne se sert, dans ce cas, est un araire dépourvu de coutre, et qui consiste principalement dans un petit versoir faisant l'office d'un coin. Avec ce simple instrument, la besogne se fait vite et coûte peu, double avantage que ne peuvent réaliser les autres cultivateurs du pays, parce qu'ils ne veulent pas s'astreindre à repiquer leur betteraves et à les placer en lignes.

LOUIS. On y perd, avec l'ancien système ?

EUGENE. Évidemment, puisque ce système oblige à plus de dépenses que le nouveau. . .

LE MAITRE. Et qu'il donne d'ailleurs des produits beaucoup moins considérables.

GUSTAVE. Quel est donc le rendement ordinaire des betteraves ?

Le Maitre Le rendement moyen d'un hectare de betteraves est de 40 mille kilogrammes de racines. Quant à la récolte en feuilles, elle est, en moyenne, de 15 à 20 mille kilogrammes.

Louis. C'est considérable.

Le Maitre. Oui. En supposant qu'à la sucrerie le produit d'un hectare, en racines, se réduise au poids net de 35 mille kilogrammes, le cultivateur n'en retire pas moins de 700 francs.

Louis. A la sucrerie, les betteraves se paient donc à raison de...

Le Maitre. A raison de 20 frans, en moyenne, les mille kilogrammes.

Eugène. Il y a à déduire de la somme de 700 fr. obtenue par le cultivateur les frais de culture, d'arrachage et de transport...

Le Maitre. Et aussi le prix de la location du terrain, les contributions et autres menus frais. Mais, en évaluant à 300 fr., au maximum, le montant total de la dépense, il reste un bénéfice net de 400 francs.

Louis. C'est-à-dire 4 fr. par are.

Le Maitre. C'est bien cela.

Gustave. Toutes les variétés de la betterave à sucre sont elles donc également bonnes pour la nourriture des bestiaux ?

Le Maitre. Oui : quoique la betterave soit principalement cultivée pour la fabrication du sucre, les agronomes la placent au premier rang des plantes à racines fourragères. Dans les départements où cette plante n'est pas cultivée en vue de la fabrication du sucre, elle a permis aux cultivateurs d'augmenter le nombre de leurs bestiaux, et, par suite, la masse de leurs engrais, c'est-à-dire la production des substances propres à rendre immédiatement au sol les principes fertilisants que les récoltes lui enlèvent.

Eugène. La culture de la betterave paraît se répandre de plus en plus ?

Le Maitre. Au point de vue de l'industrie sucrière, cette culture a pris, en Europe, et notamment en France, en Belgique et en Allemagne, une extension qui atteint, chaque année, de plus grandes proportions. En ce qui la concerne spécialement, la France arrive à produire annuellement quelque chose comme 400 millions de kilogrammes de sucre brut.

GUSTAVE. Cette production est réellement énorme.

LE MAITRE. Il faut noter encore qu'une partie de la production de la France, en betteraves, sert à fabriquer l'alcool. Aujourd'hui, on retire de l'eau-de-vie de toutes les substances qui contiennent du sucre: des céréales, du sucre même, de la mélasse, du vin, etc. Les grains, la pomme de terre et la betterave sont les plus employés.

LOUIS. Où conduit-on les betteraves, quand on les vend pour en faire de l'eau-de-vie?

LE MAITRE. Dans les distilleries, où elles sont rapidement transformées, grâce aux appareils perfectionnés qu'on emploie dans ces établissements. Il y a, sur certains points de la France, des fermes qui sont pourvues de ces appareils. Les cultivateurs réalisent ainsi des bénéfices considérables, en élevant beaucoup de bestiaux, qu'ils engraissent au moyen des pulpes, drèches et résidus des matières employées à la distillerie. Il est établi qu'en opérant sur la pomme de terre et le grain, qui se travaillent toute l'année, et en fabriquant seulement 100 litres d'alcool par jour, on peut entretenir à l'étable de 35 à 40 têtes de gros bétail.

LOUIS. C'est prodigieux, et je m'étonne que M. Martin n'ait pas encore sa distillerie.

LE MAITRE. J'en suis étonné moi-même, car le fermier de la Warenne sait mieux que personne que, pour arriver à la fabrication que je viens d'indiquer (100 litres d'alcool par jour, sans augmentation de personnel) il suffit d'y consacrer annuellement 1,800 kilogr. de pommes de terre, ou de 4 à 500 kilog. de grains. Il est vrai de dire que M. Martin trouve dans la culture en grand des racines fourragères, de quoi nourrir un bétail nombreux, dont la vente est devenue extrêmement lucrative.

HENRI. C'est bien vrai : M. Martin a chaque année de vastes champs de carottes, de navets et autres plantes racines dont il tire de bonnes récoltes.

LE MAITRE. La carotte, le navet, le panais même, fournissent, comme la betterave, de précieuses ressources pour la nourriture du bétail. Cultivée comme racine fourragère, la carotte a surtout cela d'avantageux, qu'elle convient à la nourriture des chevaux aussi bien qu'à celle des bêtes à cornes. Mais il faut choisir les espèces.

Nous parlerons prochainement de ces plantes.

Questionnaire récapitulatif.

COURS INTERMÉDIAIRE. — Qu'est-ce que la betterave et quelle est l'utilité de cette plante ? — Combien de labours donne-t-on à la terre pour la culture de la betterave ? — A quel moment et comment sème-t-on les betteraves ? — Convient-il de les repiquer et quels soins doit-on prendre à ce sujet ? — A quelle distance doit-on placer les pieds de betteraves ? — Quand et comment se fait la récolte de ces plantes ! — Quel est le rendement moyen d'un hectare en racines ? — en feuilles ? — A combien peut-on évaluer, en argent, le produit brut d'un hectare de bettteraves ? — Et le produit net ? — La betterave n'est-elle cultivée que pour en faire du sucre ? — Dans quels établissements les betteraves sont elles conduites lorsqu'on veut en faire de l'alcool ? — Quelles sont les substances dont on tire également de l'eau-de-vie !

COURS SUPÉRIEUR. — A quelle époque et comment la betterave fut-elle importée en France ? — Nommez les hommes qui contribuèrent le plus puissamment à la culture de la betterave en France ? — Quels sont les terrains qui conviennent le mieux à cette plante ? — Nommez les principales variétés de la betterave ? — Quel est l'inconvénient de la culture des betteraves semées à la volée ? — Qu'est-ce que semer en pépinière ? — Qu'est-ce que repiquer ou planter en quinconce ? — Quel avantage offre ce mode de plantation ? — En quoi consiste la charrue qui sert à l'arrachage des betteraves ? — Est-il avantageux de se servir de cette charrue ? — Quel bénéfice les cultivateurs peuvent-ils faire sur un hectare de betteraves ? — Etablissez à ce sujet le compte de la recette et de la dépense ? — A combien de kilogrammes évalue-t-on la production du sucre en France ? — Est-il avantageux pour les cultivateurs d'avoir une distillerie ? — Pourquoi ?

---

§ VI

Classification des plantes agricoles.

Récoltes racines : Carottes, Navets et Panais, Turnep, Rutabaga, etc.

Le Maitre. Il y a plusieurs espèces de carottes fourragères. Les meilleures sont la *blanche à collet vert*, que vous voyez dans les champs de M. Martin ; la *blanche des Vosges*, autre race excellente, à racine demi-longue et très volumineuse ; la *blanche* et la *rouge pâle des Flandres*, à racine longue et à gros collet, espèces de très bonne garde, que vous trouverez également à la Warenne.

Louis. La carotte rouge pâle des Flandres n'est donc pas celle qu'on voit généralement dans nos champs ?

Le Maitre. Non, mon ami : nos cultivateurs se bornent à la *rouge longue ordinaire*, connue de temps immémorial. Le fermier de la Warenne est le seul qui ait adopté les variétés que je viens de vous énumérer.

Louis. Et il s'en trouve parfaitement.

Le Maitre. Il faut reconnaître aussi que M. Martin sait donner à chaque terrain la variété qui lui convient, ce qu'on ne peut pas toujours faire dans les petites exploitations.

Eugène. La carotte ne réussit donc pas également bien dans tous les terrains ?

Le Maitre. Non : elle ne réussit parfaitement que dans les terres légères, où le sable domine. Les terres argileuses, excellentes pour la culture du blé, ne lui conviennent nullement. D'un autre côté, les carottes à racines longues peuvent être cultivées dans les sols profonds ; mais lorsque la couche arable a peu d'épaisseur, il faut avoir recours à la carotte blanche des Vosges, dont la racine assez courte s'enfonce peu et n'en prend pas moins un très remarquable développement.

Gustave. Les carottes fourragères se sèment au mois d'avril, je crois ?

Le Maitre. Oui : on peut les semer à la main ou en lignes.

Louis. M. Martin se sert pour cela d'une toute petite charrue, avec laquelle on fait des raies très peu profondes.

Le Maitre. Et vous avez pu remarquer que la graine que le fermier fait répandre dans ces raies est mêlée de terre sèche et de sable fin.

Louis. Oui ; je n'ai jamais compris dans quel but on agit ainsi à la Warenne.

Le Maitre. Tout simplement pour faciliter la semaille, pour éviter de semer trop dru.

Eugène. Quelle quantité de graine faut-il employer ?

Le Maitre. De 7 à 8 kilogrammes par hectare.

Louis. Il y a une précaution à prendre, je crois, pour recouvrir la graine de carottes ?

Le Maitre. Oui : cette graine doit être recouverte très légèrement, au moyen du dos, et non des dents de la herse.

Gustave. Les carottes doivent-elles être sarclées comme les betteraves ?

Le Maitre. Lorsque les plants sont bien levés, on procède tout simplement à deux sarclages, séparés par un intervalle de quinze jours ou trois semaines. Ces sarclages se donnent à la main, et ils ont pour but principal d'aérer et d'ameublir le sol, ce qui se fait par l'enlèvement des mauvaises herbes et par la suppression des plants trop rapprochés.

Gustave. A quel poids évalue-t-on le rendement moyen d'un hectare de carottes ?

Le Maitre. La carotte commune du pays donne à peine 25 on 30 mille kilogrammes à l'hectare ; tandis que les variétés cultivées à la Warenne atteignent en moyenne 35 et même 40 mille kilogrammes.

Louis. La différence est sensible, et je ne sais pas ce qui empêche nos cultivateurs de faire ce que fait M. Martin.

Le Maitre. Ce qui les empêche, c'est tout simplement la routine. La confiance dans les progrès de l'agriculture fait encore défaut : on craint, on repousse de parti-pris les innovations, parce que ce sont des innovations; on ne se rend pas à l'évidence, et peut-être même va-t-on jusqu'à douter de la réussite constante, définitive du fermier de la Warenne.

EUGÈNE. Est-ce que le navet peut aussi être cultivé comme la carotte, pour servir à la nourriture des bestiaux?

LE MAITRE. Les navets cultivés comme plantes fourragères offrent d'autant plus d'avantages, qu'on les obtient en récolte dérobée, c'est-à-dire, en les semant au mois de juillet et d'août, dans les terrains devenus libres après l'enlèvement d'une première récolte de seigle, de blé ou de colza.

LOUIS. Les navets ainsi cultivés réussissent bien?

LE MAITRE. Parfaitement, surtout lorsqu'on a le soin de répandre sur le terrain, en même temps que la graine, soit de l'engrais en poudre, soit du purin d'étable. On active ainsi la végétation des jeunes plantes, qui sont, en peu de jours, en état de résister aux atteintes des altises.

LOUIS. Qu'est-ce donc que les altises?

LE MAITRE. Ce sont de tout petits insectes qui s'attaquent principalement aux semis de navets, et qui les détruisent complètement, lorsque la jeune plante ne pousse pas avec une certaine rapidité.

GUSTAVE. Sarcle-t-on aussi les navets?

LE MAITRE. Les navets ne demandent pas à être sarclés, comme les betteraves et les carottes ; mais il faut les éclaircir, afin de faire *tourner* et grossir ceux qui sont conservés ; sans cette précaution, les navets de cette saison ne donnent guère que des feuilles.

LOUIS. La récolte des navets se fait au mois d'octobre, comme celle des pommes de terre?

LE MAITRE. Oui : rentrés plus tard, lorsqu'ils ont subi l'influence des premières gelées, les navets sont non-seulement impropres à la nourriture du bétail, mais ils deviennent le principe de maladies dangereuses.

LOUIS. M. Martin cultive une variété de navet à racine aplatie, sortant en partie hors de terre.

LE MAITRE. C'est le *turnep,* navet très prompt à se former et l'un des meilleurs pour les semis d'automne.

LOUIS. M. Martin cultive aussi une sorte de navet à longue et forte racine, qu'il laisse aux champs, même en hiver.

LE MAITRE. C'est le *panais,* nourriture excellente pour le bétail, ne souffrant pas de la gelée, et pouvant rester en terre tout l'hiver. M. Martin cultive le panais pour les vaches laitières.

Eugène. On trouve encore dans ses champs d'autres plantes racines dont je ne sais pas le nom.

Le Maitre. Oui : il y a encore le *rutabaga,* ou *navet* de Suède, à peau et à chair jaune, sorte de choux rustique qui donne des produits considérables ; il y a enfin, la *chicorée sauvage,* dont les feuilles fournissent un excellent fourrage, et dont la racine est également très bonne pour la nourriture et l'engraissement des porcs.

Gustave. Cette dernière plante serait-elle celle dont on tire le café de chicorée ?

Le Maitre. Oui : comme la betterave, la chicorée sauvage est à la fois une plante fourragère et une plante industrielle ou commerciale, pouvant être transformée en d'autres produits au moyen d'appareils spéciaux employés par les arts agricoles. Il en est de même du *colza,* qui produit de l'huile, et dont les cultivateurs tirent abondamment de quoi nourrir leurs bestiaux et fumer leurs terres.

Nous parlerons prochainement du colza et des autres *plantes oléagineuses* ; puis viendront les *plantes textiles* : le lin, le chanvre, etc. Il faut que vous sachiez comment doivent être cultivées ces plantes précieuses, dont les produits servent, les uns à notre nourriture, les autres à la confection de nos vêtements.

Questionnaire récapitulatif.

Cours intermédiaire. — Enumérez les avantages qu'offre la culture de la carotte ? — Dans quelles terres réussit-elle le mieux ? — Quand, comment et dans quelle mesure doit-on semer les carottes ? Quelles précautions faut-il prendre à ce sujet ? — Combien de sarclages donne-t-on à la carotte fourragère ? — Quel est le rendement moyen de cette plante ? — Les navets doivent-ils être sarclés comme les autres plantes racines ? — Quand récolte-t-on le navet ? — Pourquoi doit-il être récolté avant les gelées ! — Qu'est-ce que le turnep ? — le rutabaga ? — le panais ? — la chicorée sauvage ?

Cours supérieur. — Nommez, en dehors de la pomme de terre et de la betterave, les plantes-racines cultivées en vue de la nourriture du bétail? — Quelles sont les meilleures espèces de carottes fourragères? — Pourquoi mêle-t-on de la terre sèche et du sable fin à la graine de carotte avant de la semer? — Quel est le but principal des sarclages de cette plante? — Pourquoi tant de cultivateurs s'en tiennent-ils aux anciens procédés de culture? — Quels sont les avantages de la culture du navet? — Qu'est-ce que l'altise et comment en préserve-t-on les champs de navets? — Pourquoi les navets doivent-ils être récoltés avant les gelées?

Problèmes sur les récoltes racines.

COURS INTERMÉDIAIRE. — 1. — Un terrain de 9 ares a produit pour 79 fr. 20 de pommes de terre. Quelle somme rapporterait un champ carré de 43 mètres de côté, planté de pommes de terre? R. 162 fr. 71.

2. — On estime la récolte moyenne de carottes à 192 quintaux par hectare : sachant qu'on donne 0 kil. 150 de carottes par jour à un lapin, combien faudra-t-il semer d'ares de carottes pour nourrir 35 lapins pendant 5 mois? — R. 4 ares 10.

3. — On demande la valeur de la récolte d'un champ de 25 ares, sachant qu'il a fallu 30 litres de pommes de terre pour planter un are, et que la récolte est égale à 10 fois la semence. Le décalitre de pommes de terre vaut 0 fr. 45. — R. 337 fr. 50.

4. — Un hectare de betteraves donne 80,000 kilog. de racines, qui fournissent 2,900 kilog. de sucre : sachant que les 1,000 kil. de betteraves se vendent 21 fr. 50 et que les frais de fabrication augmentent ce prix de 8 fr. 50, on demande à combien revient le kilog. de sucre. — R. 0 fr. 827.

5. — Un champ de carottes mesure 30 mètres de longueur sur 10 mètres de largeur. En admettant que deux décimètres carrés fournissent une carotte, quelle sera la production totale du champ? — R. 15,000 carottes.

6. — La betterave champêtre, ou disette, produit jusqu'à 30,000 kilog. par hectare de terrain. Que produira, dans ces conditions, un terrain rectangulaire mesurant 204 mètres de longueur, sur 75 mètres de largeur? — R. 45,900 kilog.

7. — En supposant qu'une voiture puisse être chargée de 2,275 kilog., combien cette voiture devra-t-elle faire de voyages pour enlever complètement la production de ce terrain? — R. 20 voitures.

8. — Un terrain a produit 400 hectolitres de pommes de terre, pesant, en moyenne, 70 kilog. par hectolitre. Sachant qu'il faut 100 kilog. de pommes de terre pour produire 25 litres d'eau-de-

vie, on demande combien d'hectolitres on pourra tirer de la production de ce terrain? — R. 70 hectolitres.

9. — Le propriétaire d'un champ y a récolté 15 mannes de panais, de chacune 6 kilog. Cette récolte devant être consommée en une année pleine, quelle en sera la consommation journalière? — R. 0 kilog. 246.

10. — On veut ensemencer en navets une terre de forme rectangulaire ayant 183 mètres de longueur sur 40 mètres de largeur. Quelle quantité de semence emploiera-t-on, dans la mesure de 2 kilog. 6 hectog. par hectare, et que coûtera cette semence, à raison de 1 fr. 25 le kilogramme? — R. 1° 1 kil. 90 ; 2° 2 fr. 375.

11. — On plante en pommes de terre un terrain triangulaire ayant 108 m. de base sur 72 m. de hauteur perpendiculaire. La récolte est, en moyenne, de 1 hectol. 20 par are, l'hectolitre pesant 65 kilog. Quelle quantité de fécule obtiendra-t-on de cette récolte, en admettant que la fécule représente les 16 centièmes du poids total, et quelle somme en obtiendra-t-on, à raison de 10 fr. 85 le kilog.? — R. 1° 485 kil. 216; 2° 5264 fr. 59.

Cours supérieur. — 1. — Dans un champ de 7 hectares 25, on a récolté des betteraves qui ont été vendues à raison de 21 fr. 50 les 1,000 kil. Le montant de la vente totale s'est élevé à 3.152 fr. 50. Le prix de l'hectare de terre étant de 3.180 fr. et les frais d'exploitation, de 95 fr. 90 par hectare, on demande : 1° le poids des betteraves récoltées; 2° le produit net de la récolte; 3° le taux de l'intérêt qu'a rapporté le prix de la terre? — R. 1° 146,628 kil.; 2° 2.457 fr. 23; 3° 10 fr. 65 p. 0/0.

2. — Un cultivateur consacre, chaque année, 9 hectares de terrains à la culture de la betterave blanche de Silésie, dont le produit moyen, par hectare, est de 18.550 kil. Combien récolte-t-il de kilogrammes en tout, et quelle quantité de sucre pourra-t-on en tirer, si chaque kil. de betteraves fournit 0 kil. 09 de sucre? — R. 1° 166.950 kil.; 2° 15.025 kil. 50.

3. — Sachant qu'un pied de betterave porte-graines peut donner 130 grammes de graines, et qu'il faut environ 6 kil. 5 de graines par hectare, on demande combien il faut planter de terrain en porte-graines pour un hectare, si les pieds sont espacés de 0m60 en tous sens? — R. 0 are 2222.

4. — Une terre en forme de trapèze, dont les deux bases sont 120 et 160 mètres, et la hauteur perpendiculaire, de 45 m., est ensemencée en carottes et la récolte partielle a fourni 2 hectol. 25 et un poids de 75 kil. par are. Evaluer : 1° le montant total de la récolte, en hectol. et en kilog.; 2° le temps pendant lequel cette récolte permettra de donner au bétail une ration quotidienne de 15 kilog. — R. 1° 141 hectol. 75 et 4,725 kilog.; 2° 315 jours.

5. — Quelques agronomes estiment que les carottes peuvent, dans certains cas, remplacer avantageusement le foin pour le bétail, et que 1 kilog. de carottes équivaut à 3 kilog. de foin. D'après cette donnée, faire connaître quelle quantité de foin pourrait économiser à son propriétaire la récolte obtenue dans les conditions du problème précédent. — R. 14,175 kilog.

6. — Au moment de la récolte, un cultivateur pouvait vendre ses pommes de terre 1 fr. 35 le double décalitre, mais au bout de six semaines, il en trouve 1/12 de pourries. Combien doit-il alors faire payer l'hectolitre pour ne rien perdre? — R. 7 fr. 36. (*Certificat d'études primaires*, Grandpré).

7. — Un fabricant de sucre a employé 218 tonnes de betteraves, et en a extrait 16.147 kil. de sucre. Calculer, à un décagramme près, la quantité de sucre qu'on peut extraire de 100 kil. de betteraves? — R. 7 kil. 406 grammes. (*Concours cantonaux* Seine-et-Marne).

8. — L'hectare de terrain cultivé en betteraves en rapporte 34,700 kil., en moyenne. La betterave fournit les 6 millièmes de son poids de sucre : combien faut-il, d'après cela, cultiver d'hectares en betteraves pour obtenir les 120.681.000 kil. de sucre de betteraves fabriqués annuellement en France? — R. 579.639 hectares 76 ares. (*Certificat d'études primaires*, Haute-Saône).

9. — On admet que 2 kil. 5 de pommes de terre ont le même effet, au point de vue de la nourriture des animaux, que 1 kilog. de foin sec, estimé 7 fr. le quintal. Quel est le produit en francs d'un hectare de pommes de terre qui a fourni 198 hectolitres du poids de 65 kil. l'hectolitre? — R. 360 fr. 36. (*Certificat d'études*, Signy-l'Abbaye, Château et Buzancy).

10. — L'hectolitre de pommes de terre pèse environ 80 kil., et le demi-quintal vaut 3 fr. 25. Calculer la valeur de la récolte d'une terre de 1 hectare 37 ares 83, ensemencée en pommes de terre, sachant que le rendement a été de 104 litres 65 par are. — R. 750 fr. (*Examen des aspirants instituteurs*, Académie de Besançon, brevet simple).

Exercices de rédaction sur les plantes racines

I. — La Pomme de terre.

Sommaire. — Utilité et emploi de la pomme de terre ; — Son origine, son histoire et sa famille. — Terrains et engrais qui lui conviennent. — Variétés de la plante ; — Maladie qui l'atteint ; — Moyens de l'en affranchir. — Culture ; — Récolte.

La pomme de terre est de beaucoup la plus importante de nos plantes racines. Comme denrée alimentaire, elle est le « pain tout fait des pauvres. » Comme élément industriel, elle rend d'inappréciables services, en entrant dans la composition d'un grand nombre de produits, tels que la semoule, le vermicelle, le tapioca, etc. De plus, elle est pour une notable partie dans l'engraissement des porcs.

La pomme de terre nous est venue d'Amérique, en passant par l'Angleterre, vers l'année 1586. Mais ce ne fut qu'en 1774, sous le ministère de Turgot, qu'elle commença à prendre quelque extension en France, grâce aux travaux et aux efforts de Parmentier, alors pharmacien à l'hôtel des Invalides. (1)

Le savant philanthrope démontra qu'on pouvait faire du pain très nutritif exclusivement composé de fécule ou de farine de pomme de terre. En même temps, il prouvait que la précieuse plante était également appelée à servir avantageusement dans la cuisine et dans la fabrication des liqueurs.

On sait à quelle ruse Parmentier eut recours pour répandre la pomme de terre, en excitant la convoitise des habitants de la banlieue de Paris et en laissant piller, la nuit, la plaine des Sablons, où la plante était largement cultivée. (60 arpents).

L'année suivante, les environs de Paris étaient couverts de petits champs de pommes de terre. Encore fallut-il que des disettes réitérées vinssent au secours de Parmentier et fissent adopter enfin la précieuse plante : certains faiseurs y voyaient un poison, une cause de maladie !

La vérité est que la pomme de terre appartient à la famille des *Solanées*, dont plusieurs espèces fournissent des poisons ; mais ses fanes seules pourraient tout au plus, incommoder les animaux, s'ils en prenaient en trop grande quantité.

Un des grands avantages attachés à la culture de la pomme de terre, c'est que cette plante s'accommode de tous les terrains qui ne sont ni humides, ni froids. Elle exige d'ailleurs peu d'engrais et réussit surtout avec le fumier ordinaire, même pailleux, arrosé avec l'urine des étables.

Il y a de nombreuses variétés de pommes de terre ; toutefois on les réduit à deux principales : les *précoces*, qui se récoltent en juillet et août, et les *tardives*, qui ne mûrissent qu'en octobre.

On distingue parmi les premières : les *quarante jours* et les *neuf semaines*, et parmi les secondes, la *longue rouge* ou *corne de chèvre* du pays de Liége, et la *violette de Campine*.

La pomme de terre est sujette à une maladie caractérisée par un petit champignon et qui a pour effet de tacher la feuille et de décomposer ensuite le tissu des tubercules. On n'y remédie efficacement que par des semis de graines recueillies et par la plantation des petits tubercules successivement obtenus. C'est ainsi que

(1) Les historiens rapportent que ce fut le 25 août 1785 que le roi Louis XVI, la reine Marie-Antoinette, Mme Elisabeth et les princesses du sang portèrent à la boutonnière de leur vêtement la fleur de la pomme de terre que Parmentier leur avait offerte.

dans les Flandres, on est parvenu à avoir des produits à la fois sains et abondants.

La plantation des pommes de terre doit se faire en employant les tubercules de moyenne grosseur et de bonne qualité, mais en les laissant en entier. On les place, soit au moyen de la charrue, soit en se servant simplement du hoyau, à une profondeur de 10 à 15 centimètres et à une distance d'environ 30 centimètres.

Pendant la végétation des pommes de terre, on les bine d'abord, afin d'aérer le sol, puis on les butte en relevant la terre autour des pieds.

La récolte doit se faire dès que les tiges sont sèches. Pour cela, il faut choisir un beau temps et rentrer les tubercules le plus promptement possible.

II. — La Betterave.

SOMMAIRE. — Définition et emploi de la plante. — Découverte de ses propriétés saccharines; — époque à laquelle elles furent utilisées en France et à quelle occasion. — Nos deux créateurs de l'industrie sucrière. — Terrains qui conviennent à la betterave. — Variétés. — Avantages de la culture par semis en lignes. — Abus relatif à l'effeuillage des betteraves pendant la végétation. — Récolte et rendement.

La betterave est, après la pomme de terre, la plante racine la plus utile de nos champs. Par sa double affectation à l'alimentation du bétail et à la fabrication du sucre et de l'eau-de-vie, elle offre de nombreux avantages au cultivateur.

C'est à un chimiste allemand qu'est due la découverte de cette propriété qu'a la betterave de fournir du sucre et de l'alcool. Cette découverte ne fut utilisée en France qu'à partir de 1806, par suite du blocus de nos côtes par les Anglais.

Le comte Chaptal, un de nos grands chimistes, et François de Neufchâteau, poète et savant économiste, furent les principaux créateurs de l'industrie sucrière. Ce dernier indiqua lui-même les soins à donner à la culture de la plante, qui réussit notamment dans les terres profondes, riches en humus et parfaitement fumées et ameublies.

La betterave à sucre a de nombreuses variétés, dont la principale est la *betterave blanche de Silésie.* Parmi les betteraves fourragères, on distingue la *betterave champêtre, ou disette.*

On sème les unes et les autres au printemps, soit à la volée, soit au semoir mécanique. Ce second mode est le plus avantageux : il exige moitié moins de semence et permet au cultivateur de se servir de la houe à cheval pour toutes les façons à donner à la plante.

Les graines peuvent être semées à la volée; mais les jeunes plantes doivent être repiquées en lignes, au moyen de la charrue, après en avoir trempé la racine dans un bain composé d'un mélange de purin, de terre et de bouse de vache; la distance à laisser entre elles est d'environ 35 centimètres en tous sens.

C'est un abus d'effeuiller les betteraves pendant la végétation, parce qu'alors les plantes émettent de nouvelles pousses, qui nuisent sensiblement à l'accroissement de la racine.

Les betteraves achèvent de se développer pendant le mois de septembre et se récoltent ordinairement en octobre et novembre. On abrège ce travail en se servant d'un araire dépourvu de coutre; mais, pour cela, il faut que les plantes aient été placées en lignes.

Le rendement moyen d'un hectare de betteraves est de 40,000 kilog. de racines et de 15 à 20,000 kilog. de feuilles.

On évalue à 400 fr. (soit à 4 fr. par are) le bénéfice net que le cultivateur peut réaliser sur un hectare de terrain exploité en vue de la fabrication du sucre.

De son côté, la culture des betteraves destinées à faire de l'alcool, favorise excessivement l'élève du bétail, qu'on engraisse au moyen des pulpes provenant des pressées de la distillerie.

Enfin, même cultivée comme plante fourragère, la betterave permet au cultivateur d'augmenter le nombre de ses bestiaux et, par suite, la masse de ses engrais.

III. — La Carotte, le Navet, le Panais, etc.

Sommaire. — Résumer, dans une narration rapide, ce qui a été dit dans l'entretien sur la carotte, le navet, le turnep, le rutabaga et la chicorée sauvage, en suivant l'ordre observé dans la causerie.

Comme la pomme de terre et la betterave, la carotte et le navet fournissent d'importantes ressources au cultivateur. La carotte est surtout doublement précieuse, en ce sens qu'elle est la seule racine fourragère qui serve à la fois à la nourriture des vaches et à celle des chevaux. Elle constitue les aliments les plus sains qu'on puisse leur donner.

Il y a plusieurs variétés de carottes, parmi lesquelles on cite, en première ligne, la *blanche à collet vert*, la *blanche des Vosges* et la *rouge pâle des Flandres*, qui donnent toutes un fort rendement.

Il faut à la carotte une terre légère, profonde et où le sable domine. On la sème au mois d'avril et même parfois beaucoup plus tôt, à raison de 7 à 8 kilog. par hectare.

Il y a des cultivateurs qui joignent à la semence de la terre sèche ou du sable, afin de ne pas semer trop dru. Cette semence doit être très légèrement recouverte au moyen du dos de la herse.

Les jeunes carottes doivent être sarclées à la main, à deux reprises différentes

Le rendement moyen d'une récolte de carottes fourragères, appartenant aux bonnes variétés, est de 35 à 40,000 kilog. par hectare, sans compter les fanes. La carotte commune du pays atteint à peine 25 à 30,000 kilog.

En ce qui le concerne, le navet est avantageusement cultivé comme plante fourragère. Le plus souvent même, on l'obtient en récolte dérobée, en le semant en juillet et août, sans labours préalables, après une récolte de seigle ou de colza. Ces semis sont souvent attaqués par les insectes. Mais on en prévient les ravages en répandant sur le terrain, en même temps que la graine, de l'engrais en poudre ou du purin d'étable.

Les navets ne doivent pas être sarclés, mais seulement éclaircis; sans cette précaution, la plante ne pousse que des feuilles absolument inutiles.

La récolte se fait aux mois d'octobre et novembre, avant les premières gelées, qui leur feraient perdre toute valeur nutritive.

Il y a une variété de navet connue sous le nom de *turnep*, qui sert également à la nourriture du bétail pendant l'hiver.

Au nombre des plantes racines, il faut citer aussi le *panais* et le *rutabaga*, ou navet de Suède. Ces plantes conviennent beaucoup mieux aux vaches laitières que le navet ordinaire; mais elles ne sont pas encore appréciées comme elles méritent de l'être.

Enfin, citons encore, parmi les plantes racines, la *chicorée sauvage*, qui donne un excellent fourrage et dont la racine est également très bonne pour l'engraissement des porcs.

---

§ VII

Classification des Plantes agricoles.

Plantes commerciales : Plantes oléagineuses et Plantes textiles.

Le Maitre. Mes enfants, nous abordons aujourd'hui l'étude des plantes *commerciales* ou *industrielles* proprement dites, celles dont les produits sont, comme ceux de la betterave à sucre, transformés en d'autres produits, avant d'être livrés à la consommation. Ces plantes sont, pour certaines industries, ce qu'on appelle des matières premières. Elles forment trois groupes principaux, savoir : les *plantes oléagineuses,* qui fournissent les matières premières pour la fabrication de l'huile ; les *plantes textiles,* qui produisent les matières premières d'un grand nombre d'étoffes ; et les *plantes tinctoriales,* qui donnent la matière première de diverses couleurs.

Gustave. Nous avons, je crois, plusieurs espèces de plantes qui servent à faire de l'huile ?

Le Maitre. Oui : les plantes oléagineuses cultivées en France sont au nombre de quatre : le colza, le pavot, la navette et la cameline.

Louis. En effet, c'est par ces noms que M. Martin désigne les plantes qu'il cultive pour les vendre aux fabricants d'huile.

Le Maitre. Le fermier de la Warenne cultive surtout le colza, espèce de chou vert très productif.

Louis. C'est vrai : M. Martin en a de deux sortes.

Le Maitre. (*Ouvrant une boîte longue, à compartiments*). Voici des graines des deux variétés de colza cultivées en France. L'une de ces variétés est tardive et dite *colza d'hiver*; elle se sème en août et se récolte l'année suivante ; l'autre est appelée *colza de printemps* ; on la sème au mois de mars pour la récolter dans la même année, vers le mois de septembre.

Eugène. Quelle est la plus estimée des deux variétés de colza ?

LE MAITRE. C'est le colza d'hiver ; il peut donner jusqu'à 25 et même 30 hectolitres de graines par hectare, tandis que le colza de printemps en donne rarement plus de 12 à 15 hectolitres.

LOUIS. D'où peut venir cette différence?

LE MAITRE. De ce que le colza de printemps mûrit difficilement, lorsqu'il est semé un peu tard.

LOUIS. Pourquoi alors ne pas le semer plus tôt?

LE MAITRE. Parce qu'il serait envahi et détruit par une espèce de puceron vert, qui pullule dès les premières chaleurs. Aussi n'emploie-t-on le colza de printemps que pour remplacer, dans les terres humides, le colza d'hiver détruit parfois par les gelées.

GUSTAVE. Les terres humides ne conviennent donc pas au colza d'hiver?

LE MAITRE. Non : cette plante demande, au contraire, un terrain bien assaini, parfaitement ameubli et fortement fumé. Dans ces conditions, tous les sols lui sont bons.

EUGÈNE. Comment sème-t-on le colza?

LE MAITRE. Le colza d'hiver peut être semé de plusieurs manières : en place, c'est-à-dire à demeure, soit en lignes, soit à la volée; ou bien en pépinière, pour être repiqué vers le mois de septembre ou octobre.

EUGÈNE. Le semis en pépinière doit être le plus économique?

LE MAITRE. Oui : il exige seulement un kilogramme de graine pour l'exploitation d'un hectare; en semant en place, il faut aller jusque trois kilogrammes par hectare.

LOUIS. M. Martin emploie toujours le semis en pépinière.

LE MAITRE. Parce que non-seulement il est le moins coûteux, mais aussi et surtout parce qu'il permet d'employer la charrue pour la transplantation, et la houe à cheval pour le sarclage.

GUSTAVE. Les petits cultivateurs font faire tous leurs sarclages au hoyau?

LE MAITRE. Oui. Dans la petite culture, on repique le colza au plantoir, comme les choux de jardin, et on le sarcle également au moyen de la houe à main. Mais il faut pour cela beaucoup d'ouvriers, et le travail se fait lentement. J'admettrais, au besoin, le repiquage à la main; mais je voudrais que les pieds fussent toujours placés en lignes, de façon à permettre au moins un premier buttage à la houe à cheval dès à la fin de février.

En repiquant en lignes, on peut facilement placer les pieds à une distance égale les uns des autres, et il est très-important de prendre cette précaution.

Louis. L'intervalle à laisser entre les pieds de colza doit-elle être la même pour tous les terrains ?

Le Maitre. Non, et cela se comprend : plus la terre est riche en humus ou en engrais, plus la plante qu'on lui confie est appelée à prendre de développement. Il faut donc toujours adopter une distance en rapport avec ce développement probable.

Louis. C'est bien cela : dans ses meilleures terres, le fermier de la Warenne fait planter le colza à une distance de 45 centimètres en tous sens ; et dans ses terrains médiocres, à 30 ou 35 centimètres seulement.

Gustave. A quelle époque et comment coupe-t-on le colza ?

Le Maitre. Le colza se coupe à la faucille, au moment où les *siliques* ou gousses qui renferment la graine commencent à jaunir : plus tard, on perdrait une partie de la récolte par suite de l'égrenage.

Louis. Les tiges doivent rester, je crois, pendant quelque temps sur le terrains pour achever de mûrir ?

Le Maitre. Oui, pour cela, on les réunit en faisceaux, en les maintenant avec de forts liens de paille. Sept ou huit jours après, on procède au battage.

Eugène. Sur le terrain qui a donné la récolte ?

Le Maitre. Sur le terrain même, à l'aide de bâches dont on recouvre le sol à un endroit choisi.

Louis. A moins qu'il ne fasse mauvais temps.

Le Maitre. C'est vrai. Dans ce cas, la récolte est battue en grange, après avoir été enlevée au moyen de voitures dont on garnit l'intérieur avec les bâches qui servent à couvrir le sol, lorsque le temps permet de battre dehors. C'est là un des graves inconvénients de la culture du colza dans les années pluvieuses. Aussi, sur certains points de la France, en Normandie, par exemple, on cultive une variété de colza dite *colza parapluie*, dont les tiges latérales retombantes garantissent les siliques des pluies qui surviennent parfois lors de la maturité.

GUSTAVE. Le colza parapluie est une variété précieuse?

LE MAITRE. D'autant plus précieuse, qu'elle est d'ailleurs moins sujette à s'égrener, et qu'elle est, par cela même, d'un produit considérable.

LOUIS. Je ne crois pas que le fermier de la Warenne cultive cette variété.

LE MAITRE. Vous vous trompez, mon enfant : M. Martin avait, l'année dernière, un magnifique champ de colza parapluie.

EUGÈNE. Près du Clos-Jean, oui ; je me le rappelle parfaitement.

LE MAITRE. Eh bien ! malgré le mauvais temps, le rendement de la récolte a été considérable.

GUSTAVE. Je le crois bien : on prétend que M. Martin n'avait jamais fait pareille fourniture à l'huilerie.

LE MAITRE. Je le comprends sans peine.

EUGÈNE. L'huile de colza est-elle bien recherchée ?

LE MAITRE. Très recherchée ; on s'en sert non-seulement pour l'éclairage, mais encore pour la préparation des cuirs et des laines.

LOUIS. Ce colza donne encore d'autres produits.

LE MAITRE. Oui : sa feuille est une excellente litière, et les *pains* ou *tourteaux* qu'on forme avec les résidus de ses graines, sont à la fois un bon aliment pour les bestiaux et un engrais puissant pour les terres ou pour les prairies.

GUSTAVE. La culture du pavot a-elle en France l'importance de celle du colza ?

LE MAITRE. Pour toute notre région du Nord et celle de l'Est, oui. Le pavot *œillette* est surtout cultivé en grand dans les meilleures terres de ces deux régions. Il fournit à l'industrie et au commerce un produit connu sous le nom d'*huile d'œillette*, la seule qui puisse remplacer, pour nous, l'huile d'olive comme huile comestible, ou huile de table.

LOUIS. L'huile à salade, qu'on achète chez les épiciers, n'est donc pas de l'huile d'olive ?

LE MAITRE. Non, mon ami : c'est de l'huile d'œillette. L'huile d'olive s'extrait du fruit d'un arbuste qui ne peut prospérer que dans les provinces du Midi ; elle est d'un prix très élevé, et nos épiciers s'en approvisionnent rarement.

GUSTAVE. Les pavots donnent des fleurs blanches ?

LE MAITRE. (*Ouvrant son herbier*). Il y a plusieurs variétés de pavots : vous les distinguerez aisément à leurs fleurs et à leurs feuilles. Outre le *pavot œillette*, à fleurs grises, que vous connaisssez tous, voici d'abord le *pavot commun* de la petite culture, dont on tire une bonne huile à brûler ; puis le *pavot noir* ou *pavot aveugle*, qui est peu cultivé ; enfin le *pavot blanc*, à capsule ou tête, dont on tire l'opium, substance propre aux usages de la pharmacie et qui a la propriété d'exciter l'assoupissement, de provoquer le sommeil.

GUSTAVE. Comment s'obtient cette substance ?

LE MAITRE. Tout simplement en faisant une incision, c'est-à-dire une petite ouverture aux capsules de la plante encore verte.

LOUIS. Quels sont les soins à donner à la culture du pavot ?

LE MAITRE. Quelle que soit la variété cultivée, le pavot se sème à la volée, en mars ou avril, sur un labour donné en automne. La graine est recouverte au moyen d'un hersage léger, suivi d'un trait du rouleau de bois. Au mois de mai, on sarcle les plantes et on les éclaircit, en laissant un intervalle de 30 à 35 centimètres entre chaque pied. Le pavot arrive à maturité vers la fin d'août.

LOUIS. On le bat sur place, comme le colza ?

LE MAITRE. On ne bat pas le pavot sur le terrain : on en secoue seulement les têtes dans un bac disposé à cet effet. Après cette opération, les tiges sont réunies en gerbes pour être battues en grange.

GUSTAVE. Quel est le rendement du pavot ?

LE MAITRE. Le rendement du pavot cultivé en bon terrain, le seul qui lui convienne, est de 25 hectolitres environ par hectare.

LOUIS. C'est le rendement du colza.

LE MAITRE. Du colza cultivé dans les terres fertiles de la Flandre, avec une forte dose d'engrais liquide.

EUGÈNE. Les cultivateurs de la Flandre ont donc toujours de cet engrais à leur disposition ?

Le Maitre. Lorsqu'ils en manquent, pour les pavots comme pour le colza, ils emploient les tourteaux des années précédentes réduits en poudre.

Louis. M. Martin fait comme cela ; il utilise ainsi jusqu'aux cendres des tiges et des têtes desséchées de sa récolte en pavots, avec lesquelles il fait toujours chauffer le four.

Le Maitre. M. Martin possède la science du parfait cultivateur : il sait que les plantes oléagineuses rendent à la terre, sous forme de tourteaux, de feuilles ou de cendres, tous les principes fertilisants qu'elles lui ont enlevés pour croître et se développer, et il agit en conséquence. Si tous nos cultivateurs avaient le savoir du fermier de la Warenne, la France serait la première nation agricole du monde entier.

Il a encore deux autres plantes avec lesquelles on fait de l'huile : l'une est la *navette*, et l'autre, la *cameline*. La première a quelque analogie avec le colza, et, comme cette plante, elle offre deux variétés : la *navette d'hiver*, plus précoce que le colza, et la *navette de printemps*, ou navette annuelle.

Gustave Quand sème-t-on la navette d'hiver ?

Le Maitre. En août, ordinairement, après un seigle ou une avoine hâtive, sur un simple labour. Cette opération se fait à la volée, en mêlant avec la graine une certaine quantité d'engrais en poudre.

Gustave. Et la navette de printemps ?

Le Maitre. La navette de printemps se sème en avril et se récolte en septembre.

Louis. La navette produit beaucoup moins que le colza ?

Le Maitre. La navette rend en moyenne 12 à 15 hectolitres de graine par hectare. Mais cette plante est moins difficile que le colza sur le choix du terrain, et, avec peu d'engrais, elle donne de bonnes récoltes dans des terrains légers, médiocres, où le colza ne produirait absolument rien. Il en est de même de la cameline, la plus précoce et la plus rustique de nos plantes oléagineuses.

Eugène. La cameline réussit dans les terrains secs et peu profonds ?

Le Maitre. La cameline prospère sur le sol le plus sablonneux et le plus aride ; on la sème en mai, et les soins qu'elle exige consistent uniquement à en éclaircir les pieds, de façon à laisser entre ceux qui sont conservés une distance moyenne de 7 à 8 centimètres. En moins de trois mois, cette plante arrive à maturité.

EUGÈNE. L'huile de cameline sert-elle aussi pour l'éclairage ?

LE MAITRE. Non : c'est une huile grasse, qui a la propriété très recherchée, pour les travaux de peinture, de faire sécher rapidement les couleurs dans la préparation desquelles on la fait entrer. C'est à cette propriété que l'huile de cameline doit d'être nommée l'huile siccative.

LOUIS. On prétend que les tiges de cameline servent à fabriquer des balais ?

LE MAITRE. C'est exact · ces tiges ont la dureté du bois : elles sont ligneuses. Aussi, les cultivateurs se gardent bien de les brûler, ou de les employer comme litière ; ils en tirent un bien meilleur parti en les vendant à des industriels qui en font confectionner des balais beaucoup plus beaux et plus durables que les balais de bouleaux.

Questionnaire récapitulatif.

COURS INTERMÉDIAIRE. — 1° Qu'entend-on par plantes commerciales ou industrielles ? — Qu'est-ce qu'une plante oléagineuse ? — Quelles sont les plantes oléagineuses cultivées en France ? — Nommez les deux variétés de colza ? — Quelle est l'utilité du colza de printemps ? Quelles sont les terres, qui conviennent le mieux au colza ? — Est-il convenable de placer les pieds de colza à une distance égale les uns des autres ? — Pourquoi ?

2° Quand se fait la récolte du colza ? — Où le bat-on ? — Quelle est la variété de colza qui ne craint pas la pluie ? Qu'offre-elle de particulier ? — Quel usage fait-on de l'huile de colza ? — Comment nomme-t-on l'huile qu'on obtient du pavot ? Quelles sont les variétés du pavot ? — A quelle époque le sème-t-on ? — Quand cette plante arrive-t-elle à maturité ? — Quel en est le rendement ? — Qu'entend-on par tourteaux ?

3° Quel usage fait-on des tourteaux ? — Sous quelle forme les tourteaux peuvent-ils être employés comme engrais ? — Qu'est-ce que la navette ? Faites connaître les variétés de cette plante ? — Comment se sème la navette ? — Quelle en est le rendement ? — Qu'est-ce que la cameline ? — Dans quels terrains faut-ils cultivèr cette plante? — Quel emploi fait-on de l'huile qu'on en tire? — Que fabrique-t-on avec ses tiges?

Cours supérieur. — 1° Que désigne-t-on par ces mots : *matière première* pour l'industrie? — Quelle est la propriété des plantes dites oléagineuses? — Quelle est, pour nos cultivateurs, la principale de ces plantes? — Faites connaître le rendement du colza d'hiver? — Celui du colza de printemps? — Quels sont les inconvénients de la culture du colza de printemps? — Comment sème-t-on le colza d'hiver? — Pourquoi le semis en pépinière est-il le meilleur? — A quelle distance place-t-on les pieds de colza?

3° Quel moment faut-il choisir pour couper le colza? — Comment procède-t-on au battage de la récolte des plantes de cette nature? — Quels sont les avantages de la culture du colza parapluie? — Quels sont les différents produits du colza? — Qu'entend-t-on par huile d'œillette? — Qu'est-ce que l'huile d'olive? — Qu'est-ce que l'opium? — Comment se cultive le pavot? — Quel usage doit-on faire des tiges de pavot, et en général, des débris de toutes les plantes oléagineuses?

3° Quelle différence y a-t-il entre la navette d'hiver et la navette de printemps? — Quels sont les avantages que présente la culture de la navette, comparée à la culture du colza? — Que savez-vous de la culture de la cameline? — Pourquoi les cultivateurs ne brûlent-ils pas les tiges de cette plante comme ils brûlent celles du pavot? — Qu'entendez-vous par *tiges ligneuses*? — Citez les végétaux qui ont une tige ligneuse?

Problèmes sur les Plantes oléagineuses.

Cours intermédiaire. — 1. — Lorsque les tourteaux de chènevis se paient à raison de 15 fr. le quintal, quel est le prix de 1250 kilog. de ces tourteaux? — R. 187 fr. 50.

2. — Lorsque le tourteau de colza se vend 16 fr. 80 le quintal, que doit-on payer pour un chargement de 1000 kilogrammmes. — R. 168 fr.

3. — Un hectare de terrain a produit 20 hectolitres de cameline pesant 1400 kilog. Quel est le poids du litre? — R. 0 kil. 70.

4. — En estimant la cameline à 35 fr. le quintal, combien ce terrain a-t-il rapporté? — R. 490 fr.

5. — Quelle somme un cultivateur pourrait-il obtenir annuellement, en appliquant cette culture à 5 hectares et demi de terrain? — R. 2695 fr.

6. — Pour avoir filé 4 kilog. 50 de chanvre, une femme a reçu 8 fr. 10. Que paiera-t-on pour filer un demi-kilog de chanvre, et

combien recevrait une femme qui en aurait filé 75 hectogrammes ? — R. 1° 0 fr. 90 ; 2° 13 fr. 50.

7. Lorsque l'huile d'olive coûte 240 fr. les 100 kilog., combien coûte-t-elle le litre, la densité de cette huile étant 0,915 ? — R. 2 fr. 196. (*Certificat d'études primaires,* — Doubs).

8. — Un cultivateur emploie 220 litres de chènevis à l'hectare. Quelle étendue peut-il ensemencer avec 4 doubles décalitres de cette semence ? — R. 36 ares 35. (*Concours cantonaux,* — Aisne).

9. — Quelle est la capacité d'un vase, sachant que l'huile qui en remplit les 5/7 pèse autant que 385 fr. 50 en monnaie d'argent. — L'hectolitre d'huile pèse 90 kilog. — R. 2 litres. 14 (*Concours cantonaux,* — Aisne).

10. — L'hectolitre de noix peut donner jusqu'à 14 kilog. d'huile, et le litre de cette huile pèse 920 grammes. Combien aura de litres d'huile un propriétaire qui a récolté 14 hectolitres de noix ? — R. 213 litres 04. (*Certificat d'études,* Aubigny, etc.)

11. — J'avais acheté 38 hectolitres de colza, à raison de 21 f. 50 l'hectolitre. Je viens d'en revendre 15 hectolitres à raison de 23 fr. l'hectolitre, et je donnerai le reste à raison de 22 fr. 75 l'hectolitre. — Quel sera mon bénéfice : 1° sur le tout ; 2° par hectolitre ? — R. 1° 51 fr. 25 ; 2° 1 fr. 34. (*Certificat d'études,* — Cantal).

12. — On a payé 1 fr. 30 pour 650 grammes d'une huile dont la densité est 0,915. Quel est le prix de l'hectolitre et celui du litre ? — R. 1° 183 fr. ; 2° 1 fr. 83. (*Certificat d'études primaires,* — Meurthe-et-Moselle).

13. — Le litre d'huile d'olive pèse 915 grammes et vaut 2 fr. 80 le kilog. Quel est le prix d'un hectolitre de cette huile ? — R. 256 fr. 20. (*Certificat d'études,* — Filles, Charleville et Grandpré.)

14. — Un peintre achète à un cultivateur un fût d'huile de cameline pesant 108 kilog., à raison de 1 fr. 10 le kilog. ; et, comme il paie comptant, il obtient une remise égale aux 0,05 du montant de la facture. Quelle somme totale aura-t-il déboursée, quand il aura encore payé 0 fr. 18 par kilog. pour l'octroi et 2 fr. 25 pour le transport du fût ? — R. 134 fr. 55.

15. — Les agronomes admettent que, dans l'engraissement du bétail, 4 kilog. de foin peuvent être remplacés par 1 kilog. de tourteaux de colza, et que 3 kilog. peuvent être remplacés par 1 kilog. de tourteaux de chènevis. Dans ces conditions, combien faudrait-il de kilog. de tourteaux de colza et combien de chènevis pour remplacer 1640 kilog. de foin dans l'alimentation du bétail ? — R. 410 kilog. de tourteaux de colza ; 546 kilog. 666. de tourteaux de chènevis.

COURS SUPÉRIEUR. — 1. — Un marchand a acheté 42 hectol. 5 d'huile, à 0 fr. 85 le litre, payables à 3 mois, ou bien au comptant, avec remise de 4 p. 0/0. Il paie comptant. Combien doit-il vendre le litre pour gagner 15 p. 0/0? — R. 0 fr. 94. (*Certificat d'études*, Meurthe-et-Moselle).

2. — Sachant que la densité de l'huile est 0,912, quelle serait la quantité d'eau pesant autant que 7 litres d'huile, et quelle variété de poids faudrait-il employer pour lui faire équilibre? — R. 7 litres d'huile = 6 kilog. 384. Pour faire équilibre, il faut employer : 1° un poids de 5 kilog.; 2° un de 1 kilog., 3° un double hectog.; 4° un hectog.; 5° un demi-hectog.; 6° 2 décag.; 7° 1 décag, ; 8° enfin deux poids de deux grammes. (*Certificat d'études*, Soak-Ahras, Algérie).

3. — Le litre d'huile d'œillette pèse 9 hectog. 6 gr. Un marchand en achète un fût de 2 hectol. 1/4, au prix de 1 fr. 45 le kilog. Combien a-t-il à payer, si on lui fait une remise de 2 p. cent, parce qu'il paie comptant? — R. 289 fr. 35. *Certificat d'études*, Garçons, Mézières, Sedan, etc.)

4. — Un marchand achète un tonneau d'huile d'œillette à raison de 68 fr. 45 l'hectolitre. Les frais de transport sont de 9 fr. 75 centimes par 100 kilog. La capacité du tonneau est 28 décalitres 5. La densité de l'huile est 0 fr. 92. et le fût vide pèse 38 kilog. Combien le marchand doit-il vendre le litre pour faire un bénéfice de 12 p. 0/0? — R. 0 fr. 881. (*Concours cantonaux*, Seine-et-Oise).

5. — L'huile d'olive, au détail, se vend 2 fr. 80 le kilog. quand, en gros, elle ne coûte que 2 fr. 05. Dans un ménage, on en consomme 3 décalitres 2 litres pendant une année. Quelle économie réaliserait-on, pendant ce temps, en l'achetant en gros; on sait qu'un litre de cette huile pèse 917 grammes? — R. 22 fr. (*Certificat d'études*, Ardennes).

6. — Un marchand a acheté 11922 kilog. d'huile d'œillette au prix de 62 fr. l'hectolitre. Il paie comptant et on lui fait un escompte de 7 p. 0/0. Il revend les 5/6 de son huile au prix de 73 fr. les 100 kilog. et le reste en bloc pour 1890 fr. Calculer son bénéfice? — R. 1629 fr. 73. (*Certificat d'études*, Morée, Loir-et-Cher.)

7. — La graine de navette donne les 26/100 de son poids d'huile, et le colza d'hiver les 30/100. Combien faut-il de kilog. de navette pour produire le même poids d'huile que 542 kilog. 6 de colza? — R. 626 kilog. 076 (*Certificat d'études*, Paris, xv° arrondissement).

8. — L'hectolitre de colza pèse 68 kilog. et 100 kilog. de cette graine donnent 37 kilog. d'huile à brûler et 59 kilog. de tourteaux. Combien d'huile et de tourteaux produiront 13 hectolitres de colza? — R. 327 kilog. 08 d'huile et 521 kilog. 56 de tourteaux (*Certificat d'études*, Aisne.)

9. — Un marchand a acheté un tonneau d'huile de lin à raison de 65 fr. 75 l'hectolitre ; les frais de transport ont été fixés à 15 fr. 25 le quintal. La capacité du tonneau est de 4218 litres 75. Le poids du litre d'huile est les 0,91 de celui de l'eau, et le vase vide pèse 50 kilog. Combien le marchand doit-il revendre le litre d'huile pour réaliser un bénéfice de 12 p. 0/0 sur le prix d'achat ? — R. 0 fr. 893. (*Certificat d'études*, Orne.)

10. — Un marchand achète 2.485 kilog. d'huile d'œillette à raison de 180 fr. 75 le quintal. Il veut gagner 15 p. 0/0 sur son acquisition. Combien doit-il vendre les 500 grammes d'huile, et quel bénéfice total fera-t-il sur sa vente, en admettant que le détail occasionne une perte de 6 hectogrammes ? — R. 1° 1 fr. 04 2° 73 fr. 374. (*Examens des aspirantes institutrices*, Indre-et-Loire, — Brevet de second ordre.)

11. — On achète 208 hectol. de graine de colza au prix de 24 fr. 70 l'hectolitre, et l'on en retire 42 hectol, 7 litres d'huile ; on en retire aussi des tourteaux estimés 82 fr. On demande à quel prix on doit vendre le litre d'huile pour obtenir 1000 fr. de bénéfice. Les frais de fabrication sont de 0 fr. 20 par décalitre de graine. — R. 1 fr. 68. (*Aspirantes institutrices*, Somme, — Brevet de second ordre.)

12. — Un marchand de comestibles achète un tonneau d'huile d'olive de 240 litres, à raison de 1 fr. 83 le kilog., et il le revend à raison de 1 fr. 83 le litre. Trouver combien il gagne en tout à ce marché, et combien il a gagné pour 100, sachant qu'un centimètre cube d'huile pèse 915 milligrammes. — R. 1° 37 fr. 34 ; 2° 9 fr. 29 p. 100. (*Examens des aspirants instituteurs*, Marne, — Brevet obligatoire).

13. — Un fabricant d'huile a acheté la graine de colza récoltée sur un terrain qui, s'il était carré, aurait 320 mètres de côté. On a obtenu 27 hectolitres de graine par hectare. Le double décalitre se vend 4 fr. 20. Avec un hectolitre de graine on fabrique une quantité d'huile que l'on vend 20 fr. 30. Le prix de vente du résidu est les 6/29 de celui de l'huile. Le bénéfice net du fabricant est 465 fr. A combien, pour cent, du prix d'achat peuvent s'évaluer les frais de fabrication ? — R. 8 fr. 65 p. 100. (*Examens des aspirants instituteurs*, Rennes, — Brevet obligatoire).

Exercices de rédaction sur les plantes oléagineuses

I. — Le Colza

Sommaire. — Ce qu'on entend par plantes oléagineuses ; — en énumérer les quatre principales. — Caractériser le colza. — Variétés du colza. — Culture de cette plante. — Récolte et battage ; — soins que comportent ces opérations. — Emploi de la graine, des feuilles et des tourteaux de colza.

Les plantes oléagineuses, ou oléifères, sont celles qu'on cultive spécialement en vue de l'huile que contiennent leurs graines. Les principales sont au nombre de quatre : le colza, le pavot ou œillette, la navette et la cameline.

Le colza est une espèce de chou champêtre, qui réussit surtout dans les terres riches, profondes, bien assainies, bien fumées et surtout parfaitement ameublies.

Il y a deux variétés de colza : le *colza d'hiver*, destiné à rester en place pendant l'hiver, et le *colza de printemps*, qu'on récolte la même année.

Le colza d'hiver se sème au mois d'août, à raison d'un kilogramme de graine seulement par hectare, lorsqu'il doit être repiqué fin de l'été, et de 3 à 4 kilog. lorsque la plante est semée en place.

Le colza de printemps se sème au mois de mars, dans les mêmes conditions que le colza d'hiver.

Dans la petite culture, les façons du colza, sarclage et buttage, se donnent à la main et coûtent fort cher ; mais dans les grandes exploitations, les plantes sont semées ou repiquées en lignes, et les façons s'exécutent au moyen de la houe à cheval, travail beaucoup plus expéditif et surtout beaucoup plus économique que le travail à la main.

Le repiquage du colza en lignes permet d'ailleurs de placer les pieds à une distance proportionnée à la richesse du sol, soit à 50 ou 55 centimètres dans les meilleurs terrains, et à 30 ou 35 centimètres seulement dans les terres médiocres.

Le colza d'hiver se récolte au mois de juillet ; on le coupe à la faucille quelques jours avant la maturité, afin d'éviter l'égrenage. Le battage a lieu sur le terrain même, lorsque le temps le permet. Dans le cas contraire, la récolte est enlevée à l'aide de bâches et battue en grange.

On cultive aujourd'hui une nouvelle race de colza d'hiver, à laquelle on a donné le nom de *colza parapluie*, à cause de ses rameaux retombants, disposition qui garantit les siliques contre l'influence des pluies persistantes.

Dans les bonnes terres de la Flandre et de l'Artois, le rendement du colza d'hiver atteint 25 et parfois même 30 hectolitres à l'hectare.

La graine de colza donne une huile abondante, qu'on emploie pour l'éclairage et aussi pour la préparation des cuirs et des laines.

De leur côté, les pailles de cette plante constituent une excellente litière, et ses tourteaux servent à la fois à l'alimentation des animaux et au fumage des champs.

II. — Le Pavot.

SOMMAIRE. — Utilité du pavot œillette. — Variétés du pavot. — Culture, récolte, battage et rendement de cette plante. — Emploi de ses tourteaux ainsi que des cendres de ses tiges et de ses têtes desséchées.

Comme le colza, le pavot, auquel on donne aussi le nom d'*œillette*, est surtout répandu dans la région du Nord et de l'Est de la France, où son huile remplace l'huile d'olive pour les usages de la table.

Le pavot comprend plusieurs variétés dont les principales sont le *pavot œillette*, qu'on reconnaît à ses fleurs grises ; le *pavot commun*, dont on tire une bonne huile à brûler ; et le *pavot blanc à grosse tête*, cultivé spécialement en vue des besoins de la médecine

Bien qu'il soit originaire d'Orient, le pavot œillette, cultivé dans nos meilleures terres, s'accommode parfaitement de notre climat. On le sème en mars ou avril, sur un labour donné en automne. Il demande un ou deux sarclages, qu'on opère en mai, en éclaircissant les plantes de façon à laisser entre chaque pied conservé un intervalle de 30 à 35 centimètres.

On récolte le pavot au mois d'août, alors que les siliques ont pris une teinte jaunâtre.

Pour cela, on arrache les tiges avec précaution, puis on en secoue les têtes dans un baquet en bois disposé sur le terrain à cet effet ; les tiges sont ensuite réunies en gerbes pour être battues en grange.

Cultivé en bon terrain, le seul qui lui convienne, le pavot œillette peut rendre jusqu'à 25 hectolitres de graine à l'hectare; les tourteaux de cette graine sont un excellent engrais, de même que les cendres de ses tiges et de ses têtes, avec lesquelles on fait chauffer le four.

*
* *

III. — La Navette et la Cameline.

SOMMAIRE. — Résumer succinctement ce qui a été exposé dans l'entretien au sujet de ces deux plantes.

La navette et la cameline sont les plus rustiques de nos plantes oléagineuses; elles prospèrent dans les terres de médiocre valeur et n'exigent que très peu de soins.

Comme dans la culture du colza, on distingue deux variétés de navette : la *navette d'hiver*, qui se sème en août, et la *navette de printemps*, qui se sème en avril. La première est peu sensible au froid et réussit dans les terrains les plus arides, où le colza ne produirait absolument rien.

Il est vrai de dire que la navette ne rend en moyenne que de 12 à 15 hectolitres de graine, c'est-à-dire près de 10 hectolitres de moins que le colza,

Il en est de même de la cameline, qui croît sans culture, pour ainsi dire ; mais elle a l'avantage de mûrir et d'être récoltée en moins de trois mois.

La navette fournit une huile de meilleure qualité que celle du colza. De plus, elle peut être employée à la fois pour l'éclairage, pour la fabrication des savons et pour les besoins de la cuisine.

Quant à l'huile produite par les graines de cameline, elle jouit d'une propriété qui la fait rechercher pour les travaux de peinture : celle de faire sécher rapidement les couleurs dans lesquelles on l'emploie

Enfin, les tiges de la plante servent à la fabrication de balais beaucoup plus beaux et plus solides que les balais de bouleaux, ce qui permet aux cultivateurs de réaliser un profit que ne saurait leur procurer l'emploi de ces tiges comme litière dans les étables.

§ VII

Classification des plantes agricoles.

Plantes fourragères : Prairies naturelles, — pâturages, — prairies artificielles.

Le Maitre. Mes enfants, je veux vous entretenir aujourd'hui des plantes fourragères, des plantes qui servent spécialement à la nourriture du bétail. Ces plantes ont une grande importance en agriculture ; elles sont la matière première de la production animale et constituent ainsi la principale richesse du cultivateur intelligent. « Tant vaut le fourrage, dit le proverbe, tant vaut la bête qui s'en nourrit. » Et le proverbe a raison, comme toujours.

En effet, le bon fourrage fait le bon bétail, et celui-ci, le bon fumier, élément indispensable de toute culture.

Louis. Outre les engrais abondants qu'ils fournissent à la culture, les bestiaux bien nourris fournissent au commerce de la viande excellente...

Le Maitre. Et toujours largement payée.

Eugène. Les bestiaux abattus fournissent aussi du suif et du cuir...

Le Maitre. Et même du crin et de la laine : ce qui a fait dire à un de nos plus célèbres agronomes, Mathieu de Dombasle, que « *le bétail c'est du fourrage qui prend des jambes pour se porter au marché.* »

Gustave. C'est parfaitement vrai.

Louis. Les fourrages sont, je crois, de différentes sortes.

Le Maitre. Oui : il y a les *fourrages naturels*, ceux qui sont récoltés dans les prairies permanentes, qui durent toujours, et où ils se perpétuent d'eux-mêmes, par le semis de leurs graines, et les *fourrages artificiels*, c'est-à-dire ceux qui sont dus au travail du cultivateur, et qui se remplacent après un certain temps par d'autres cultures.

Louis. Comme le trèfle, la luzerne, le sainfoin.

Le Maitre. Précisément.

HENRI. Il y a ainsi deux sortes de prairies ?

LE MAITRE. Oui : les prairies naturelles et les prairies artificielles.

LOUIS. Ne désigne-t-on pas aussi les prairies naturelles sous le nom de pâturages ?

LE MAITRE. Non, mon ami; on appelle *pâturages* ou *pacages* les terrains qui donnent une herbe trop peu abondante pour être fauchée et convertie en fourrage, et qui est consommée sur place par les bestiaux.

EUGÈNE. Le plus souvent, les pâturages sont des biens communaux ?

LE MAITRE. Oui : les pâturages sont ordinairement établis sur les terrains maigres, montueux, difficiles à mettre en culture, et dont les communes tirent parti en les livrant au parcours des troupeaux communs. Il y a des habitants qui en possèdent également; d'autres en créent en fermant leurs prairies naturelles au moyen de pieux reliés entre eux par des fils en fer.

LOUIS. C'est ce que je voulais dire : M. Martin a beaucoup de bœufs qui sont nourris de cette matière, qui couchent dehors pendant tout l'été...

LE MAITRE. Et dont le fermier tire un bel argent en automne, par la vente aux bouchers des villes.

LOUIS. C'est vrai : tous les ans, avant l'hiver, M. Martin retire de ses pâturages des quantités de bestiaux qu'il livre à la boucherie, au lieu de les ramener à l'écurie.

EUGÈNE. Et ses pâturages restent constamment en bon état.

LE MAITRE. Parce que, indépendamment de l'engrais que les animaux y laissent chaque jour, en cherchant leur nourriture, M. Martin y fait répandre au printemps, après un léger hersage, du guano ou du noir de raffinerie, mêlés à un volume à peu près égal de terre sèche pulvérisée.

HENRI. Les communes ne font pas ordinairement ces frais là ?

LE MAITRE. Aussi, les pâturages, ou plutôt, les *pacages* ou *pâtis* qu'elles possèdent, finissent par ne plus donner qu'une herbe rare, courte et pauvre.

LOUIS. Il en serait donc de même des prairies naturelles, si elles étaient négligées ?

Le Maitre. Oui, au moins pour la plupart.

Louis. Quels sont les soins à donner aux prairies pour les maintenir en bon état d'entretien ?

Le Maitre. (*Ouvrant une boîte à herboriser*). Les soins à donner annuellement aux prairies naturelles consistent tout d'abord à en arracher les plantes inutiles, telles que les grandes marguerites, qui ne donnent qu'un foin dur et de mauvaise qualité, puis les plantes nuisibles, les centaurées, les berces, les patiences, plantes dont voici des échantillons.

Gustave. Je reconnais la patience à sa forte racine, dont on fait une tisane amère.

Le Maitre. C'est bien cela. Les centaurées, même les berces, sont employées en médecine. Vous le voyez, ces plantes ont généralement une tige coriace, que les bestiaux ne mangent pas ; elles ont d'ailleurs des racines pivotantes qui prennent un grand développement, et toujours aux dépens de leurs voisines. Il a des cultivateurs qui en débarrassent leurs prairies en y faisant paître leurs porcs, qu'ils ont laissés jeûner à dessein. Dans les parties basses, où le sol est envahi par les roseaux, il faut, ou drainer avant l'hiver, ou répandre au printemps des cendres lessivées et de la chaux vive pulvérisée.

Louis. Il y a des cultivateurs qui hersent leurs prairies au printemps.

Le Maitre. C'est pour en enlever les mousses, qu'on détruit au moyen de cendres non lessivées.

Louis. M. Martin, lui, soigne surtout ses prairies en automne, soit en les arrosant avec du purin mêlé à de l'eau de pluie ou de rivière, soit en y faisant répandre du terreau.

Le Maitre. L'époque à laquelle on doit répandre les engrais sur les prairies dépend de la situation des terrains et de la nature même des engrais qu'on leur donne. Ainsi, il convient de faire emploi des terreaux en automne, parce que, dans ces conditions, ils subissent l'action de l'hiver, qui achève leur décomposition et les fait pénétrer dans le sol, où ils produisent tous leurs effets. Mais dans les prairies qui peuvent être inondées pendant la mauvaise saison, il est convenable de n'épandre le terreau qu'au printemps.

LOUIS. Pourtant le fermier de la Warenne fait travailler en automne dans ses prairies basses.

LE MAITRE. Oui, pour en curer les fossés et rouvrir les rigoles d'écoulement, non pour y répandre des engrais.

GUSTAVE. C'est vrai : M. Martin fait enlever les terres qui proviennent des fossés.

LE MAITRE. Il a parfaitement raison : les curures de fossés deviennent du terreau après avoir été mélangées avec des feuilles décomposées et des phosphates de chaux, et ce terreau est répandu en temps utile sur les prairies hautes qui en ont besoin.

HENRI. Il y a des prairies qui ne reçoivent que de l'eau pour engrais.

LE MAITRE. Parfaitement, et ce ne sont pas celles qui produisent le moins. L'eau employée à l'irrigation des prairies agit très utilement sur les plantes, notamment lorsque le terrain est sablonneux : elle fait périr la plupart des plantes nuisibles et fournit au sol divers sels fertilisants qu'elle tient en suspension et en dissolution.

LE MAITRE. Chaque année, au printemps, M. Martin fait semer des graines sur certaines parties de ses prairies : savez-vous pourquoi ?

LOUIS. Pour les repeupler.

LE MAITRE. Et surtout pour les améliorer. Les meilleures plantes fourragères ne se reproduisent pas toujours dans de bonnes conditions. Il faut donc parer à cet inconvénient par des semis à la main : le cultivateur intelligent et soigneux n'y manque jamais, et il sait donner à chaque sol les graines qui lui conviennent le mieux.

GUSTAVE. Quoi ! il faut pousser à ce point les précautions ?

LE MAITRE. Oui, mon enfant ; et ce ne sont pas seulement des précautions qu'il faut apporter en cela. Il est indispensable que le cultivateur connaisse la grande et utile famille des *graminées*, plantes qui tiennent de la nature des *gramens* ou *chiendents*, c'est-à-dire qui sont semblables au *gazon* ; il importe qu'il sache où placer le *vulpin des prés* et la *houque laineuse*, la *fétuque rouge* et l'*ivraie* ou *ray-grass*, la *fétuque flottante* et le *pâturin aquatique*.

LOUIS. M. Martin prononce souvent ces noms là, mais je ne connais aucune des plantes qu'ils désignent.

Le Maitre. (*Prenant et ouvrant son herbier*). Voici avec leurs noms respectifs, les six graminées que je viens de nommer. Les deux premières prospèrent dans les terrains substantiels et convenablement frais ; les deux suivantes s'accommodent surtout des terres légères et sèches, et les deux dernières, des terrains mouillés, un peu marécageux. Mais il s'en faut que ces graminées soient les seules qui puissent être semées avec avantage dans les places vides des prairies naturelles ; il y en a une infinité d'autres dont le choix est à la fois réglé par la nature du sol et par leurs qualités particulières. Le *trèfle rampant*, par exemple, le *dactyle pelotonné*, la *flouve odorante* surtout, doivent être l'objet de soins spéciaux. C'est à la flouve que certains fourrages doivent le parfum qui les fait tant rechercher des bestiaux.

Henri. Je serais curieux de voir ces plantes.

Le Maitre (*Tournant quelques feuilles de son herbier*). Les voici toutes les trois.

Louis. Le trèfle rampant a donc deux variétés ?

Le Maitre. Oui : il y a le trèfle rose et le trèfle blanc. Il est infiniment regrettable que nos cultivateurs restent tout à fait étrangers à la connaissance des graminées. Vous ferez mieux, mes enfants : avec un peu de bonne volonté, vous apprendrez facilement les noms et les propriétés essentielles des plantes qui sont utiles ou qui sont nuisibles.

Nous parlerons prochainement des prairies artificielles.

---

§ VIII

Classification des Plantes agricoles.

Plantes fourragères. — Prairies artificielles : le trèfle.

Le Maitre. Nous savons déjà que les prairies artificielles se distinguent des prairies naturelles en ce qu'elles sont dues au travail de l'homme et qu'au lieu d'être permanentes, c'est-à-dire d'une durée continue, elles sont essentiellement temporaires. Les plantes cultivées en prairies artificielles sont principalement au nombre de quatre.

Gustave. Le trèfle, la luzerne...

Louis. Le sainfoin et la vesce.

Le Maitre. Parfaitement. Le trèfle est la première de nos plantes fourragères, sinon par l'abondance de son produit, au moins par les principes fertilisants qu'il communique au sol. En effet, le développement de ses feuilles permet à cette plante de puiser dans l'atmosphère la plus grande partie de sa nourriture; et, loin d'épuiser le sol, elle l'améliore. Comme d'autres légumineuses (luzerne, sainfoin, etc.), le trèfle enrichit le terrain en azote, mais il l'appauvrit en potasse, autre principe essentiel. Il ne faut pas d'engrais azoté aux légumineuses, mais, par contre, il leur faut des engrais minéraux — de la potasse surtout — à l'action desquels elles sont très sensibles. Le trèfle réussit surtout dans les terres légères, où le sable domine.

Louis. Mais où, quand et comment le sème-t-on ?

Le Maitre. On sème le trèfle au commencement du printemps, dans une céréale d'hiver, blé, seigle ou méteil.

Gustave. Et il peut pousser ainsi entre les touffes du blé ou du seigle ?

Le Maitre. Il pousse très bien.

Louis. La quantité de semence est sans doute calculée sur la place restée libre ?

Le Maitre. Non : la dose de semence se règle sur la qualité du sol qui la reçoit. Dans les bonnes terres, où la plante est appelée à prendre un certain développement, on emploie à peine 6 kilogrammes par hectare ; dans les terres médiocres, il faut aller jusqu'à 10 kilogrammes.

HENRI. Le trèfle peut-il donner du fourrage dès la première année ?

LE MAITRE. A la moisson, la plante est faible encore ; mais, à partir de ce moment, elle croît avec rapidité, surtout lorsque des pluies douces, ou même de fortes rosées viennent rafraîchir convenablement le sol.

LOUIS. L'été suivant, on a un champ qui peut être fauché plusieurs fois.

LE MAITRE. On pourrait même le faucher une première fois avant l'hiver ; mais il est préférable de le faire pâturer par le bétail.

GUSTAVE. Les vaches aiment beaucoup le trèfle.

LE MAITRE. Oui ; mais il ne faut leur en laisser prendre que peu à la fois ; on prévient ainsi une maladie que les cultivateurs redoutent avec raison, le météorisme ou gonflement.

HENRI. Il y a, je crois, plusieurs variétés de trèfle ?

LE MAITRE. Oui : outre le *trèfle commun*, dont la fleur est d'un beau rouge, on cultive le *trèfle incarnat*, qui donne une fleur plus pâle et qu'on peut faucher de très bonne heure.

LOUIS. C'est sans doute cette variété que M. Martin cultive pour le donner en vert à ses bestiaux dès le mois de mars ?

LE MAITRE. Oui. Le trèfle incarnat ne produit qu'une coupe. On le sème seul, en automne, et l'on peut disposer du terrain qu'il occupe pour une culture de printemps.

GUSTAVE. Il y a aussi du trèfle blanc ?

LE MAITRE. Oui : le trèfle blanc, ou trèfle rampant, est cultivé en certaines contrées sur des terres médiocres, dans des friches même, où il est mélangé avec d'autres plantes rustiques, et où il donne un fourrage réputé de bonne qualité. En Belgique, et particulièrement dans le Luxembourg et dans les terrains schisteux de la haute Ardenne, le trèfle blanc est connu et cultivé de temps immémorial. Après avoir donné un certain nombre de récoltes, le sol qui l'a reçu est abandonné à lui-même, et, sur certains points, il constitue des pâturages excellents, qui sont livrés au parcours de ces moutons renommés auxquels on doit le *gigot d'Ardenne*.

Louis. Le trèfle blanc pousse de lui-même le long des chemins.

Le Maitre. Il croît aussi dans nos pâtis communaux sans y avoir été semé, et avec lui toutes sortes d'herbes qui seraient autrement abondantes si, comme en Belgique, le sol était labouré périodiquement.

Louis. Le trèfle cultivé dans les bonnes terres dure ordinairement deux ans?

Le Maitre. Le trèfle dure deux années ; mais il n'occupe réellement le terrain que pendant la seconde, la première ayant donné une céréale qui lui a permis de s'enraciner.

Gustave. On fait ordinairement deux bonnes récoltes avec le trèfle ?

Le Maitre. Et parfois trois, mon ami.

Louis. On prétend qu'il est bien difficile de soigner le foin de trèfle?

Le Maitre. Très difficile, lorsqu'on tient à ce que la plante conserve toutes ses feuilles, qui forment précisément la partie la plus nourrissante du fourrage : l'essentiel est de ne pas trop bouleverser les tiges et de se servir de fourches, au lieu de râteaux, pour le retourner.

Henri. Quand laboure-t-on les terrains semés en trèfle ?

Le Maitre. En automne, au moment où les céréales sont mises en terre ; car c'est une céréale qui succède ordinaiment au trèfle, et, le plus souvent, sans autre engrais que les racines de cette plante et du phosphate de chaux.

Louis. Et cela suffit ?

Le Maitre. Cela suffit si bien que les blés ainsi obtenus sont sujets à verser par suite de la hauteur qu'ils acquièrent, ce qui s'explique parfaitement, lorsqu'on sait que, par ses racines, le trèfle restitue au sol plus de principes azotés qu'il ne lui en a empruntés pendant la période de végétation. Il en est exactement de même de la luzerne, qui fera l'objet de notre prochaine causerie.

---

§ IX

Classification des plantes agricoles.

Plantes fourragères. — Prairies artificielles; la luzerne.

Le Maitre. Les plus anciens agronomes parlent avec enthousiasme des avantages dus à la culture de la luzerne. Olivier de Serres l'appelle « *la merveille du mesnage des champs.* » De son côté, Mathieu de Dombasle affirme que de toutes les plantes dont on peut former une prairie durable, la luzerne est sans contredit la plus productive.

En effet, les prairies artificielles formées avec cette plante peuvent durer de dix à quinze ans; elles donnent trois et parfois quatre coupes par année et peuvent produire, en moyenne, six mille kilogrammes à l'hectare. Mais il y a lieu de remarquer à ce sujet que, si la luzerne est le plus abondant des fourrages connus, elle est aussi le plus exigeant, au double point de vue de la puissance et de la richesse du sol auquel on la confie.

Louis. Je sais que le fermier de la Warenne place ses luzernes dans ses meilleurs terrains.

Le Maitre. La luzerne exige non-seulement un sol riche, où le calcaire et la potasse dominent légèrement, mais encore un sous-sol perméable et très profond. On la sème ordinairement à la volée, du 15 mars au 15 mai, dans une orge ou une avoine bien levée, en employant de 15 à 20 kilogrammes de graines par hectare.

Louis. Comme le trèfle, la luzerne produit peu la première année?

Le Maitre. C'est vrai : la luzerne n'entre en végétation parfaite qu'au printemps de sa seconde année. C'est ce moment que les cultivateurs bien avisés choisissent pour plâtrer le champ, c'est à dire pour y répandre du plâtre en poudre.

Gustave. Le plâtre, si je me rappelle bien ce que nous en avons dit en étudiant les amendements, n'est pas un engrais pour le sol?

Le Maitre. Non, mon ami : c'est un stimulant qui agit

directement sur la végétation Le plâtre possède une propriété remarquable, celle d'exciter les organes des plantes à puiser plus de nourriture dans la terre et dans l'atmosphère.

HENRI. Dans quelle mesure emploie-t-on le plâtre pour les prairies artificielles ?

LE MAITRE. La dose est de 2 à 300 kilogr. par hectare. On doit en mettre le double lorsque le terrain est humide.

LOUIS. On peut, je crois, faucher les luzernes dès le 15 juin ?...

LE MAITRE. Et même beaucoup plus tôt, lorsque le fourrage doit être distribué en vert au bétail nourri à l'étable. Mais si la luzerne est destinée à la dessiccation, il convient d'attendre, pour la faucher, le moment où la plus grande partie des plantes est en pleine floraison : à ce moment, le fourrage contient toutes les substances alimentaires qu'il doit réunir.

GUSTAVE. Le fanage de la luzerne comporte-t-il donc les mêmes précautions que celui du trèfle ?

LE MAITRE. Absolument : les feuilles de la plante se détachent, quand elles sont trop vivement secouées, et le fourrage perd ainsi de sa qualité. Pour éviter cet inconvénient, beaucoup de cultivateurs se bornent à retourner les andains, au lieu de les éparpiller, et de les rassembler ensuite en tas jusqu'à complète dessiccation.

LOUIS. La luzerne peut-elle donner les mêmes produits pendant toute sa durée ?

LE MAITRE. A peu près, surtout si on a le soin de la herser énergiquement à chaque retour du printemps. Lorsque le sol est compacte, on remplace le hersage par un coup de scarificateur ; c'est le seul moyen d'enlever les mauvaises herbes et de faciliter l'aération du sol : en coupant ou en déplaçant les racines traçantes de la luzerne, les couteaux de l'instrument opèrent une sorte de marcottage, qui donne aux plantes une nouvelle vigueur.

Il nous reste à parler du sainfoin et de la vesce. Ces deux plantes feront l'objet de notre prochain entretien.

X

Classification des Plantes agricoles.

Plantes fourragères. — Prairies artificielles : le sainfoin, les vesces, etc.

Le Maitre. Le sainfoin est une fort belle plante, remarquable surtout par ses fleurs roses en forme de cônes. C'est le fourrage par excellence des terrains secs et calcaires. Il est beaucoup moins abondant que celui de la luzerne, mais il a l'immense avantage de réussir dans les terrains les plus pauvres, pourvu que le sous-sol soit graveleux et perméable.

Henri. A quelle époque sème-t-on le sainfoin?

Le Maitre. On sème le sainfoin, comme la luzerne, du 15 mars au 15 mai, dans les marsages, orge ou avoine, à la dose de 2 à 3 hectolitres par hectare.

Louis. M. Martin en a chaque année de deux sortes, du petit et du grand.

Le Maitre. En effet, on cultive deux variétés de sainfoin : le *sainfoin commun*, qui ne donne qu'une coupe, et le *sainfoin géant*, qui se fauche dans le mois de juin et qui donne un second produit en septembre ou octobre.

Gustave. Quel moment faut-il choisir pour faucher le sainfoin?

Le Maitre. Celui où la plante est en pleine fleur.

Henri. Et si l'on fauchait lorsque la fleur est passée?

Le Maitre. Le fourrage aurait moins de qualité, parce qu'alors le suc de la plante serait absorbé par les graines.

Louis. En serait-il de même de la vesce?

Le Maitre. Oui, si cette plante était cultivée pour son fourrage; mais lorsqu'on veut en récolter la graine, il faut attendre, pour la faucher, que ses gousses ou cosses soient remplies de grains bien formés et presque mûrs.

Gustave. Quel usage les cultivateurs font-ils de la vesce en grain?

Le Maitre. La vesce en grain sert à élever les volailles;

elle est notamment recherchée pour la nourriture des pigeons.

LOUIS. Quels sont les terrains qui se prêtent le mieux à la culture de la vesce?

LE MAITRE. Cette plante demande une terre riche et bien fumée. On sème deux hectolitres environ par hectare ; mais il est indispensable de joindre à la semence un peu d'orge ou d'avoine.

JULES. Pourquoi cela?

LE MAITRE. Parce que les tiges de la vesce sont naturellement faibles, et que, soutenues par celles de la céréale semée dans le champ, elles se développent beaucoup plus facilement.

LOUIS. Je ne comprends pas pourquoi M. Martin remplace parfois certaines parties de ses trèfles par des semis de vesces ?

LE MAITRE. C'est pour avoir une meilleure récolte. Les champs de trèfle qui ont souffert, soit du dégel, soit de l'humidité de l'hiver, donnent généralement peu : en cultivateur bien avisé, M. Martin sait éviter cet inconvénient en semant des vesces partout où le trèfle n'a pas réussi, et en leur associant, dans la proportion d'un cinquième, même d'un quart, la grande avoine blanche, qui peut se semer tardivement et qui prête un appui solide aux tiges grêles de la vesce.

En dehors des plantes fourragères dont nous avons parlé, il y en a d'autres dont on peut former des prairies artificielles. Telles sont, entre autres, le lupin blanc, la chicorée sauvage, la spergule, et surtout la gesse, le pois gris, qui réussit dans les terres sèches et qui donne un excellent fourrage pour les moutons, mais dangereux pour les chevaux. Ces plantes se sèment isolément ou en mélange, et elles donnent des produits abondants sous le climat de Paris et dans les provinces du Centre et de l'Ouest; mais elles sont peu connues dans le Nord, et nos cultivateurs se bornent, le plus souvent, peut-être avec raison, au trèfle et à la luzerne, dont la culture est réellement avantageuse.

Questionnaire explicatif.

COURS INTERMÉDIAIRE. — 1° Qu'entend-on par plantes fourragères? — Quels sont les avantages du bon fourrage? — Quels produits tire-t-on des bestiaux abattus? — Quelle différence y a-t-il entre les prairies naturelles et les prairies artificielles? — Qu'appelle-t-on pâturages, pâtis ou pacages? — Quels soins principaux faut-il donner aux prairies naturelles? — Quelle est l'utilité de l'eau sur les prairies naturelles? — Qu'entend-on par graminées? — Nommez quelques-unes des meilleures graminées?

2° Qu'est-ce que le trèfle? — la luzerne? — le sainfoin? — la vesce? — Indiquez les terrains dans lesquels chacune de ces plantes doit être cultivée de préférence? — Quand et où sème-t-on le trèfle? — Quand le fauche-t-on? — Quelle différence faites-vous, sous le rapport de la couleur et sous celui du produit, entre le trèfle commun et le trèfle incarnat? — Combien d'années dure le trèfle? — Quels soins faut-il apporter dans le fanage du foin de trèfle? — Quelle céréale succède ordinairement au trèfle? — Qu'est-ce que plâtrer un champ?

3° Où et à quel moment sème-t-on la luzerne? — Quand la fauche-t-on : 1° lorsqu'elle est donnée en vert; 2° lorsqu'elle doit être transformée en foin? — Quels soins comporte le fanage de la luzerne? — Dans quelle sorte de terrains doit-on semer le sainfoin? — Où, quand et comment sème-t-on cette plante? — Quand doit-on faucher le sainfoin? — Et la vesce? — Qu'est-ce que la chicorée sauvage? — le lupin blanc? — la gesse? — la laitue? — la spergule?

COURS SUPÉRIEUR. — 1° Pourquoi les plantes agricoles ont-elles une si grande importance pour les cultivateurs? — Rappelez ce que disait du bétail un célèbre agronome? — Qu'entend-on par fourrages naturels? — par fourrages artificiels? — par prairie naturelle? — par prairie artificielle? — Quelle distinction faut-il faire entre les pacages communaux et les pâturages exploités par leurs propriétaires ou fermiers? — Quel est le moyen de conserver les pâturages en bon état? — Pourquoi certains cultivateurs hersent-ils leurs prairies au printemps? — En quelle saison faut-il répandre le terreau dans les prairies? et pourquoi? — Que doit-on faire des curures des fossés?

2° Quelles précautions y a-t-il à prendre lorsqu'on sème des graines sur certaines parties des prairies naturelles? — Dans quels terrains prospèrent le mieux : 1° la houque laiteuse; 2° la fétuque rouge; 3° le pâturin aquatique? — Que savez-vous de la flouve odorante? — Quels sont les avantages de la culture du trèfle? — de la luzerne? — du sainfoin? — de la vesce? — A quelle dose sème-t-on le trèfle? — Citez les différentes variétés du trèfle? — Que savez-vous du trèfle blanc et de sa culture dans certains pâturages? — Que faut-il faire pour donner plus de valeur aux pâtis communaux? — A quoi sert le plâtre sur le trèfle?

3° Quels sont les avantages de la culture de la luzerne? — A quelle dose et dans quels terrains doit-on semer cette plante? — Comment et dans quelle proportion doit-elle être plâtrée? — Quels soins faut-il donner aux luzernières, lorsqu'on veut en obtenir les mêmes produits pendant toute leur durée? — Citez les deux variétés du sainfoin? — Donnez quelques détails sur la culture du sainfoin et sur celle de la vesce? — Pourquoi cette dernière plante doit-elle être semée en mélange? — Citez les autres plantes fourragères cultivées en France sous forme de prairies artificielles?

Problèmes sur les prairies naturelles et sur les prairies artificielles.

Cours intermédiaire. — 1. — Une prairie rectangulaire de 340 mètres de longueur, sur 175 mètres de largeur, a produit 20.825 kilog. de foin valant 65 fr. le 1.000 kilog. On demande ce qu'un are de prairie a donné de foin et pour quelle somme? — R. 1° 35 kilog.; 2° 2 fr. 275.

2. — Un pré de 8 hect. 70 ares a produit 5,360 bottes de foin, qui ont été vendues 7 fr. 80 les 100 kilog. Chaque botte pèse 5 kilog. Combien ce pré a-t-il rapporté par hectare? R. 240 fr. 27.

3. — On a fauché un pré contenant 52 ares 60, loué à raison de 125 fr. l'hectare. On a fait 18 tas de foin à peu près égaux. On a pesé l'un de ces tas et l'on a obtenu 8 bottes de chacune 10 kilog. La dépense du fauchage et du fanage ayant été de 7 fr. 50 et le quintal de foin étant estimé 6 fr. 25, on demande quel a été le bénéfice fait sur cette location? — R. 16 fr. 75.

4. — Quelle est la valeur d'un pré triangulaire, dont les dimensions sont 160 mètres 80 et 75 mètres 70, si les 3/4 de ce pré sont estimés 4.700 fr. l'hectare, et l'autre quart 72 fr. l'are? — R. 6.481 fr. 59.

5. — L'hectolitre de graines de prairies artificielles pèse 72 kilog. 500, et on en a 18 litres pour 15 fr. On demande : 1° le prix du litre; 2° celui du kilog.? — R. 1° 0 fr. 833; 2° 1 fr. 15.

6. — Une prairie ayant la forme d'un parallélogramme de 102 mètres de base sur 95 mètres de hauteur, est estimée 17,000 fr. l'hectare. Quelle en est la valeur? — R. 16,473 fr.

7. — On sème la luzerne à raison de 28 kilog. à l'hectare. Quelle serait, d'après cela, la dépense à faire pour l'ensemencement d'un champ triangulaire, dont la base serait de 122 m. 5 et la hauteur perpendiculaire de 96 m. 85, les 100 kilog. de graine de luzerne coûtant 104 fr. 87? — R. 17 fr. 40.

9. — Une pièce de terre est ensemencée en trèfle, dont la graine a été payée à raison de 110 fr. le quintal. Faire connaître la superficie de cette pièce, sachant que la somme dépensée s'élève à 24 fr. 75 et que chaque are de terrain a nécessité l'emploi de 4 décagrammes de graine? — R. 5 hectares, 62 ares, 50 centiares.

10. — On veut ensemencer en luzerne une pièce de terre rectangulaire mesurant 145 mètres de longueur sur 40 m. 20 de largeur. Quelle sera la dépense pour achat de la graine, si on l'emploie à raison de 25 kilog. par hectare et si elle coûte 120 fr. le quintal? — R. 17 fr. 487.

11. — Deux ouvriers se chargent de faucher un champ de sainfoin à raison de 22 fr. l'hectare. Ce champ a la forme d'un trapèze, dont la grande base mesure 178 m. 8, la petite 125 m. 2 et la perpendiculaire 95 mètres. Combien vient-il à chacun? — R. 15 fr. 88.

12 — Un fermier veut ensemencer trois terrains en luzerne; le 1er, de 1 hect. 79 a.; le 2e, de 21 a. 09 cent.; le 3e, de 1 hect. 79 cent. Faire connaître : 1° l'étendue des trois terrains; 2° ce qu'il faudra de graines pour chacun, à raison de 20 kilog. par hectare. — R 1° 3 hect. 88 cent.; 2° 1er terrain, 35 kilog. 800; 2e, 4 kilog. 218; 3e, 20 kilog. 158.

13. — On veut calculer la surface d'une prairie dont on a relevé le plan. Celui-ci est partagé en quatre triangles, dont les bases représentent 126 mètres, 117 m. 5, 130 m. et 19 m. 5, et dont les hauteurs correspondantes sont 112 m., 18 m., 17 m. et 14 m. Quelle est la surface de cette prairie et que vaut-elle au prix de 3,000 fr. l'hectare? — R. 1° 93 ares 55; 2° 2,806 fr. 50.

14. — Un cultivateur laisse monter en graine le trèfle d'un champ en forme de parallélogramme, dont les côtés mesurent 124 m. 10 et 104 m. 50, sur 51 m. de hauteur perpendiculaire. Il obtient 89 kilog. 500 de graines valant 120 fr. les 104 kilog. Quel est le revenu du terrain entier, puis de l'hectare? — R. 1° 103 fr. 27; 2° 177 fr. 15.

15. — Un ouvrier est occupé à faucher une luzerne de 3 hectares de superficie; il y a employé déjà les six jours d'une semaine, fauchant en moyenne 48 ares 50 centiares par jour. Sachant que cet ouvrier est payé à raison de 15 fr. par hectare, faire connaître : 1° ce qui lui est dû; 2° combien il reste d'ares à faucher; 3° la somme qu'il devra toucher pour ce nouveau travail. — R. 1° 43 fr. 65; 2° 9 ares; 3° 1 fr. 35.

16. — Une luzernière de 2 hectares a donné deux coupes: la première coupe n'a donné que 2.500 kilog. de fourrage par hectare; le plâtrage a fait rendre à la deuxième coupe 1/4 en plus de la première. Trouver la valeur de toute la récolte à

raison de 35 fr. les 100 bottes de 5 kilog. chacune. Le plâtre employé a coûté 20 fr. Combien cette dépense a-t-elle rapporté ? — R. 1° 787 fr. 50; 2° 67 fr. 50.

17. — Les 3/10 d'une propriété sont en prairie artificielle ; la moitié en prairie naturelle, et le surplus, qui est de 2 hect. 8 a., est en pâturage permanent. Faire connaître : 1° la superficie de cette propriété ; 2° son prix d'acquisition, sachant que l'hectare a été payé 6.350 fr. ? — R. 1° 10 hectares 40 ares; 2° 66,040 fr.

18. — Un cultivateur achète pour 9,234 fr. deux pièces de pré, la première de 18 hect. 90 a., la seconde de 2 hect. 40 a.; la qualité du terrain est la même. On demande : 1° A quel prix doit être affermée la première pièce par an pour rapporter 4 1/2 pour 100 du prix qu'elle coûte ; 2° au bout de combien de temps, à ce taux, l'acquéreur aura-t-il retiré le prix d'achat? — R. 1° 368 fr. 90 ; 2° 22 ans 2 mois 20 jours.

Cours supérieur. — 1. — Les statistiques évaluent à 50,348 hectares 76 ares, pour l'une des dernières années, l'étendue des prairies naturelles du département des Ardennes. Par suite de la sécheresse, au lieu de 40 quintaux, produit moyen des années ordinaires, l'hectare n'a donné, en moyenne, que 20 quintaux. Déterminer : 1° le chiffre total du déficit constaté dans le produit des prairies du département pour ladite année; 2° la valeur de la production totale, à raison de 5 fr. 60 le quintal. — R. 1° 1,006,975 fr.; 2° 5,639,061 fr.

2. — Une machine fauche en un jour 4 hectares 90 ares de pré. Le conducteur est payé à raison de 4 fr. 50 par jour et le travail des deux chevaux est estimé à 15 fr. On sait, d'autre part, que 11 faucheurs à bras fauchent ensemble, en un jour, 6 hect. 27 et gagnent chacun 6 fr. 50. Quel est le bénéfice que l'on fera en employant le mode de fauchage le plus économique pour une prairie de 31 hectares 85 ares? On évalue à 90 fr. l'usure de la machine et l'intérêt du prix d'achat. — R. Bénéfice réalisé par le fauchage mécanique, 245 fr. 50.

3. — On récolte, dans un pré de 130 ares, 4,000 kilog. de foin. Pendant combien de temps pourra-t-on nourrir 2 bœufs et 3 vaches avec le foin provenant de ce pré, si l'on donne à un bœuf 20 kilog. et à une vache 14 kilog. de foin par jour? — R. 48 jours 98/100. (*Certificat d'études*, Omont, Chaumont-Porcien).

4. — Un cultivateur a acheté deux prairies pour la somme de 4,811 fr. 80. La première a 98 ares 40 de superficie, la deuxième 2 hectom. carrés 45 décim. carrés 30. Trouver le prix du centiare. — R. 0 fr. 161. (*Concours d'admission à l'Ecole normale*, Perpignan).

5. — Paul, Charles et Jules se sont engagés à faucher en commun, pour un fermier, à raison de 10 fr. 50 par hectare, la

récolte en foin d'une prairie de 12 hectares 80 ares. Ils ont commencé leur travail le lundi matin et l'ont terminé le vendredi de la semaine suivante, à midi. Quelle somme chacun touchera-t-il, sachant que Jules s'est absenté un jour, Paul une demi-journée et que Charles n'a pas perdu de temps ? — R. : Charles, 46 fr. 84 ; Paul, 44 fr. 80 ; Jules, 42 fr. 76. (*Certificat d'études primaires*, Filles, Ardennes).

6. — Un pré de la contenance de 3 hectares 6 ares a été vendu en 3 lots : le 1er lot, qui contenait 58 ares 56, a été vendu 42 fr. l'are ; les deux autres, qui étaient égaux, ont été vendus, l'un à 46 fr., l'autre à 48 fr. 25 l'are. Combien le pré entier a-t-il été vendu ? Eût-il été plus avantageux de le vendre, en un seul lot à 4,500 fr. — R. 14,120 fr. — Par la vente en un seul lot, il y aurait eu une perte de 9,620 fr. (*Certificat d'études*, Morbihan).

7. — Dans une prairie de 124 mètres 75 de long et 84 mèt. 25 de large, valant 123 fr. l'are, on a récolté 583 bottes de foin qu'on a vendues à raison de 65 fr. le cent. Quel a été le rapport pour cent de cette prairie ? — R. 2 fr. 93. (*Certificat d'études*, Signy-l'Abbaye, Juniville, etc.)

8. — Une prairie rapporte 1,875 kilog. de foin par hectare ; le regain représente un quart de la valeur du foin, qui est estimé 18 fr. les 500 kilog. Les frais d'exploitation d'un hectare s'élèvent à 38 fr. et le produit net étant 3 fr. 33 p. 100 de la valeur de la prairie, on demande quelle est l'étendue d'une propriété qui vaudrait 7,345 fr. 80 ? — R. 5 hectares 27 ares. (*Certificat d'études*, Meuse).

9. — Le trèfle perd par sa fenaison 66 pour 100 de son poids ; il subit en outre, dans les greniers, une perte de 12 pour 100. Un terrain mesure 23 ares. On demande combien il fournira de foin à la consommation, sachant qu'en moyenne on peut compter sur un rendement de 12,300 kilog. de trèfle par hectare. — R. 846 kilog. 44. (*Examen des candidats à l'École normale*, Clermond-Ferrand).

10. — Il faut environ 28 kilog. de graine de luzerne pour ensemencer un hectare. L'hectolitre de cette graine, qui vaut 4 fr. 50 le double décalitre, pèse 40 kilog. Quel sera le prix de la graine nécessaire à l'ensemencement d'un terrain de 138 mètres de long sur 95 mètres de large ? — R. 20 fr. 64. (*Certificat d'études*, Flize et Novion.)

11. — Une luzernière de 4 hectares 8 ares a produit par are 12 bottes de foin de chacune 10 kilog. Sachant que ce foin se vend 5 fr. 50 le quintal, dire : 1° le prix total de la récolte ; 2° le bénéfice net du propriétaire, s'il paie pour la main-d'œuvre le 1/6 du produit total ? — R. 1° 2,692 fr. 80 ; 2° 2,244 fr. (*Certificat d'études*, garçons, Flize, Château-Porcien, etc.)

12. — Il faut 800 mètres de tuyaux pour drainer un hectare de prairie. Calculer la dépense nécessaire pour drainer une pro-

priété marécageuse de 3 hectares 15 ares, en supposant que le mètre de tuyaux coûte 0 fr. 35; que chaque tuyau ait une longueur de 0 m. 25, et enfin que la pose soit de 5 fr. par centaine de tuyaux? — R. 1,386 fr. (*Certificat d'études*, Meuse)

13. — Un cultivateur a récolté deux coupes de fourrage dans un champ de 4 hectares: la première lui a fourni 5,035 kilogr. à l'hectare; la deuxième lui a donné un quart en moins. On demande la somme qu'a reçue le cultivateur en vendant les deux coupes à 35 fr. les 100 bottes de 5 kilogr.; on sait que le fourrage, en séchant, a perdu le quart de son poids. — R. 1,850 fr. 86 centimes. (*Certificat d'études*, Isère).

14. — On a ensemencé un terrain en graines de luzerne coûtant 140 fr. le quintal métrique. On demande quelle était la superficie de ce terrain, sachant qu'il a fallu 30 kilog. de graine par hectare et qu'on a dépensé 86 fr. 75? — R. 2 hectares, 06 ares, 54 centiares. (*Certificat d'études*, Haute-Saône).

15. — Un champ de 1 hectare 2/3 a été semé en luzerne. Les frais de culture de la 1re année s'élèvent à 289 fr. 75, et à 167 fr. 85 cent. pour chacune des 9 années suivantes. Cette luzernière, dont la durée a été de 10 ans, a donné annuellement 4 coupes, produisant, en moyenne, 43 quintaux métriques de foin que l'on a toujours vendus 2 fr. 65 les 50 kilog. On demande: 1° le revenu net de 1 hectare pour une année; 2° le taux de l'intérêt produit par cette terre, qui représente une valeur vénale de 0 fr. 65 le mètre carré, et pour laquelle on paie 13 fr. 87 de contributions. — R. 1° 494 fr. 21; 2° 7 fr. 60. (*Compositions cantonales*, Pyrénées-Orientales)

16. — Une prairie artificielle, dont la superficie est de 2 hectares 50, a donné, en deux coupes égales, 82,920 kilog. de fourrage vert, qui a produit pour 1,762 fr. 55 de foin sec. Sachant que le fourrage vert perd les 7/9 de son poids en passant à l'état de foin sec, et que la botte de foin pèse 5 kilog., on demande le prix de 100 bottes et le nombre de bottes fournies par chaque hectare? — R. 1° 48 francs; 2° 1,472 bottes. (*Aspirantes institutrices*, Haute-Saône. — Brevet de 1er ordre.)

Exercices de rédaction sur les plantes fourragères.

I. — Les Prairies naturelles.

Sommaire. — Importance des plantes fourragères. — Ce que dit le proverbe à ce sujet. — Commment Mathieu de Dombasle définit le bétail. — Fourrages naturels et fourrages artificiels. — Pâturages, pacages et pâtis.

Les plantes fourragères constituent l'une des principales ressources de l'agriculture; elles procurent un revenu assuré au cultivateur intelligent, en lui permettant d'élever, à peu de frais, les bestiaux dont il a besoin pour fumer convenablement ses terres. L'essentiel, en cela, est de récolter de bons fourrages, car, suivant le proverbe, « tant vaut le fourrage, tant vaut la bête qui s'en nourrit. »

De son côté, Mathieu de Dombasle a parfaitement caractérisé, dans les paroles suivantes, l'importance de la culture des plantes fourragères. « Le bétail, dit-il, c'est du fourrage qui prend des jambes pour se porter au marché. »

Il y a deux sortes de fourrages : les fourrages naturels et les fourrages artificiels.

Les premiers sont récoltés dans les prairies permanentes et fauchables, où ils se reproduisent par leurs propres graines; les autres sont ensemencées temporairement, en s'intercalant entre d'autres cultures : tels sont le trèfle, la luzerne, etc.

Comme les fourrages, les prairies sont dites naturelles ou artificielles.

Les prairies naturelles diffèrent d'ailleurs des *pâturages*, *pacages* ou *pâtis*, en ce que les herbes qu'elles produisent sont fauchées régulièrement, chaque année, une ou plusieures fois, et que les herbes des pâturages et paccages sont consommées sur place par les animaux.

II. — Les Prairies naturelles (*Suite et fin*).

Sommaire. — Soins d'entretien à donner aux prairies naturelles; — engrais qu'elles comportent. — Irrigation. — Repeuplement annuel. — Doit-on se servir du poussier de foin. — Nos meilleures graminées. — Ce qui constitue le bon foin.

Pour maintenir les prairies naturelles en bon état d'entretien, les cultivateurs intelligents ont soin d'en arracher les grandes marguerites, les centaurées, les berces, les patiences et autres plantes à tiges coriaces, qui donnent un mauvais foin et dont les animaux domestiques ne s'approchent pas en pâturant les prairies.

Ces plantes forment ainsi des touffes inutiles et d'autant plus tenaces, qu'elles sont pourvues, pour la plupart, de racines énormes et pivotantes. Les prairies gagnent beaucoup à en être débarrassées chaque année, fût-ce avec le concours des porcs, qu'on y conduit après la récolte.

Les cultivateurs soucieux de leurs intérêts ne manquent pas, non plus, de herser leurs prairies au printemps, après en avoir drainé les parties basses. Ils conduisent également dans leurs herbages fauchés le purin de leurs basses-cours, largement étendu d'eau, en y répandant d'ailleurs, soit des cendres et du terreau, soit des boues de chemins et des curures de mares ou de fossés.

De plus, les prairies doivent être aménagées de façon à y répandre toutes les eaux dont il est possible de disposer. Quelle qu'elle soit, l'eau employée à l'irrigation des herbages agit efficacement sur les plantes.

Enfin, il importe de pourvoir, chaque année, au repeuplement des prairies naturelles.

Pour cela, on doit se servir, non des graines mal formées et incomplètement mûres que donnent les *floraîns* ou *poussiers* de foin des greniers vides, mais de semences épurées et choisies avec soin parmi les meilleures graminées, plantes de la nature des *gramens*, caractérisés par leurs fleurs disposées en épis.

Les graminées les plus renommées sont : le vulpin des prés, le ray-grass, la houque laineuse, les fétuques, le paturin, le dactyle, la flouve adorante, etc., etc. C'est à la diversité, c'est à un heureux mélange des meilleures graminées que les prairies naturelles doivent la qualité du fourrage qu'elles produisent.

III. — Les prairies artificielles.

SOMMAIRE. — Principales plantes cultivées en prairies artificielles. — Avantages et propriétés du trèfle. — Terrains dans lesquels cette plante se plaît. — Culture, — variété du trèfle ; sa dessiccation ; — abus du rateau. — Soins à donner au sol après la récolte.

Les plantes cultivées en prairies artificielles ou temporaires, sont principalement le trèfle, la luzerne, le sainfoin et la vesce.

Le trèfle est la plante fourragère par excellence ; non-seulement il donne des produits abondants, mais, en puisant une partie de sa nourriture dans l'air, par suite du large développement de ses feuilles, il épuise beaucoup moins le sol que les autres plantes.

Le trèfle se plaît parfaitement dans les terres légères, sablonneuses, schisteuses, lorsqu'elles sont amendées au moyen de la chaux et des cendres.

On le sème ordinairement au printemps, soit dans les céréales d'automne, soit même avec les froments de mars, les orges, avoines, etc., à raison de 6, 10, et quelquefois 15 kilogrammes de graine nue par hectare : plus le terrain a de qualité, moins il faut lui confier de semence.

A partir de la moisson, la jeune plante croît rapidement, et, dès l'année suivante, le champ peut être fauché plusieurs fois. Semé dans les marsages, le trèfle est ainsi venu remplacer avec avantage la stérile jachère.

Parmi les diverses variétés du trèfle, on distingue principalement le trèfle commun, le trèfle incarnat et le trèfle blanc, ou trèfle rampant. Ces variétés produisent généralement plusieurs coupes ; mais il importe que le fourrage qu'elles donnent ne soit pas bouleversé pendant sa dessiccation,

En effet, suivant les agronomes, nous perdons trop de feuilles, « nous abusons du rateau et de la fourche. »

L'automne venu, le terrain peut être labouré pour l'ensemencement d'une céréale, et cela, sans autre engrais que les racines, auxquelles on ajoute seulement du phosphate de chaux.

IV. Les Prairies artificielles (*Suite.*)

SOMMAIRE. — La luzerne ; — sa durée ; — terrains qui lui conviennent. — Culture. — Dessiccation.

En ce qui la concerne, la luzerne donne des produits qui, très souvent, ne le cèdent en rien à ceux du trèfle ; de plus, elle peut durer de longues années. Mais il faut a cette plante une terre offrant du calcaire et de la potasse, avec sous-sol riche, poreux et profond, où ses racines puissent pénétrer en s'enfonçant librement.

On sème la luzerne en mars et jusqu'au 15 avril, dans les marsages bien levés, en employant, par hectare, de 15 à 20 kilogrammes de graines, que l'on enterre très peu. On plâtre ensuite à raison de 2 à 300 kilogrammes par hectare.

Pendant la première année, la luzerne ne fournit que des produits minimes ; mais, dès la seconde année, elle peut être fauchée avec avantage, surtout si l'on saisit, pour cela, le moment où les plantes sont en pleine floraison.

En effet, à ce moment, le fourrage atteint le maximum des substances alimentaires qu'elle doit réunir.

Quant aux soins à donner à la dessiccation de la luzerne, ils sont les mêmes que pour le trèfle. Mais, pour continuer à prospérer, cette plante a besoin, à chaque retour du printemps, soit d'un hersage énergique, soit d'un coup de scarificateur.

On opère ainsi une sorte de marcotage qui donne aux plantes une nouvelle vigueur.

V. — Les Prairies artficielles. *(Fin)*

SOMMAIRE. — Résumer succinctement, en adoptant l'ordre suivi, ce qui a été dit dans la causerie au sujet du sainfoin et de la vesce.

Le sainfoin est une plante fourragère dont on connaît les jolies fleurs roses.

Cette plante donne un fourrage excellent et réussit partout, excepté dans les sols compactes ou marécageux. Comme la luzerne, on la sème au printemps, à raison de 2 à 3 hectolitres par hectare.

On distingue deux variétés de sainfoin : le sainfoin commun, qui ne donne qu'une récolte par année, et le sainfoin géant, qu'on coupe en juin et en septembre ou octobre.

Le meilleur moment pour faucher le sainfoin est celui où la plante est en fleur : plus tôt, il ne contiendrait pas tous les sucs alimentaires qu'il doit réunir ; plus tard, ces sucs passeraient dans les graines.

Il en est de même de la vesce, qui peut être culivée en vue de son fourrage, ou seulement pour la récolte de ses graines. Dans le premier cas, on doit la récolter quand elle est en fleur ; dans le second, il faut attendre la maturité des gousses ou cosses.

Les graines de la vesce servent à la nourriture des poules, des canards, des dindons et surtout des pigeons.

Cette plante prospère notamment dans les terrains argileux, riches, bien ameublis et bien fumés. On la sème à raison de deux hectolitres de semence environ par hectare, dont un quart en orge ou avoine.

Ces dernières plantes doivent servir de tuteur aux tiges de la vesce, qui sont naturellement faibles.

Chez les agriculteurs bien avisés, la culture des vesces s'étend aux champs de trèfle qui ont souffert pendant l'hiver ; et alors on associe à la plante, dans la proportion d'un cinquième environ, la grande avoine blanche, dont la tige robuste prête un utile appui aux tiges grêles de la vesce.

Dans les départements du centre et de l'ouest de la France, on cultive également en prairie artificielle, soit isolément, soit en mélanges, le lupin blanc, la chicorée sauvage, la spergule, le pois gris, la gesse, etc. ; mais ces plantes sont peu connues dans nos départements du nord, où les cultivateurs s'en tiennent assez généralement au trèfle et à la luzerne.

CHAPITRE V.

§ I.

Des Assolements.

Ce qu'on entend par récoltes épuisantes et par récoltes relativement améliorantes. — Nécessité de les alterner. — Suppression des jachères.

LE MAITRE. Nous allons parler des *assolements*, c'est-à-dire du classement en plusieurs parties, ou *soles*, de l'ensemble des terres d'une exploitation agricole. « *La terre se délecte en la mutation des semences*, » dit un agronome célèbre, Olivier de Serres : ce qui signifie que le sol *se réjouit* lorsqu'on change, d'année en année, les semences qu'on lui confie, et que, si fertile qu'elle soit, la couche arable ne pourrait s'accommoder de la culture *continue* d'une même plante.

En effet, le terrain auquel on demande la même récolte pendant plusieurs années de suite, finit par *s'effriter*, par devenir improductif.

LOUIS. Pourquoi cela ?

LE MAITRE. Parce que, comme les animaux, les plantes ont une préférence marquée pour certains aliments et que ces aliments s'épuisent en peu de temps, lorsque les mêmes plantes s'en nourrissent sans cesse. A la première récolte, il faut donc en faire succéder une seconde, puis une troisième et une quatrième même, qui se contentent successivement des mets restés intacts dans le sol : telle est la raison des assolements.

HENRI. Quoi ! les plantes ont réellement leurs goûts...

LE MAITRE. Comme les animaux ont les leurs, oui, mon enfant.

Il y a des plantes dites *améliorantes*, le trèfle et la luzerne par exemple, qui puisent une partie de leur nourriture dans l'air et qui rendent largement au sol, par leurs racines et une partie de leur tige, les sucs nourriciers qu'elles lui ont empruntés ; il y en a d'autres, au contraire, comme le blé et le seigle, dont on utilise à la fois le grain et la paille, qui ne laissent au sol qu'une maigre racine, et qu'on nomme avec raison *épuisantes*. Pour obtenir de bonnes récoltes, en dépensant le moins possible, il est indispensable de varier les cultures de façon à faire succéder les plantes épuisantes aux plantes dites améliorantes.

EUGÈNE. Mais comment distingue-t-on ces plantes les unes des autres?

LE MAITRE. En général, les récoltes dont les graines mûrissent avant d'être recueillies sont considérées comme *épuisantes* : telles sont les céréales, les graines oléagineuses, le lin, le chanvre, etc. Les récoltes annuelles qu'on ne laisse pas fructifier, comme le trèfle et toutes les plantes vivaces herbacées, à tiges traçantes, constituent, de leur côté, les plantes *améliorantes*.

LOUIS. Pour établir un bon assolement, il suffit donc d'intercaler des cultures épuisantes entre les cultures améliorantes ?

LE MAITRE. Oui; mais, dans le choix de ces cultures, il faut donner la préférence à celles qui conviennent le mieux au sol et s'arranger de façon à faire succéder à une culture qui favorise la croissance des mauvaises herbes une culture qui les détruise, une culture sarclée, par conséquent, en appliquant de préférence le fumier à cette dernière, et non aux céréales ou aux fourrages.

LOUIS. Pourquoi prendre cette précaution ?

LE MAITRE. Parce que le fumier contient ordinairement des graines de mauvaises herbes, qui nuisent au sol, lorsqu'on ne les détruit pas, et qui ne peuvent résister aux sarclages et aux binages.

HENRI. Ce n'est pas ainsi que procèdent les cultivateurs de notre pays.

LOUIS. Non : ils mettent toujours le fumier avec le blé et le seigle.

LE MAITRE. Parce que leurs terres sont soumises, de temps immémorial, à un assolement vicieux, l'assolement *triennal*, comprenant : la 1re année, du froment ou du seigle, maigrement fumé par suite du manque d'engrais; la 2e année, de l'avoine ou de l'orge; la 3e, rien, la terre ayant, dit-on, besoin de se reposer, après deux récoltes, et devant pour cela rester en *versaine* ou *jachère* !...

Louis. C'est bien cela qu'on entend dire, surtout par les anciens cultivateurs.

Le Maitre. Oui ; les vieux cultivateurs tiennent obstinément aux modes d'exploitation suivis par leurs pères, qui les tenaient également de leurs aïeux. Savez-vous à quelle époque on doit faire remonter ces pratiques routinières auxquelles nos cultivateurs restent aveuglément fidèles? — Tout simplement à la chute de l'empire romain dans les Gaules, c'est-à-dire à la conquête des Francs !

En effet, à partir de cette époque, la culture des terres fut abandonnée aux soins des classes les plus infimes et les moins éclairées de la nation. Dès lors, la grande loi des assolements, connue des agronomes grecs et romains et longtemps observée par eux, tomba dans l'oubli. Les Francs n'étaient pas cultivateurs, et quoi que fît Charlemagne lui-même, l'agriculture ne pouvait prospérer dans une société brutale, encore à demi-sauvage, la licence individuelle mettant à chaque instant en danger la propriété et jusqu'à la sûreté personnelle.

Henri. Les populations avaient d'ailleurs à se défendre contre les invasions des Normands...

Le Maitre. Et contre les peuples du Midi.

Ce ne fut que pendant le siècle dernier qu'on en revint, chez nous, à une culture raisonnée du sol. En présence de l'accroissement incessant de la population, il fallait bien trouver les moyens d'augmenter les produits agricoles : ce fut l'œuvre des Olivier de Serres, des Mathieu de Dombasle, des Gasparin, etc. Mais que de résistances insensées !... Aujourd'hui encore, vous le voyez, au lieu d'adopter avec empressement les procédés à l'aide desquels nos voisins, les Belges et les Anglais, ont triplé leurs récoltes, un grand nombre de cultivateurs s'en tiennent aux vieux errements et prétendent que « la terre doit se reposer comme un homme qui a fini sa journée. » Non, mes enfants, la terre ne se fatigue pas comme l'ouvrier qui la cultive ; elle n'a nul besoin de repos, mais seulement de changement, de variété dans les plantes qu'on lui confie. Et, puis, savez-vous ce qui arrive pendant l'année de *versaine*, de jachère ou de prétendu repos qu'on accorde à la terre ? Eh bien ! le sol se couvre de lui-même de plantes inutiles, de mauvaises herbes qui l'épuisent sans profit aucun pour le cultivateur.

LOUIS. Avec l'assolement nouveau, la terre ne reste donc jamais improductive?

LE MAITRE. Jamais : l'assolement nouveau a pour principe d'alterner sans interruption les céréales et les plantes fourragères, c'est-à-dire les plantes qui épuisent la terre et celles qui la fument, en quelque sorte, au moyen de leurs débris ; de là son nom d'assolement *alterne* ou *biennal*.

LOUIS. Ce système permet au cultivateur d'élever beaucoup de bétail ?

LE MAITRE. Et aussi d'introduire dans la culture les plantes industrielles, l'une des sources les plus assurées de la prospérité agricole. Voici, du reste, comment les cultivateurs les plus éclairés disposent ordinairement leurs cultures pour une période ou rotation de quatre années, ce qui constitue *l'assolement alterne quadriennal* :

	SOLE N° 1.	SOLE N° 2.	SOLE N° 3.	SOLE N° 4.
1re année..	Plante sarclée et fumée	Trèfle	Blé ou seigle	Avoine ou orge
2e année...	Blé ou seigle	Orge	Trèfle	Plante sarclée et fumée
3e année...	Trèfle	Plante sarclée et fumée	Avoine	Blé ou seigle
4e année...	Avoine	Blé ou seigle	Plante sarclée et fumée	Trèfle, vesces ou fèveroles

On voit que l'ensemble des terres composant l'exploitation est divisé en quatre parties ou *soles*, et que, pour chaque sole, les cultures se succèdent, d'année en année, de façon à faire revenir sans relâche, sur le même terrain, une céréale après une plante sarclée ou une plante fourragère. Avec ce système, le cultivateur peut compter sur des récoltes abondantes, parce que les plantes dont elles se composent puisent dans le sol une nourriture différente, parce que ces plantes se succèdent dans un ordre qui permet aux unes de restituer au sol certains des principes fertilisants que les autres lui ont enlevés.

HENRI. Il n'en est donc pas de même avec l'ancien assolement ?

LE MAITRE. Non, mon ami : avec l'assolement triennal,

les céréales, blé et avoine, se suivent constamment, et ces cultures, revenant, sans autre interruption qu'une jachère improductive, sur un sol qu'elles appauvrissent de plus en plus, ne peuvent donner que de maigres produits. D'un autre côté, ce mode d'exploitation réduit les cultures d'un tiers, au grand détriment de la production générale, privant, par cela même, les cultivateurs qui le suivent des fourrages que d'autres se procurent par la suppression de la versaine. Enfin, pour se guider dans le choix entre les deux systèmes, il suffit que les cultivateurs sachent que l'un fournit à peine de quoi payer les frais qu'il occasionne et que l'autre a élevé de 50 à plus de 80 millions d'hectolitres la production totale du blé en France !

Questionnaire récapitulatif.

COURS INTERMÉDIAIRE. — 1° Qu'est-ce que l'assolement ? — Qu'entend-on par culture continue ? — Pourquoi l'assolement est-il nécessaire ? — Que signifie, en agriculture, le mot *effriter* ? — Qu'est-ce qu'une récolte épuisante ? — Une récolte améliorante ? — Comment distingue-t-on les plantes épuisantes des plantes améliorantes ? — Qu'est-ce que l'assolement *triennal* ? — Comment les récoltes sont-elles disposées dans cet assolement ?

2° Qu'entend-on par jachère ou versaine ? — La terre a-t-elle besoin de se reposer ? — Que lui faut-il pour produire abondamment ? — Que se passe-t-il pour la terre pendant l'année de *repos* qu'on lui accorde ? — Que désigne-t-on par le mot *rotation* ? — Quels sont, en résumé, les inconvénients du mode de culture qui admet la jachère ? — Y a-t-il un autre système à suivre ? — Quel est-il et quels en sont les avantages ?

COURS SUPÉRIEUR. — 1° Qu'entend-on par *sole* et par *assolement* ? — Citez, à ce sujet, les paroles prononcées par Olivier de Serres. — Sur quel principe repose la nécessité des assolements ? — Par quelle comparaison explique-t-on ce principe ? — Que faut-il faire pour établir un bon assolement ? — Comment opère-t-on dans le choix des diverses cultures à employer ? — En quoi l'assolement triennal vous paraît-il vicieux ?

2° De quels peuples de l'antiquité la loi des assolements était-elle connue ? — Comment cette loi tomba-t-elle dans l'oubli ? — A quelle époque et pourquoi y revint-on ? — Nommez nos agronomes les plus célèbres ? — Qu'entend-on par assolement *alterne* ou *biennal* ? — Quels en sont principalement les avantages ? —

Qu'est-ce que l'assolement *alterne quadriennal* ? — Comment les cultures sont-elles ordinairement disposées dans cet assolement ? — Faites connaître les résultats comparatifs dus, en fin de compte, à l'emploi de l'assolement *triennal* et à celui de l'assolement *quadriennal* ?

Problèmes sur les Assolements

COURS INTERMÉDIAIRE. — 1. — Une ferme, composée de 360 hectares de terrains, doit être divisée et exploitée suivant l'assolement quinquennal anglais. Sachant que le quart de cette ferme est en prairies permanentes, le cinquième en pâturages et le sixième en bois, dire combien il y aura d'hectares et d'ares pour chaque sole des terres cultivées. — R. 27 hectares 60 ares.

2. — En tête de l'assolement quinquennal anglais, on place ordinairement des racines sarclées, en leur donnant toute la quantité de fumier nécessaire à la période entière. En supposant que cette quantité soit de 40,000 kilog. par hectare, quel sera le poids total de la fumure de la sole ? — R. 1,104,000 kilog.

3. — Le fumier ainsi employé est estimé 4 fr. 60 le mètre cube, pesant en moyenne 760 kilogrammes. Dans ces conditions, dire à combien revient la fumure : 1° en totalité ; 2° par hectare. — R. 1° 6,682 fr. 10 ; 2° 242 fr. 10.

4. — L'année suivante, le fermier ensemence le même terrain en avoine, à raison de 3 hectolitres 5 par hectare. Quelle somme dépense-t-il, pour cela, si le double décalitre de semence vaut 2 fr. 40. — R. 1159 fr. 20.

5. — En ensemençant son terrain en avoine, le fermier l'a également ensemencé en trèfle, additionné de ray-grass, à raison de 8 kilogrammes par hectare. Ces graines revenant à 1 fr. 50 cent. le kilogramme, calculer le prix de ce second ensemencement ? — R. 331 fr. 20.

6. — Pendant le printemps de la 3e année de l'assolement, le même fermier fait répandre du plâtre en poudre sur le trèfle semé l'année précédente afin d'en activer le développement. Cette opération se fait par un temps humide, à raison de 4 hectolitres par hectare. A quelle somme s'élève la dépense, le plâtre coûtant 1 fr. 75 l'hectolitre ? — R. 193 fr. 20.

7. — On évalue de la manière suivante la quantité de chaux que les récoltes successives peuvent enlever sur un hectare de terrain soumis à un assolement quinquennal, savoir : 1° la récolte de betteraves, 13 kilog. de chaux ; 2° la récolte du 1er froment, 17 kilog. ; 3° la récolte de trèfle, 75 kilog. ; 4° la récolte

du 2e froment, 17 kilog.; 5e la récolte dérobée de navets, 7 kil.; 6e enfin la récolte d'avoine, 8 kilog. D'après ces données, déterminer la quantité de chaux enlevée au sol par ces diverses récoltes, et dire combien cette quantité représente de décimètres cubes, sachant que le décimètre cube de chaux pèse 2 kilog. 718? — R. : 1° 137 kilog.; 2° 50 décim. cubes 404. par hect.

8. — L'expérience prouve que le meilleur assolement des terres où l'argile domine doit être le suivant : 1re année, pommes de terre fumées, donnant en moyenne, par hectare, 12500 kilog.; 2e année, froment produisant 1300 kilog. de grains et 3000 kilog. de paille : 3e année, trèfle donnant 5000 kilog. de foin sec; 4e année, 2e froment, produisant 1500 kilog. de grains et 3500 kilog. de paille; 5e année, avoine rendant 1300 kilog. de grains et 1750 kilog. de paille. En admettant que les pommes de terre récoltées vaillent 6 fr. 50 le quintal, le froment, 24 fr. et la paille 3 fr. 50, le trèfle sec 5 fr. 60, l'avoine 17 fr. et la paille 3 fr. 20, faire connaître : 1° le produit de l'hectare pour chacune des années de la période; 2° le produit moyen pour chaque année. — R. 1° 812 fr. 50; 417 fr.; 280 fr.; 482 fr. 50; 277 fr.; 2° 453 fr. 80 centimes.

Cours supérieur. — 1. Avec l'assolement triennal ordinaire, que conservent encore beaucoup de contrées arriérées, le cultivateur a constamment un tiers de ses terres en jachères ou versaines et il n'en tire absolument rien pendant une année. Les deux autres tiers sont ensemencés, l'un en blé, l'autre en avoine. En admettant : 1° que l'hectare de la sole de blé produise 16 hectol. de grains à 20 fr. l'hectol., et 3000 kilog. de paille à 3 fr. 50 les 100 kilog.; 2° que l'hectare de la sole d'avoine fournisse 25 hectol. de grains à 12 fr. 50 l'hectol., et 1,700 kilog. de paille à 3 fr. les 100 kilog., faire connaître quelle somme le cultivateur retirera, en moyenne, par hectare et par année, des terres qu'il exploite, en déduisant de la valeur du produit brut : 1° 420 fr. pour les frais de culture et autres pendant les trois années de l'assolement; 2° le prix du fumier employé à la sole de froment, soit 25 mètres cubes, à 8 fr. le mètre. — R. 56 fr. 16.

2. — En tête de l'assolement de quatre années qu'il a adopté, un cultivateur, ami du progrès, a placé la betterave, dont il obtient, en moyenne, 40,000 kilog. de racines par hectare. La sole comprend 2 hectares 50 ares. Le cultivateur dépense, par hectare, savoir : pour frais de fumure, semence, culture, etc, une somme de 250 fr., plus 70 fr. pour loyer du terrain, contributions et menus frais. Quel est le bénéfice net du cultivateur sur la sole, s'il vend ses betteraves à raison de 18 fr. les mille kilog., et, dans ces conditions, quel sera le produit de la récolte par hectare? — R. 1° 1000 fr.; 2° 400 fr.

3. — L'année suivante, le même cultivateur ensemence son terrain en avoine, et il récolte, par hectare, 35 hectolitres de

grains et 18 quintaux de paille. Les frais se sont élevés en totalité à 380 fr. En admettant que la récolte en grains vaille 10 fr. l'hectolitre et la paille 4 fr. le quintal, quel est, cette fois, le bénéfice net du cultivateur : 1° pour l'ensemble de la sole, 2° pour chaque are de terrain ? — R. 1° 675 fr. ; 2° 2 fr. 70.

4. — Pour la 3e année de rotation, le cultivateur, qui a eu le soin de semer du trèfle dans le marsage de la 2e année, récolte par hectare, en deux coupes, 5000 kilogr. de fourrage sec, valant 60 fr. le millier. Sachant que les frais d'exploitation, de plâtrage etc., se sont élevés à 150 fr., dire quelle a été la production nette de la culture : 1° pour l'ensemble de la sole, 2° par hectare. — R. 1° 600 fr. ; 2° 240 fr.

5. — Enfin, pour la 4e et dernière année de son assolement, le cultivateur sème du froment sur le défrichement du trèfle, sans autre engrais que le fourrage vert de la 3e coupe et 400 kilog. de phosphates fossiles par hectare. Il récolte 20 hectolitres de grains et 3,450 kilog. de paille par hectare. Le grain est vendu 21 fr. l'hectolitre et la paille est estimée 28 fr les mille kilog. Les phosphates revenant à 4 fr. le quintal et les frais d'exploitation, pour la sole, à 153 fr., déterminer le produit net de la 4e sole. Dire également quel aura été, pour l'ensemble de l'assolement, le chiffre moyen de la production par are de terrain cultivé. — R. 1° 1098 fr. 50 ; 2° 3 fr. 37 c.

6. — Un petit cultivateur possède un hectare de terrain qu'il a exploité, pendant de nombreuses années, au moyen de l'ancien assolement triennal, c'est-à-dire, avec jachère après deux années de céréales, l'une de froment ou de seigle, l'autre d'orge ou d'avoine. Il récoltait ainsi, la 1re année, 14 hectolitres de blé estimés 20 fr. l'hectolitre, et 3.500 kilog. de paille valant 25 fr. le millier. Les frais étaient : 1° pour une maigre fumure, 120 fr. 2° pour la culture, 100 fr. ; 3° pour les contributions, la semence, l'intérêt du prix d'achat, etc., 56 fr. — A quelle somme se montait le produit net de cette exploitation pour la sole du froment ? — R. 91 fr. 50

7. — La seconde année, ce cultivateur ensemençait son terrain en avoine et récoltait, en moyenne, 25 hectolitres de grains et 10 quintaux métriques de paille, valant, bon an mal an, le grain, 9 fr. l'hectolitre, et la paille 8 fr. le quintal. Les frais de culture s'élevaient à 200 fr. environ. Dans ces conditions, déterminer le produit net de l'exploitation pour la sole d'avoine. — R. 105 fr.

8. — En présence du faible rapport de sa propriété, le même cultivateur s'est enfin décidé à recourir à l'assolement quadriennal, qui comporte, pour la 1re année, la culture de racines fumées; pour la 2e, des céréales de printemps ; pour la 3e, la culture fourragère du trèfle ; et pour la 4e, des céréales d'hiver. Ce nouveau mode d'exploitation donna les résultats suivants :

1re année,	recettes,	525 fr.;	dépenses,	350 fr.
2e	—	—	500 fr.;	—	350 fr.
3e	—	—	480 fr.;	—	240 fr.
4e	—	—	525 fr.;	—	245 fr.

Faire connaître quel a été, pour chaque année de l'assolement le produit net de l'exploitation. — R. 1e année, 175 fr.; 2e 150 f. 3e 240 f.; 4e 280 francs.

9. — En comparant entre eux les résultats des trois problèmes précédents, et en répartissant sur trois années les produits des deux années productives de l'ancien assolement (le terrain étant resté en jachère ou versaine pendant la 3e année), déterminer quel était annuellement le produit net dû : 1e à l'ancien assolement triennal; 2e à l'assolement quadriennal? — R. 1. 68 fr. 83; 2e 211 fr. 25.

10. — A l'exemple de son compatriote, un fermier du voisinage applique aujourd'hui à son exploitation l'assolement quadriennal, et il en obtient des résultats supérieurs encore à ceux du petit propriétaire dont il a été parlé. Sachant que les terres labourables de ce fermier comprennent un ensemble de 25 hectares 60 ares, et en opérant sur les données fournies par la solution du dernier problème, faire connaître la production annuelle des terres de ladite ferme : 1e avec l'assolement ancien 2e avec l'assolement nouveau, le tout, sous déduction du prix du fermage s'élevant à 800 fr. pour les terres labourables, — R. 1e 962 fr. 04; 2e 4.608 fr.

EXERCICES DE RÉDACTION SUR LES ASSOLEMENTS

Lettre de Gustave à son cousin Jules

SOMMAIRE. — Dans une lettre à son cousin Jules, fils d'un cultivateur qui exploite une ferme du voisinage, l'élève Gustave résume la leçon faite à l'école sur les *assolements*. — Il définit ce mot et caractérise les plantes *améliorantes* et les plantes *épuisantes*. — Il fait ensuite connaître le principe fondamental d'un bon assolement, — explique ce que c'est que l'ancien assolement triennal, — parle de la *jachère* ou *versaine*, — de son origine, et termine en montrant les avantages de l'assolement quadriennal, qu'il recommande chaudement à son jeune parent.

Mon cher Jules,

Tu le sais sans doute, on entend par assolement le classement, en soles diverses, des terrains d'une exploitation agricole, c'est-à-dire l'ordre de culture suivant lequel les plantes se succèdent pendant une période d'années déterminées.

Les plantes dites améliorantes sont celles qui puisent dans

l'air une partie de leur nourriture et qui rendent d'ailleurs au sol, par leurs tiges et par leurs racines, une partie des sucs qu'elles lui ont empruntés pour se développer : tels sont le trèfle, la luzerne, le sainfoin, etc.

Les plantes dites épuisantes sont celles qui ne laissent au sol qu'une maigre racine et dont on utilise à la fois le grain et la paille; les céréales, les plantes oléagineuses et toutes celles dont les graines mûrissent avant d'être recueillies sont considérées comme épuisantes

Le bon assolement consiste à varier les cultures de façon à faire succéder les plantes épuisantes aux plantes améliorantes, en entretenant ainsi le sol dans le meilleur état possible de fertilité.

On obtient facilement ce résultat en tenant le terrain net de plantes nuisibles et en appliquant d'ailleurs le fumier aux récoltes sarclées, parce que, dans ce cas, les binages font disparaître les mauvaises herbes dont le fumier apporte ordinairement les semences.

On donne le nom d'assolement triennal à celui que suivent, de temps immémorial, la plupart des vieux cultivateurs. Cet assolement est vicieux, abusif; en le suivant, on récolte des grains, mais on se prive de fourrages et des engrais qui en sont la conséquence.

La rotation généralement suivie est celle-ci : 1re année, froment; 2e, avoine; 3e, jachère ou versaine, c'est-à-dire rien : ainsi le veut une pratique routinière dont l'origine remonte à l'époque des Francs, alors que les esclaves seuls s'occupaient de la culture des champs et ne s'y entendaient nullement.

Il en est tout autrement avec les assolements nouveaux, qui ne laissent jamais la terre improductive et qui alternent sans interruption les céréales avec les récoltes à haute production fourragère, en permettant ainsi au cultivateur d'élever beaucoup plus de bétail qu'autrefois.

En présence des résultats que l'on obtient des bonnes méthodes de culture, labours profonds, emploi rationnel d'engrais chimiques suppléant à l'insuffisance du fumier de ferme, semailles en lignes, etc., etc., il n'est plus permis d'hésiter : il faut abandonner l'ancien assolement triennal, qui fournit à peine de quoi payer les frais qu'il occasionne, et adopter les nouveaux, qui donnent généralement d'excellents résultats.

Quant à moi, mon parti est pris, et, du reste, mes parents viennent d'adopter résolument l'assolement alterne quadriennal, que je ne saurais trop te recommander, et dont la rotation la plus ordinaire est celle-ci : 1re année, racines fumées (betteraves, carottes, etc.); 2e céréales de printemps (orge, avoine, etc. ; 3e trèfle ou autre plante fourragère annuelle ; 4e, céréales d'hiver (froment, seigle, etc.).

Tu vois qu'il n'est plus question de versaine..

Je te serre la main.

GUSTAVE

§ II

Des animaux domestiques.

Bêtes de travail et bêtes de rente. — Bétail. — Gros et menu bétail. — Races chevaline, bovine, asine, ovine, caprine, porcine.

Le Maître. Vous le savez, mes enfants, les cultivateurs nourrissent des animaux de diverses espèces, qui ont entièrement perdu leur caractère sauvage, et que, pour cette raison, on désigne sous le nom d'*animaux domestiques.* Bien entretenus, ces animaux deviennent une source de prospérité pour leurs propriétaires, les uns par leur aptitude au travail des champs, auquel on les associe, les autres, par les produits importants qu'on en tire pour le commerce et spécialement pour l'alimentation publique, tous, par les engrais qu'ils fournissent à la culture.

La science qui traite de l'élevage des animaux domestiques est la *zootechnie.*

Elle divise ces animaux en *bêtes de travail* ou *de trait* et en *bêtes de rente* ou *de produit.*

Les bêtes de travail sont : le cheval, l'âne et le mulet; et les bêtes de rente, le bœuf, la vache, le mouton, la chèvre et le porc. Dans certaines contrées, dans l'ouest et le sud-ouest de la France, par exemple, le bœuf est à la fois bête de travail et bête de produit.

Eugène. Comment cela ?

Le Maître. Parce qu'on s'en sert, pendant un certain nombre d'années, pour conduire la charrue ou faire des charrois, et qu'on l'engraisse ensuite pour le vendre comme viande de boucherie.

Louis. L'ensemble des animaux domestiques prend, je crois, le nom de *bétail*?

Le Maître. Oui : le mot *bétail* s'applique spécialement aux animaux élevés par le cultivateur en vue des besoins de son exploitation, à l'exception toutefois du chien, qui garde ses bâtiments, du chat qui les défend contre les souris, et des volailles, poules, oies, canards, dindons, pigeons, qui forment une branche secondaire de l'économie rurale.

EUGÈNE. Il y a aussi le *gros* et le *menu bétail*?

LE MAITRE. Parfaitement. Le gros bétail comprend : 1° les animaux de la *race chevaline*, ou du cheval ; 2° ceux de la *race bovine*, c'est-à-dire du bœuf ; 3° ceux de la *race asine*, ou de l'âne. Quant au menu bétail, il se compose : 1° des animaux de la *race ovine*, ou du mouton ; 2° des animaux de la *race caprine*, ou de la chèvre ; 3° des animaux de la *race porcine*, c'est-à-dire du porc.

LOUIS. Les animaux de la race bovine sont ordinairement assez nombreux chez les cultivateurs ? Le fermier de la Warenne, lui surtout, entretient beaucoup de bœufs et de vaches.

LE MAITRE. Oui : M. Martin a constamment au moins une tête de gros bétail par hectare de terrain. Il doit en être de même dans toute exploitation rurale bien organisée. Avec cette proportion, le cultivateur obtient une certaine partie des engrais qui lui sont nécessaires pour maintenir ses terrains en bon état de fertilité, et il en tire tout ce qu'ils peuvent donner. Sous ce rapport, de notables progrès ont été réalisés en France pendant ces dernières années. Savez-vous ce que l'espèce bovine rapporte actuellement à notre agriculture ? Eh bien ! des renseignements recueillis à l'occasion du concours international, qui s'est tenu à Paris en 1878, il résulte que la production de la viande provenant de nos bêtes bovines atteint annuellement le chiffre de 800 millions de francs, et celle des fumiers, 500 millions !

JULES. C'est énorme.

LE MAITRE. D'un autre côté, le lait des vaches fournit chaque année un produit qui excède 1600 millions de francs, et les journées de travail des bœufs, une valeur qu'on estime à un milliard....

EUGÈNE. Mais c'est considérable, cela !...

LE MAITRE. Non, mon enfant : si considérables qu'ils vous paraissent, les résultats obtenus sont bien au-dessous de ce qu'ils devraient être, eu égard au chiffre de notre population et à l'étendue de notre territoire. En effet, jusqu'ici nous ne possédons, en moyenne, que 22 animaux de l'espèce bovine par kilomètre carré, tandis que la Belgique, la Hollande, la Saxe en ont 40, l'Irlande et le Wurtemberg, 50 !...

JULIEN. La comparaison n'est pas à notre avantage.

LE MAITRE. Pour les espèces chevaline ovine et porcine, sept ou huit nations du continent européen, dont plusieurs ont un territoire plus petit et un sol moins fécond que le nôtre, sont également plus riches que nous d'un tiers ou du double. Vous le voyez, l'agriculture française doit encore étendre ses forces. Mais il ne suffit pas de savoir que plus un cultivateur entretient de bétail, plus il se créée de revenus ; car, si cette branche de l'industrie agricole constitue la richesse des contrées d'élevage, encore est-il prudent de ne pas s'y adonner au hasard.

« Avant d'augmenter son bétail, dit plaisamment l'auteur du *Cultivateur*, il faut consulter sa bourse, et faire en sorte qu'on n'ait pas besoin de celle de son voisin, car les dettes sont un mauvais meuble : on sait bien quand on emprunte, mais on ne sait pas toujours quand on rendra. Il ne faut pas non plus, ayant le gousset bien garni, acheter à tort et à travers un nombre d'animaux supérieur à celui que l'on peut nourrir : notre argent, au lieu de rapporter intérêt, nous demanderait encore de nouveaux déboursés. » (1)

C'est là, en effet, ce qui arrive aux cultivateurs mal avisés, qui élèvent ou achètent toutes sortes d'animaux, sans tenir compte de leurs aptitudes particulières, sans savoir si tels ou tels sujets qui leur tombent sous la main peuvent se prêter à la production du lait, ou à la production de la graisse, ou encore à la production du travail.

LOUIS. On peut donc dire, à l'avance, si une vache sera bonne laitière, et si un bœuf sera propre au travail ou à l'engraissement ?

LE MAITRE. Parfaitement : la vache bonne laitière a ordinairement la peau soyeuse, l'œil noir et vif, la poitrine large, le bassin ou le ventre large, des veines fortement accusées sur cette sorte de poche appelée *pis* que l'animal porte en avant de ses pieds de derrière. De son côté, le bœuf de trait doit avoir l'encolure courte, le poitrail ouvert,

(1) At. Pigeot, *Le Cultivateur, ou Notions d'agriculture et d'horticulture pratiques*, p. 100.

les épaules et les reins larges, la croupe longue et forte. Enfin les meilleurs bœufs de boucherie sont ceux dont la charpente osseuse présente peu de volume.

Ces conditions se rencontrent parfois chez les races locales, mais on les trouve spécialement dans les races perfectionnées, dont je vous parlerai prochainement.

---

§ III

Des animaux domestiques (*Suite*).

Races perfectionnées de l'espèce bovine ; — race Durham, race flamande, etc.

Le Maitre. La France possède un grand nombre de races de l'espèce bovine. Les meilleures pour la boucherie sont celles du Charolais, du Limousin, du Poitou, du Nivernais, etc. Une autre race, d'origine anglaise, est plus précoce encore, plus disposée à l'engraissement que les précédentes : c'est la race Durham, qui fait merveille, depuis quelques années, dans les concours agricoles de notre pays. Chez les animaux de cette race, la chair ou la viande acquiert un tel développement, que toutes les saillies formées par la charpente osseuse disparaissent complètement.

Louis. C'est vrai : les vaches que M. Martin élève pour la boucherie appartiennent sans doute à cette race, car elles ont le dos charnu et tout à fait plat.

Le Maitre. Vous avez raison : le fermier de la Warenne sait ce que valent les animaux de la race Durham, et il en a depuis longtemps dans ses écuries.

Quant aux meilleures vaches laitières, elles appartiennent aux races de Flandre, de Normandie et de Bretagne. Cette dernière offre notammant un avantage qui la rend précieuse pour les contrées peu abondantes en pâturages : c'est la sobriété. En effet, les vaches bretonnes se contentent d'aliments de médiocre qualité et en quantité restreinte ; elles sont d'ailleurs de petite taille et très nerveuses, ce qui leur permet l'accès des prairies situées sur la pente des montagnes. Peut-être les plantes aromatiques, qui croissent en abondance dans les pâturages de la Bretagne, ont-elles été pour beaucoup dans la réputation des petites vaches de ce pays ; toujours est-il que, de toutes les races françaises, ces petites vaches sont celles qui, par rapport à leur volume, fournissent à la fois le lait le plus abondant et le beurre le plus savoureux.

LOUIS. Quelle quantité de lait les vaches bretonnes donnent-elles par jour ?

LE MAITRE. Environ huit litres, en moyenne, pour toute l'année.

LOUIS. C'est beaucoup.

LE MAITRE. C'est moins toutefois que nos belles vaches flamandes ou normandes, qui vont de 10 à 12 litres par jour, en moyenne.

EUGÈNE. Et les vaches ordinaires du pays ?

LE MAITRE. Les vaches ordinaires de nos campagnes ne produisent guère que quatre litres. Ces seules indications suffisent pour montrer quelle perte énorme les cultivateurs arriérés font chaque année, et quel préjudice ils causent à la fortune publique, en s'en tenant à l'élevage ancien. Et ce n'est pas seulement au point de vue de la production du lait que l'exploitation de la plupart de nos cultivateurs laisse à désirer, c'est également sous le rapport du poids des animaux engraissés. Ainsi, le poids moyen des bœufs appartenant aux races communes est souvent inférieur à 200 kilogrammes, tandis que, chez les bonnes races, ce poids va communément de 6 à 800 kilog. ; en Angleterre, en Allemagne et en Suisse, il va même jusqu'à 1,000 et 1,200 kilogrammes !...

EUGÈNE. On ne croirait pas à une telle différence.

LOUIS. Ces résultats sont dus en grande partie à la nourriture...

LE MAITRE. Et surtout aux soins qui président chaque jour à la distribution de cette nourriture. Dans les pâturages, les bestiaux ne prennent que ce qui leur est nécessaire ; à l'étable, ils doivent être rationnés d'après leurs besoins présumés, et, autant que possible, sans prodigalité ni parcimonie. Les agronomes les plus autorisés fixent à 3 pour cent du poids de l'animal la ration journalière, dite *ration d'entretien*, des animaux nourris à l'étable au moyen de foin sec et de paille ; cette ration est double lorsqu'elle se compose de foin vert. Pour les bœufs de travail et d'engraissement, de même que pour les vaches laitières, la ration doit être portée à 5 pour cent du poids des animaux.

LOUIS. Dans ces conditions, la ration d'entretien d'un

bœuf de 300 kilogrammes serait de 9 kilog. par jour, et celle d'un bœuf de travail de 15 kilogrammes ?

LE MAITRE. Oui. De même, la ration de produit d'une vache de 200 kilogrammes doit être de 10 kilogrammes environ.

LOUIS. 10 kilogrammes formés en partie de foin et regain, ou l'équivalent en betteraves, carottes, etc.

LE MAITRE. Oui : en été, la nourriture se compose plus spécialement de verdure et de racines fraîches : elle donne plus de lait pour la vente ; en hiver, on a recours aux fourrages secs, à la paille d'orge et d'avoine. Il est à considérer que le fourrage sec, le regain surtout, donne au lait une qualité supérieure, qu'on retrouve également dans le beurre qui en provient.

LOUIS. Mais en cas d'engraissement ?

LE MAITRE. Lorsqu'il s'agit d'engraissement, on emploie notamment les grains, les tourteaux, les farineux, etc.

EUGÈNE. Il y a, je crois, plusieurs manières de pourvoir à l'engraissement des bêtes à cornes ?

LE MAITRE. C'est vrai : quelques cultivateurs y procèdent en laissant les animaux en liberté dans des pâturages clos ; d'autes les laissent à l'étable, en ajoutant à la nourriture ordinaire, soit des betteraves ou des pommes de terre cuites, soit des tourteaux de colza ou de lin, mêlés de plantes racines, carottes, betteraves, coupées par tranches minces. Cette manière de nourrir les animaux de l'espèce bovine se nomme la *stabulation*, mot qui signifie littéralement *nourriture à l'étable*.

LOUIS. Le fermier de la Warenne donne également du sel à tous les animaux qu'il nourrit à l'étable.

LE MAITRE. Il a raison, comme toujours : le sel, dans la nourriture du bétail, stimule l'appétit, purifie le sang et prévient les maladies. De plus, la nourriture salée est favorable à l'engraissement ; suivant un dicton allemand, un kilogramme de sel produit dix kilogrammes de viande !

JULIEN. Comment peut-on faire prendre du sel aux animaux ?

LE MAITRE. De différentes manières ; mais, de l'avis des hommes les plus compétents, la meilleure est d'arroser les fourrages secs avec de l'eau qu'on a salée, et de saupoudrer de sel les mélanges de racines hachées, les menues pailles, etc. L'emploi du sel a d'ailleurs le grand avantage de faire disparaître le goût de moisi que le foin contracte ordinairement, lorsqu'il a été engrangé trop humide.

A bientôt un entretien sur l'élevage du mouton, puis du porc.

---

§ IV

Des animaux domestiques (*Suite*)

Elevage du Mouton.

LE MAITRE. Le mouton appartient à l'espèce dite *ovine* ou *bête à laine*. Le principal produit du mouton est en effet la *laine*, c'est-à-dire ce poil doux, épais et frisé qui sert de vêtement à l'animal, et dont on le dépouille chaque année avant les chaleurs. On donne le nom de *toison* à la laine que fournit chaque mouton.

Notre célèbre naturaliste, Buffon, classe le mouton parmi les quadrupèdes les plus timides, les plus dénués de ressources et d'instinct. La domesticité aurait-elle altéré à la fois les formes et les qualités intérieures de cet animal ? On est tenté de le croire, lorsqu'on sait que, suivant l'opinion de quelques savants, notre mouton domestique descend du *mouflon commun*, ou mouton sauvage des montagnes de la Sardaigne et de l'île de Crète. Il est au moins certain que le mouflon, dont la race pure subsiste encore dans certaines parties des montagnes de l'Espagne, possède un instinct qui le porte à éviter le voisinage des hommes, à se réunir en famille et à se dérober à la poursuite des autres animaux tandis que notre mouton ne sait ni fuir devant un ennemi, ni même s'épargner une incommodité quelconque. Vous en avez vu des troupeaux entiers rester obstinément dans la boue ou dans l'eau, jusqu'à ce que l'un des animaux se soit enfin décidé à avancer.

LOUIS. C'est bien vrai: quand les moutons se serrent les uns contre les autres, on peut les assommer de coups : ils ne feront pas un pas de plus.

GUSTAVE. C'est par excès de crainte que les moutons se groupent ainsi les uns contre les autres, en se cachant la tête.

LE MAITRE. Oui, et cette crainte va jusqu'à la stupidité, car le moindre bruit suffit pour la faire naître, et les animaux qui l'éprouvent de proche en proche ne font absolument ien pour se soustraire au danger de la situation.

Mais ces animaux si timides, si dépourvus de sentiment n'en sont pas moins ceux dont l'utilité est la plus immédiate et la plus étendue. « Seul, dit Buffon, le mouton peut suffire aux besoins de première nécessité ; il fournit à la fois de quoi nous nourrir et nous vêtir, sans compter les avantages particuliers que l'on sait tirer du suif, du lait, de la peau, des boyaux, des os et du fumier de cet animal, auquel il semble que la nature n'ait, pour ainsi dire, rien accordé en propre, rien donné que pour le rendre à l'homme. »

Il faut bien reconnaître pourtant que l'homme a singulièrement développé ce que notre savant écrivain place en première ligne dans les produits du mouton, la quantité et la délicatesse de la chair, la finesse et l'abondance de la laine. Dans les espèces communes, le corps du mouton est sec, la charpente osseuse, la laine courte et rude; au contraire, chez les races perfectionnées par le croisement, les os sont peu volumineux, la chair acquiert un grand développement, et le duvet constitue une toison fine et touffue.

C'est aux soins intelligents de Daubenton, l'illustre collaborateur de Buffon, que nous devons l'introduction en France de la meilleure de nos races de moutons pour la qualité de la laine, celle des *mérinos d'Espagne*. Mais que de travaux, que de labeurs incessants devaient être employés à la naturalisation de cette race dans notre pays !.. En vain Daubenton rédige et publie, dès l'année 1766, des instructions populaires qui démontrent tous les avantages qu'offre l'élève des mérinos purs ou des *métis;* en vain même ouvre-t-il gratuitement aux cultivateurs sa bergerie de Montbar, devenue une école de bergers : ce ne fut qu'en 1783 que nos fabricants de tissus tentèrent, à titre d'essai, l'emploi des laines nouvelles, que repoussaient aveuglément des préjugés opiniâtres !..

L'année suivante, en 1784, Daubenton publia sous ce titre : *Mémoire sur le premier drap de laine superfine du crû de France*, un ouvrage qni eut un grand retentissement: l'expérience avait prouvé que les laines espagnoles ne dégénéraient pas pour être produites sur le sol français mais il n'en fallut pas moins de longues années encore pour que cette vérité fût admise comme un fait incontestable. Je dis de longues années, car ce ne fut que vers 1820 que les moutons mérinos furent réellement recherchés en France.

Louis. Et ils le sont encore aujourd'hui !

Le Maitre. Les descendants des métis obtenus par Daubenton, dans sa propriété de Montbar, sont toujours les premiers moutons du monde ; ils ont été pour notre agriculture une source intarissable de richesses, et ils se vendent encore parfois des prix fous, notamment dans les grandes fermes des environs de Paris, qui possèdent les plus beaux spécimens de la race.

Gustave. A quel signe reconnaît-on les moutons mérinos ou métis-mérinos ?

Le Maitre. A la beauté, à la finesse, au moelleux de leur laine, dont les brins soyeux sont naturellement contournés en tire-bouchons ?

Louis. Avons-nous d'autres races de moutons à laine très fine.

Le Maitre. Oui, et parmi les meilleures, on cite la *race de Naz*, créée et maintenue dans la localité de ce nom, située près de Gex, département de l'Ain ; puis la race de Mauchamps, récemment obtenue en Champagne : les moutons élevés à la ferme de la Warenne appartiennent à cette dernière race, qui réunit la belle qualité de la laine à l'abondance de la viande.

Louis. Je le crois bien, car M. Martin raisonne tout ce qu'il fait.

Le Maitre. Il sait aussi tenir compte des temps et des circonstances, et il faut qu'il en soit toujours ainsi en agriculture. Naguère encore, et tant que les laines françaises furent sans rivales dans le monde, nos cultivateurs élevaient des moutons sans se préoccuper de la production de la viande, qu'ils regardaient comme un produit insignifiant. Mais depuis que les laines étrangères, les laines d'Australie et du Cap notamment, sont venues faire concurrence aux nôtres, les prix sont moins élevés qu'autrefois, et les cultivateurs ont dû renoncer à la production exclusive de la laine et rechercher les meilleures races pour la boucherie. C'est ainsi qu'ont été introduits en France les moutons de races anglaises dites de *Dishley* et de *Southdown*, dont le croisement avec nos bonnes races indigènes donne d'excellents résultats, au double point de vue de la laine et de la viande.

LOUIS. On vante aussi le *mouton d'Ardenne* pour la qualité de sa chair ?

LE MAITRE. En effet, je crois vous l'avoir dit déjà, il y a dans les terrains secs, dans les landes élevées de l'Ardenne belge, où abondent le serpolet et autres herbes odoriférantes, une race de moutons renommés pour la délicatesse de leur chair ; mais ces moutons sont de petite taille, et beaucoup de cultivateurs leur préfèrent les *Solognots*, les *Bretons*, et surtout les *Berrychons*, races généralement recherchées par la boucherie parisienne.

GUSTAVE. Quels sont les meilleurs herbages pour l'engraissement des moutons ?

LE MAITRE. Les herbages qui conviennent le mieux pour l'engraissement rapide des moutons sont le sainfoin, la luzerne, le ray-gras, le fromental, les regains, toutes les herbes des prés et celles des bois, lorsque surtout le sol qui les fournit est sablonneux. En conduisant le troupeau aux pâturages dès que la rosée est tombée, en le faisant boire fréquemment, enfin en l'abritant contre la trop forte chaleur, on le conserve d'ailleurs en bonne santé.

LOUIS. En hiver, l'engraissement doit être moins facile ?

LE MAITRE. Non, mon ami : en hiver, on nourrit les moutons à la bergerie, en leur donnant, matin et soir, du foin à discrétion, et à midi, une forte ration d'avoine. En certains endroits, on ajoute à ce régime des tourteaux pilés avec un peu de sel, ce qui oblige les animaux à boire plus souvent et plus abondamment. Ailleurs, on arrive à parfaitement engraisser les moutons en les nourrissant de farines d'orge, d'avoine, de froment, de fèves, etc., également mêlées de doses de sel. En général, le sel favorise l'engraissement, et les moutons le recherchent avidement.

Il y a encore un autre mode d'engraissement d'hiver pour les moutons ; il est dû à un berger de grand renom, M. Soyeux-Dufour, et consiste dans l'emploi de rations journalières composées de betteraves fraîches fermentées, de menue paille, et de paille de seigle et de blé. Ces rations

19

alternent avec les fourrages ordinaires. Il a été constaté qu'en moins de trois mois de ce régime (du 1er décembre au 15 février), les métis-mérinos de M. Soyeux, qui pesaient au début, de 40 à 43 kilog. par tête, arrivèrent à un poids moyen de 57 kilog. 50.

Le mode d'élevage de M. Soyeux est donc extrêmement avantageux ; mais il réclame des soins minutieux et, comme pour tous les animaux, du reste, une grande ponctualité dans la distribution des rations ; il comporte d'ailleurs une litière abondante et souvent renouvelée.

En somme, on peut dire que les bêtes ovines sont pour le cultivateur les animaux de rente par excellence ; car, avec quelques soins, on en obtient un profit certain, en dehors même des avantages qu'ils procurent par la production d'un excellent fumier, qui permet, non seulement de maintenir, mais d'élever progressivement la fécondité du sol.

---

§ V

Des animaux domestiques (*Fin*).

Elevage du Porc.

LE MAITRE. Il nous reste à parler du porc.

De l'aveu même de Buffon, le porc paraît être le plus brut des quadrupèdes ; mais il n'en est pas moins l'un des plus utiles à l'homme, qui se nourrit de sa chair et de son lard, et qui utilise jusqu'à son sang. Les pieds, la langue, les boyaux, les viscères ou cavités du corps (la cervelle et le cœur, par exemple), se préparent et se mangent également. La graisse des intestins nous fournit le saindoux et le vieux-oint, que les voituriers emploient pour l'entretien de leurs équipages. Enfin, la peau du porc sert à faire des cribles, et ses soies, des brosses et des pinceaux. Du reste, cet animal coûte relativement peu à élever.

LOUIS. On nourrit principalement le porc avec les eaux grasses de la cuisine, du petit lait et un peu de son ?

LE MAITRE. Oui : le porc est glouton de sa nature; il dévore des débris de toutes sortes, et qui ne pourraient servir à aucun autre animal. Sa voracité paraît tenir au besoin qu'il a de remplir continuellement son vaste estomac.

GUSTAVE. En été, on conduit les porcs sur les terres incultes, dans les endroits marécageux surtout, où ils trouvent des vers et des racines en quantité : ils coûtent ainsi très peu à nourrir.

EDMOND. On ne leur donne alors qu'un peu de nourriture, matin et soir ?

LE MAITRE. C'est vrai ; mais ils ne peuvent être soumis à ce régime que pendant la belle saison : dès le mois d'octobre, les porcs cessent d'aller aux champs ; ils sont dès ce moment nourris en vue de l'engraissement, c'est-à-dire au moyen de pommes de terre et de betteraves cuites, délayées dans de l'eau tiède avec du son. Toutes les substances farineuses et les herbages bouillis conviennent dans ce cas. L'avidité avec laquelle les porcs se jettent sur ces aliments prouve combien la cuisson est utile dans la préparation de la nourriture de ces animaux.

LOUIS. Les porcs recherchent aussi les glands, les faînes et tous les fruits sauvages.

LE MAITRE. Oui. Dans les localités où se trouvent des forêts de chênes et de hêtres, les porcs y sont conduits en automne, lorsque les glands et les faînes tombent de l'arbre. Ils engraissent alors promptement, surtout si, le soir, on leur donne un breuvage d'eau tiède, mêlée de farine d'orge. On prétend que cette boisson fait dormir l'animal et accélère à ce point son engraissement, qu'en moins de deux mois, certains sujets arrivent à ne pouvoir plus marcher ni presque se mouvoir. Du reste, les porcs engraissent en général plus rapidement dès les premiers froids qu'en tout autre temps.

GUSTAVE Pourquoi cela?

LE MAITRE. Suivant Buffon, cette particularité tient à une double cause : l'abondance des aliments dont les éleveurs disposent à cette époque, et l'absence de transpiration chez les animaux, lorsque les chaleurs de l'été ont cessé.

LOUIS. Le porc donne ainsi un produit qui ne se fait pas attendre?

LE MAITRE. Surtout si l'on sait varier et régler convenablement la nourriture, en donnant d'abord la moins appétissante et en terminant par la plus substantielle, la plus friande, les carottes et les glands, par exemple, qui sont pour le porc un véritable régal.

Pour réussir dans l'élevage des porcs, il faut aussi veiller à ce que les animaux soient tenus à l'abri du bruit et du grand jour, et bien choisir le moment favorable pour les vendre avant qu'ils ne viennent au gras fondu. On cite une race étrangère de porcs connus sous le nom de *Tonquins*, très bas sur jambes, mous, paresseux, et qui arrivent rapidement à cet état d'inertie que l'éleveur doit prévenir par une vente en temps opportun.

LOUIS. Il y a donc plusieurs races de porcs?

LE MAITRE. Il y en a de nombreuses ; les principales sont : *la race normande*, originaire du Calvados ; *la race craonnaise*, très répandue dans la Mayenne, et renommée pour le volume des jambons qu'elle fournit ; *la race lorraine* et *la race ardennaise*, à chair très ferme et d'un goût relevé ;

la race artésienne et *la race bretonne*, à tête longue, la plus recherchée pour les approvisionnements de Paris; enfin les races de porcs blancs de Leicester et du Hampshire, dont l'engraissement se fait souvent en quelques mois.

Louis. A laquelle de ces races appartiennent les porcs élevés à la ferme de la Warenne?

Le Maitre. Les porcs élevés par M. Martin sont des métis obtenus par le croisement des races anglaises avec les races indigènes, et notamment avec la race normande : ils s'engraissent rapidement et leur lard est généralement ferme, cassant, et d'aussi bon goût que celui de la race ardennaise, ce qui n'est pas peu dire.

Gustave. Avons-nous ici des porcs de la race ardennaise?

Le Maitre. Il y en a dans presque toutes les écuries : où vous ne trouvez pas le porc ardennais, vous trouvez l'artésien.

Louis. Comment les distingue-t-on?

Le Maitre. Bien facilement. Le porc ardennais est élancé et fort; il a les oreilles droites et les soies excessivement rudes et fournies. Le porc ardennais n'a qu'un défaut ; il est *difficile à remplir*, comme disent nos campagnards; ce qui signifie qu'il faut un certain temps pour lui faire atteindre un engraissement avantageux. Au contraire, le porc artésien est court sur jambes et tout rondelet de corps; il n'a pas de soies, pour ainsi dire; son grand mérite consiste dans la rapidité avec laquelle il arrive à un embonpoint excessif. Il est vrai de dire que son lard est une matière grasse et molle, dépourvue de la saveur qui distingue le lard des porcs ardennais.

Dans notre prochaine causerie, nous parlerons de l'élève de la volaille, c'est-à-dire de l'éducation des oiseaux de basse-cour et des produits que le cultivateur intelligent peut en tirer à peu de frais.

Questionnaire récapitulatif.

Cours intermédiaire. — Qu'entend-on par animaux domestiques ? — Quel nom donnne-t-on à l'ensemble de ces animaux ? — Quels animaux désigne-t-on sous le nom de *gros bétail* ? — sous celui de *menu bétail* ? — A quel chiffre évalue-t-on la production annuelle de la France en viande de l'espèce bovine ? — Quelle est la valeur du fumier provenant des animaux de cette race ? — Et celle du lait ? — celle des journées de travail des bœufs ?

2° A quels signes reconnaît-on une bonne vache laitière ? — Quelles conditions doit remplir le bœuf de travail ? — Quels sont les meilleurs bœufs pour la boucherie ? — Quel est le produit moyen, en lait, des vaches flamandes et des vaches normandes ? — Et celui des vaches du pays ? — Comment pourvoit-on à l'engraissement des bêtes à cornes ? — A quoi sert le sel dans la nourriture des animaux domestiques ?

3° Quel est le principal produit du mouton ? — Qu'entend-on par *toison* ? — Quels autres produits tire-t-on du mouton ? — Quels sont les caractères extérieurs du mouton des espèces communes ? — des races perfectionnés ? — Que savez de Daubenton ? — Où trouve t-on aujourd'hui les plus beaux métis-mérinos ? — Quelles sont les laines étrangères qui font concurrence aux laines françaises ? — Citez les meilleures races de moutons pour la qualité de leur chair ? — Faites connaître les herbages qui conviennent le mieux à ces animaux ?

4° Quel est le produit principal en vue duquel le porc est élevé ? — A quoi sert le sang de cet animal ? — Que confectionne-t-on avec ses boyaux ? — Et avec la graisse de ses intestins ? — avec sa peau ? — ses soies ? — Comment nourrit-on ordinairement le porc ? — Quels sont les fruits sauvages qu'il recherche avant tout ? — Quels sont les arbres qui donnent ces fruits ? — Que savez-vous de particulier sur la race des porcs connus sous le nom de *Tonquins* ? — Quels sont les avantages qu'offre la race de porcs nés du croisement des races anglaises avec la race normande?

Cours supérieur. — 1° Comment se nomme la science qui traite de l'élevage des animaux domestiques ? — Comment cette science divise-t-elle les animaux ? — Quels sont ceux de ces animaux qu'on désigne sous le nom de bêtes de travail ? — ceux qu'on appelle bêtes de produit ou de rente ? — Qu'entend-on par *race chevaline* ? — par *race bovine* ? — par *race asine* ? — *race ovine* ? — *race caprine* ? — *race porcine* ? — Dans quelle proportion les exploitations rurales doivent-elles entretenir le gros bétail ?

2° Combien la France possède t-elle d'animaux de l'espèce bovine par hectare ? — Et la Belgique ? — la Hollande ? —

l'Irlande ? — le Wurtemberg ? — Quelles précautions le cultivateur doit-il prendre avant d'augmenter son bétail ? — Quelles sont nos meilleures races pour la boucherie ? — Et pour la production du lait ? — Quel est le poids moyen des bœufs appartenant à nos races communes ? — Et celui des bœufs des bonnes races ? — Qu'entend-on par *ration d'entretien* ? — par *ration de produit* ? — Quelles doivent être ces rations ? — Qu'est-ce que la *stabulation* ?

3° De quel animal sauvage fait-on descendre notre mouton ? — Où trouve-t-on encore le mouflon ? — A qui devons-nous l'introduction en France des moutons d'Espagne ? — Quel ouvrage doit-on à Daubenton ? — Vers quelle année les moutons mérinos furent-il réélement recherchés en France ? — Comment reconnaît-on les moutons mérinos ? — Quelles sont nos autres races de moutons à laine fine ? — Elève-t-on aujourd'hui les moutons en vue de la production de la laine ? — Que savez-vous des races anglaises dites de *Dishley* et de *Southdown* ? — Comment conserve-t-on les moutons en bonne santé ? — Comment engraisse-t-on les moutons en hiver ? — En quoi consiste le mode d'engraissement employé par M. Soyeux-Dufour ?

4° A quoi paraît tenir la voracité du porc ? — Où le conduit-on, en été ? — Comment le nourrit-on en vue de l'engraissement ? — En quelle saison conduit-on parfois les porcs dans les bois ? — Pourquoi ? — Les porcs n'engraissent-ils pas rapidement au moment des premiers froids ? — Comment explique-t-on cela ? — Quels sont les soins que comporte l'engraissement des porcs à l'écurie ? — Nommez les principales races de porcs ? — Quels sont les caractères distinctifs des porcs appartenant à la *race ardennaise* ? — de ceux qui appartiennent à la *race artésienne* ?

Problèmes sur les animaux domestiques.

Cours intermédiaire. — Lorsque le kilogramme de laine coûte 6 fr. 80, que valent l'hectog. ? — le demi-décagr. ? — Que valent aussi, au même prix, 7 hectog. 45 ? — 6 décag. 75 ? — 55 grammes ? — R. 1° 0 fr. 68; 2° 0 fr. 034; 3° 5 fr. 06; 4° 0 fr. 46; 5° 0 fr. 374.

2. — La ration d'un fort cheval, par jour, est de 15 litres d'avoine, à 8 fr. 50 les 100 litres; 10 kilog. de foin, à 8 fr. 50 le quintal; 5 kilog. de paille, à 4 fr. 80 le quintal. Faites le compte de la dépense journalière : 1° pour un cheval; 2° pour 7 chevaux ? — R. 1° 2 fr. 365; 2° 16 fr. 555.

3. — Un fermier vend une vache à la foire pour la somme de 495 fr.; il achète trois instruments de culture et paie le 1er 65 fr. 50,

le 2e, 153 fr. 80, et le 3e, 208 fr. 25. Combien lui reste-t-il sur le prix de la vache? — R. 67 fr. 45.

4. — Il résulte des renseignements fournis par la statistique que, pour les Ardennes, la production moyenne et annuelle de la laine en suint est de 742,612 kilog., et celle du suif de 363,201 kilog. Evaluer cette double production, sachant qu'en moyenne le quintal de laine en suint se vend 242 fr. 65 et le quintal de suif, 75 fr. 30. — R. 2,075,438 fr. 35.

5. — Un mouton fournissant 2 kilog. 5 de fumier par jour, combien pourra-t-on fumer d'ares avec le fumier de 180 moutons pendant un an, s'il en faut 55,000 kilog. à l'hectare? — R. 298 ares 64.

6. — Un fermier a nourri pendant 6 mois un porc qui lui coûtait 9 fr.; l'animal a consommé, pendant ce temps, 365 kilog. de son, au prix de 9 centimes le kilog. Tué et vidé, il pesait 48 kil. A combien revient le kilog. de cette viande? — R. 0 fr. 87.

7. — Un marchand a acheté un lot de 60 moutons, à raison de 55 fr. 50 la paire. Il les a revendus avec un bénéfice de 1 fr. par tête. On demande : 1° combien il a dû payer; 2° combien il a reçu; 3° combien il a gagné? — R. 1° 1,665 fr.; 2° 1,725 fr.; 3° 60 fr.

8. — Un pot au lait contient 1 kilog. 5 d'eau. Quel en est le volume en décimètres cubes? Pour combien peut-il contenir de lait à 0 fr. 20 le litre? — R. 1° 1 décim. cub. 5; 2° 0 fr. 30.

9. — Un fermier dispose de 36,000 kilog. de fourrage, qui lui suffisent pour la nourriture de 27 têtes de bétail pendant 168 jours d'hiver. Après 42 jours de consommation, son bétail augmente de 3 têtes. Combien devra-t-il acheter de kilog. de fourrage, s'il ne veut pas diminuer la ration? — R. 3,000 kilog.

10. — Sachant qu'une vache peut produire 0 m. cub. 025 de fumier par jour; un porc, 0 m. cub. 014, et une chèvre, $0^{mc}009$, combien de voitures, de chacune 3 m. cubes, peuvent produire, en un an, 3 vaches, 5 porcs et 4 chèvres? — R. 22 voitures.

Cours supérieur. — 1. — Un cultivateur a livré 150 kilog. de laine de mouton au prix de 752 fr. 50, et 82 kilog. 3 hectog. de laine d'agneau pour 370 fr. 35. A combien revient le kilog. de laine de chaque sorte, et quelle somme le cultivateur a-t-il retirée de cette double vente? — R. 1° 5 fr. et 4 fr. 50; 2° 1122 fr. 85.

2. — Une fermière nourrit 16 vaches, et chacune donne, en moyenne, 9 litres de lait par jour. Sachant qu'il faut 20 litres de lait pour produire 1 kilog. de beurre, que le lait se vend 20 centimes le litre et le beurre 3 fr. 40 le kilog., faire connaître la somme que la fermière retirera par mois de 30 jours : 1° de la

vente du lait produit par ses 16 vaches ; 2° de la vente du beurre qui donnerait ce lait, s'il était converti en cette matière ? — R. 1° 864 fr. ; 2° 734 fr. 40.

3. — Un fermier a vendu des moutons 16 fr. 90 pièce ; avec l'argent qu'il a reçu, il a acheté un cheval et il a eu 180 fr. de reste ; s'il n'avait vendu ses moutons que 14 fr. 40, il n'aurait eu que 80 fr. de reste. Combien ce fermier a-t-il vendu de moutons et quel était le prix du cheval ? — R. 1° 40 moutons ; 2° 496 fr. (*Certificat d'études*, — Aisne).

4. — Un cultivateur achète un cheval qu'il revend avec un bénéfice de 110 fr. Que lui a coûté ce cheval, s'il a reçu en échange une vache valant 340 fr., un veau de 80 fr. et 270 bottes de fourrage, à 0 fr. 32 l'une ? — R. 396 fr. 40. (*Certificat d'études*, Garçons, — Omont, Juniville, etc.)

5. — Le litre de lait pèse 1 kilog. 30 grammes. Quelle est la contenance d'un vase qui pèse 13 kilog. 60 grammes étant plein de lait, et 1,240 grammes étant vide ? — R. 12 litres. (*Certificat d'etudes*, Filles, — Château-Porcien et Machault).

6. — La densité du lait est 1.030. Si l'on fait un mélange contenant un dixième d'eau, combien pèsera un litre de ce mélange ? R.— 1 kilog. 027. (*Certificat d'études primaires*, — Flize, Carignan, etc).

7. — Une fermière vend, à 2 fr. 50 le kilog., un pain de beurre qui pèse, dit-elle, 500 grammes, mais dont le poids réel est 52 décagrammes. A quel prix, en réalité, vend-elle le kilogramme ? — R. 2 fr. 40 (*Certificat d'études primaires*, — Doubs).

8. — Un marchand de bestiaux a fourni à son cultivateur 3 vaches et 2 génisses : les vaches valent chacune 280 fr., et les génisses, chacune les 3/7 du prix d'une vache. Le paiement doit s'effectuer dans 3 ans 5 mois et 12 jours. A combien s'élèvera-t-il, en y joignant les intérêts à 4 et demi p. 0/0. — R. 1247 fr. 65. (*Aspirantes institutrices*, — Isère, — Brevet de 2° ordre).

9. — Une ferme qui nourrit 37 vaches laitières, produit, par jour, 265 litres de lait, qui donnent 24 kilog. de beurre, valant 2 fr. 75 le kilog. ; on y consomme 7 quintaux de fourrage valant 3 fr. 50 le quintal. Evaluer, jour par jour, et par vache, la consommation de la ferme, en nature et en argent, sa production en lait, en beurre, et enfin le bénéfice net qu'elle rapporte, le lait de beurre étant supposé payer la main d'œuvre. — R. 1° 18 kg. 918 et 0 f. 622 ; — 2° 7 litres 16 et 0 kilog. 647 ; 3° 1 fr. 120. (*Aspirants instituteurs* — Académie de Clermont, — Brevet simple.)

Exercices de rédaction sur les animaux domestiques

I. — Le Bœuf et la Vache.

Sommaire. — Ce que c'est que la zootechnie. — Comment cette science classe les animaux domestiques. — Ce qu'on entend par le mot *bétail*. — Le gros bétail et le menu bétail. — Nombre normal de têtes de gros bétail que les agronomes exigent par hectare de terrain exploité. — Statistique de la production du bétail, en France et à l'étranger. — Pourquoi notre élevage laisse à désirer. — Races auxquelles nos vaches devraient appartenir. — Production journalière, en lait, des vaches bretonnes, — flamandes, — normandes, — des vaches du pays. — Production moyenne, en viande, des bœufs de la race commune et des sujets appartenant aux races perfectionnées. — Condition de réussite dans l'élevage.

La zootechnie est la science qui s'occupe de l'élevage des animaux domestiques. Elle classe ces animaux en deux catégories distinctes : 1° les bêtes de travail ou de trait, c'est-à-dire le cheval, l'âne et le mulet ; 2° les bêtes de rente ou de produit, tels que le bœuf, la vache, le mouton, la chèvre et le porc.

Le bœuf peut également figurer parmi les animaux de la première catégorie, car, chez certains cultivateurs, il travaille aux champs comme le cheval, et ne devient bête de produit que lorsqu'il quitte la charrue pour être soumis à l'engraissement.

Par le mot *bétail* on désigne spécialement les animaux que le cultivateur élève en vue des besoins de son exploitation. Ces animaux se divisent en *gros bétail* et en *menu bétail*.

Le gros bétail comprend les animaux de la race chevaline, ou du cheval, ceux de la race bovine, ou du bœuf, et ceux de la race asine, ou de l'âne.

Le menu bétail comprend les animaux de la race ovine ou du mouton, ceux de la race caprine, ou de la chèvre, enfin ceux de la race porcine, ou du porc.

Les agronomes nous apprennent que l'exploitation régulière des terrains cultivés comporte l'entretien d'une tête, au moins, de gros bétail par hectare.

Bien que cette proportion ne soit qu'exceptionnellement atteinte, la production en viande de nos bêtes bovines avait, dès l'année 1878, une valeur de 800 millions de francs. D'un autre côté, le lait des vaches était alors évalué à 1.600 millions de francs, les journées de travail des bœufs, à 1 milliard, et les fumiers, à 500 millions !

*
* *

Malgré de notables progrès, la France ne possède jusqu'ici que 22 animaux de l'espèce bovine par kilomètre carré, tandis que la Belgique, la Hollande et la Saxe en ont 40, l'Irlande et le Wurtemberg, 50 !..

Il en est de même quant au menu bétail : presque toutes les autres contrées de l'Europe sont sensiblement plus riches que nous ; et, de plus, les cultivateurs négligent les races perfectionnées, dont les meilleures, pour la boucherie, sont celles du Charolois, du Limousin, du Nivernais, et surtout les races anglaises de Durham.

De leur côté, les vaches laitières devraient toutes appartenir aux races de la Flandre, de la Normandie ou de la Bretagne.

Ces dernières sont petites, mais elles n'en donnent pas moins de huit à dix litres d'excellent lait, en moyenne, par jour, et pendant toute l'année.

Sans doute, c'est moins que nos belles vaches flamandes ou normandes, dont la production journalière atteint ordinairement 12 litres, mais c'est beaucoup plus que ne donnent les vaches du pays, qui excèdent à peine quatre litres, en moyenne.

On voit quelles pertes les cultivateurs arriérés éprouvent sous le seul rapport de la production du lait.

Ces pertes sont plus sensibles encore du côté de l'engraissement des animaux. Ainsi, nos bœufs de l'espèce commune ont de la peine à atteindre 200 kilogrammes, c'est-à-dire le tiers ou même le quart de ceux qui appartiennent aux races perfectionnées !..

Pour réussir en cela, le cultivateur doit s'astreindre à des soins minutieux et connaître parfaitement les principes de l'élevage. La nourriture, et plus encore les précautions à prendre pour la distribuer, ont une influence immense sur la santé des animaux. Il importe surtout que l'éleveur sache dans quelle proportion il doit faire entrer, en préparant ses rations journalières, les grains, les racines et les fourrages, verts ou secs ; il faut également qu'il sache distinguer entre les bœufs de travail, les bœufs d'engraissement et les vaches laitières.

Ce n'est qu'au prix de tous ces soins que les cultivateurs peuvent compter sur le succès et assurer la prospérité de leur exploitation.

***

II. — Elevage du Mouton.

Lettre de Lucien à son oncle Jean.

SOMMAIRE. — Le jeune homme informe son parent du remplacement des moutons de la ferme de son père par des moutons d'une autre race. — Sa lettre porte sur les points suivants : — Origine des animaux de l'espèce ovine ; — ressources que fournit le mouton ; — caractère distinctif des moutons de l'espèce commune et des moutons appartenant aux races perfectionnées ; — ce que fit Daubenton à propos des mérinos d'Espagne et des *métis-mérinos* ; — la race de Naz et celle de Mauchamps ; — les Dishley et les Southdown ; — Raisons qui justifient l'adoption des métis de ces races. — Lucien tiendra son oncle au courant des succès de leur élevage.

Cher oncle,

Je m'empresse de t'informer que nous venons de remplacer notre troupeau de moutons mérinos par des métis appartenant aux races anglaises et à nos meilleures races françaises.

Ce changement s'est fait sur les conseils de divers éleveurs et à la suite d'une leçon de l'école sur ce sujet, leçon que je résume ainsi :

On prétend que notre mouton descend d'un mouton sauvage, le *mouflon commun*, autrefois très commun dans les montagnes de la Sardaigne et de l'île de Crète.

Quoi qu'il en soit de son origine, le mouton compte parmi les animaux domestiques qui nous rendent le plus de services par les produits qu'ils nous donnent : il n'est pas jusqu'à ses os et ses boyaux qui ne soient utilisés.

Les moutons de nos anciennes races ont la charpente osseuse, la laine courte et rude ; au contraire, ceux des races perfectionnées ont les os peu volumineux, une chair délicate, une laine fine et touffue.

C'est au naturaliste Daubenton, collaborateur de Buffon, qu'est due l'introduction en France des premières races étrangères, c'est-à-dire des mérinos d'Espagne, mouton remarquable, par la beauté, la finesse et l'abondance de leur laine.

Dès l'année 1766, le savant avait démontré, par des essais et par des instructions populaires, tous les avantages attachés à l'élevage des moutons mérinos ; mais ce ne fut que de 1783 à 1786, que nos fabricants, retenus jusque là, par un préjugé inexpliquable, à tenter l'emploi des laines nouvelles : encore les mérinos de France ne furent-ils réellement recherchés que vers l'année 1820.

En effet, ce fut à partir de cette époque seulement que nos mérinos, et surtout les métis-mérinos créés par Daubenton, dans sa belle propriété de Montbar, se répandirent sur tous les points de notre pays. Ils étaient considérés, cette fois, comme les premiers moutons du monde, et ils furent, dès lors, pour l'agriculture, une source de profits considérables.

Les mérinos de Naz, département de l'Ain, constituent une des principales variétés des mérinos purs. La race dite de Mauchamps, obtenue et répandue en Champagne, fournit également une laine extra fine.

Malheureusement, la concurrence des laines étrangères, notamment celles du Cap et de l'Australie, a fait baisser à ce point le prix des nôtres, que les cultivateurs ont dû renoncer à la production exclusive des laines et se livrer spécialement à la production de la viande.

Pour cela, ils ont eu recours aux races anglaises de Dishley et de Southdown, qui donnent de remarquables produits en chair, et dont le croisement avec nos meilleures races indigènes a parfaitement réussi. Les troupeaux de nos meilleures exploitations sont aujourd'hui composés de métis élevés en vue de la boucherie, et ils acquièrent un développement rapide, sans cesser de produire des toisons à laine fine.

Tu le comprends, cher oncle, c'est un lot de ces métis que nous venons d'acheter. Les connaisseurs disent des merveilles de ces gentils animaux, et il est à espérer que nous en tirerons les meilleurs résultats : nous ne négligerons d'ailleurs aucun des soins qu'il faut prendre pour les obtenir.

J'aurai le plaisir de te tenir au courant des succès de notre nouvel élevage.

Tout à toi,

LUCIEN.

*
* *

III. — Elevage du Porc.

SOMMAIRE. — Résumer, dans une courte narration, ce qui a été dit dans l'entretien sur le porc, en faisant notamment valoir les points suivants : Utilité du porc ; — nourriture ; — engraissement. — Races : normande, — craonnaise, — lorraine, — ardennaise, — artésienne, — bretonne. — Ce qui distingue le porc ardennais et autres du porc artésien et du porc breton. — La plus parfaite des variétés connues.

Il y a un animal domestique plus utile encore, d'un emploi plus général, plus immédiat que le mouton : c'est le porc.

Annexe de la laiterie, cet animal se nourrit uniquement, pour ainsi dire, d'eaux grasses et de petit lait, matières sans valeur et qui ne peuvent être plus avantageusement employées.

Le porc est naturellement glouton, et, par cela même, il s'accommode de tout. Pendant la belle saison, il vit sur les terres incultes et dans les marécages, où il aime à se vautrer et à chercher des vers ; il ne reçoit alors qu'un peu de nourriture, matin et soir.

Dès le mois d'octobre, les porcs cessent d'aller aux champs ; à cette époque ils sont nourris dans leurs loges en vue de l'engraissement : les racines cuites, les herbages bouillis, les marcs de fruits, les substances farineuses, quelles qu'elles soient, tout leur convient, pourvu qu'on sache varier et régler convenablement les aliments à présenter.

Le porc est, du reste, de tous les animaux domestiques, celui qui s'engraisse le plus vite et le plus facilement. Seulement, il faut avoir soin de nettoyer souvent son auge et de renouveler sa litière en temps utile.

Il y a un grand nombre de races de porcs, parmi lesquelles

on distingue principalement la race normande, la race craonnaise, la race lorraine et la race ardennaise. Les porcs de toutes ces races sont surtout caractérisés par leurs formes élancées et par l'ample développement de leurs oreilles; ils donnent généralement un lard ferme et excellent; mais ils sont assez lents à prendre la graisse. Le porc ardennais, par exemple, ce porc remarquable, qui fournit le meilleur lard, a le grand défaut, disent les ménagères, d'être « *difficile à remplir*, » c'est-à-dire à rassasier de façon à s'engraisser convenablement.

Il en est tout autrement de la race artésienne, de la race bretonne, des porcs anglais de Leicester et du Hampshire et de toutes les variétés à jambes courtes et à reins larges. L'engraissement des sujets appartenant à ces variétés se fait souvent en quelques mois; mais le lard qu'ils donnent est une matière grasse et molle, dépourvue de la saveur qui distingue le lard des porcs ardennais.

En résumé, les porcs les plus parfaits, sous le double rapport de la qualité du lard et de la facilité de l'engraissement, sont des métis obtenus par le croisement de certaines races anglaises avec notre race normande.

CHAPITRE VI.

§ I.

De la Basse-Cour.

Elevage de la Poule et du Canard.

Le Maitre. Avant d'aborder les notions d'économie rurale et de comptabilité agricole, dont je dois vous entretenir cette année, disons quelques mots des animaux de basse-cour, c'est-à-dire des volatiles élevées notamment en vue des œufs et de la chair qu'ils fournissent. On peut juger de l'importance de ces animaux pour notre agriculture par la valeur de la consommation que la seule ville de Paris fait de leurs produits. Les statistiques évaluent cette consommation à plus de 12 millions de francs pour les œufs seulement, et à une somme double pour les volailles!

Louis. Il y a plusieurs espèces d'oiseaux de basse-cour?

Le Maitre. Oui : outre la poule, le dindon et le pigeon, qui appartiennent à l'ordre des *gallinacés*, c'est-à-dire des oiseaux dont le bec est pointu et les doigts du pied isolés, on comprend, sous le nom d'oiseaux de basse-cour, le canard et l'oie, qui appartiennent à l'ordre des *palmipèdes*, oiseaux qui ont le bec large et plat et les pieds palmés, à doigts réunis par une peau ou membrane.

Gustave. Cette peau permet à l'oiseau de se servir de ses pieds comme de deux rames, lorsqu'il nage sur les ruisseaux où il aime à chercher sa nourriture.

Julien. C'est donc pour cela que les oies et les canards nagent si bien?

Le Maitre. Parfaitement. Il en est de même de tous les oiseaux *aquatiques*, c'est-à-dire qui fréquentent les eaux, comme le cygne, le pingouin, le pétrel, le pélican, le cormoran, etc.

Louis. La poule a le grand mérite de coûter peu pour sa nourriture...

Gustave. Et de rapporter beaucoup.

Le Maitre. En effet, de tous les oiseaux de basse-cour, la

poule est le plus productif et le moins difficile à élever. Aussi, la France n'en nourrit-elle pas moins de 40 millions, représentant une valeur de 100 millions de francs. De ces 40 millions de poules naissent chaque année 100 millions de poulets, sur lesquels il convient de prendre 10 millions de producteurs destinés à remplacer les ascendants ou sujets les plus âgés, dont les éleveurs tirent partie par la vente. On admet que les accidents et les maladies réduisent encore de 10 millions les poulets destinés à la consommation.

LOUIS. Il en reste ainsi 80 millions à vendre?

LE MAITRE. Oui : en les évaluant, en moyenne, à 1 fr. 50 la pièce, on arrive à une valeur de 120 millions.

GUSTAVE. C'est une bien grosse somme...

LOUIS. Que les cultivateurs recueillent presque sans frais.

LE MAITRE. Et cette somme énorme ne représente qu'une partie du produit que fournissent les poules!

HENRI. Il y a aussi la vente des œufs...

LE MAITRE. Qui est autrement productive que celle des poulets.

EDMOND. Vraiment?

LE MAITRE. Il est établi que les bonnes poules donnent, en moyenne, 120 œufs chacune par année. Avec ses 40 millions de pondeuses, la France obtient donc annuellement 4 milliards 800 millions d'œufs, qui, à 10 centimes l'un, représentent une valeur de 480 millions!

LOUIS. Oh! serait-il possible?

LE MAITRE. Si considérable qu'elle vous paraisse, la production des œufs en France pourrait être triplée, décuplée même, sans cesser de trouver des débouchés.

GUSTAVE. Nos œufs se vendent-ils donc à l'étranger?

LE MAITRE. Parfaitement : l'Angleterre seule nous en achète pour près de 100 millions de francs par année, soit le cinquième environ de notre production, qui serait toute autre, si les couvées étaient partout l'objet de soins intelligents.

EDMOND. Il faut donc de grandes précautions pour faire réussir les couvées?

LE MAITRE. Oui; les soins qu'elles comportent sont trop souvent négligés. C'est vers le mois de mai que se font les couvées; mais les bonnes ménagères n'attendent pas ce moment pour les disposer : dès le commencement du printemps, elles font choix des œufs, en s'arrêtant aux plus ronds, lorsqu'elles veulent obtenir des poulettes, et les plus allongés, lorsqu'elles veulent des coqs en vue de l'engraissement.

GUSTAVE. Ce procédé est employé?...

LE MAITRE. Depuis nombre de siècles, car il est dû à Columelle (1), le plus savant agronome de l'antiquité.

LOUIS. Les poules qui couvent sont tenues à part, je crois, dans les poulaillers?

LE MAITRE. Oui : dans les exploitations bien tenues, le poulailler comprend un compartiment aménagé pour recevoir les œufs, qui y sont placés à raison de 12 à 15 par panier, et échauffés par les couveuses. La durée de l'incubation est de vingt jours, en moyenne; c'est-à-dire qu'il faut vingt jours environ pour que les œufs, sur lesquels la couveuse se tient, puissent donner naissance aux oiseaux.

LOUIS. A la Warenne, la couvaison se fait sans le secours des poules, au moyen de boîtes chauffées.

LE MAITRE. Oui : j'allais vous parler de ces boîtes ingénieuses, dans lesquelles la chaleur est entretenue par de l'eau chauffée à une température égale à celle que détermine la couveuse naturelle. Les boîtes employées par M. Martin sont ce qu'on appelle des *couveuses artificielles*, des couveuses mécaniques, si vous l'aimez mieux.

LOUIS. C'est une invention nouvelle?

LE MAITRE. Non, mon ami. Les couveuses artificielles étaient connues des anciens Egyptiens, chez lesquels elles donnaient 100 millions de poulets par année. Seulement, les appareils ont été perfectionnés. Ainsi, ceux qu'a décrits et préconisés le célèbre Parmentier peuvent contenir jusqu'à un millier d'œufs. La chaleur y est maintenue constamment

(1) Né à Cadix, dans le premier siècle de notre ère, Columelle possédait des terres considérables qu'il faisait valoir lui-même. Pour acquérir plus de connaissances dans l'agriculture, il voyagea dans diverses parties de l'empire romain, afin d'en connaître toutes les productions et tout ce qui concerne l'économie rurale. Il finit par se fixer à Rome, où il écrivit de nombreux traités d'agriculture, qui ont été traduits dans toutes les langues et qui n'ont rien perdu de leur valeur.

20

à une température qui varie entre 28 et 32 degrés ; un régulateur, qui fonctionne seul, arrête la combustion lorsque la chaleur devient trop grande.

Louis. C'est bien cela : il y a une femme de journée chargée de surveiller la couvaison.

Le Maitre. Oui : il faut trois semaines d'une attention soutenue pour faire naître les poussins, et ensuite un mois de soins minutieux pour les empêcher de mourir ; encore n'y parvient-on pas toujours. C'est vous dire, comme l'a dit lui-même un agronome distingué, que la meilleure couveuse artificielle, mise entre les mains d'un éleveur négligent ou incapable, est exposée à se voir transformer en machine à cuire les œufs. Aussi, malgré ses avantages, cette intéressante industrie de l'élevage artificiel des poulets se développe difficilement. Il en est de même en ce qui concerne l'adoption des races de poules étrangères à la région ; les cultivateurs, même les plus avancés, se montrent généralement assez peu disposés à remplacer les races du pays par les races estimées de la Bresse et du Maine, qui font merveille dans les départements de l'Ain et de la Sarthe, mais qui s'acclimatent difficilement dans ceux de l'Est et du Nord, et qui y dégénèrent dès la seconde génération. Il y a, pour notre pays, certaines races belges ou ardennaises auxquelles nos éleveurs font bien de tenir : nous en parlerons prochainement.

Les meilleures races de poules élevées en France sont, pour la production des œufs, les poules de Caux, et pour l'engraissement, les poules russes à pattes jaunes. La première de ces races réussit parfaitement dans nos départements du Centre et de l'Ouest, la seconde lui est préférée pour les provinces de l'Est et du Nord, où l'on trouve également différentes variétés de poules anglaises, belges et ardennaises.

Louis. A quelles races appartiennent les poules élevées à la Warenne ?

Le Maitre. Partie à la race campinoise belge, poule grise dite *de tous les jours*, parce qu'elle pond, en effet, presque sans interruption, du printemps à l'automne, partie à la race blanche des Ardennes, race que vous connaissez tous, car elle domine dans le mélange des races élevées dans nos fermes, où elle se maintient assez pure.

LOUIS. Les poules de M. Martin sont toutes, réellement, grises ou blanches.

LE MAITRE. Oui, et toutes aussi sont remarquables par l'activité qu'elles déploient pour chercher leur nourriture dans les balayures des écuries et aux abords des bâtiments d'exploitation, qu'elles purgent d'une multitude d'insectes et de vers ; la poule des Ardennes, elle surtout, se suffit presque complètement à elle-même, et elle n'en compte pas moins parmi celles qui peuvent donner deux douzaines d'œufs par mois pendant la belle saison ; soit, pour six mois, 144 œufs, c'est-à-dire un produit de près de 15 francs par poule, en admettant un prix moyen de 10 centimes par œuf. Ce produit peut être considéré comme un produit net, la poule ardennaise n'ayant que rarement besoin d'un supplément de nourriture.

LOUIS. On parle beaucoup des races de poules étrangères venues d'Asie, je crois ?

LE MAITRE. Oui ; vous avez pu en voir dans les expositions agricoles de ces dernières années, où figuraient notamment la poule malaise et la poule de Cochinchine. Ce sont des oiseaux d'ornement plutôt que des volailles de basse-cour ; ils se vendent à prix d'or et produisent excessivement peu, tout en mangeant beaucoup.

GUSTAVE. On prétend que le canard est encore d'un meilleur rapport que la poule ?

LE MAITRE. L'élève des canards est en général très avantageux, pourvu qu'on ait de l'eau à proximité, car ces palmipèdes aiment à barboter, et ce n'est pas sans raison que, dans certains pays, on les désigne sous le nom de *barboteurs* ou *barboteux*. D'ailleurs, il n'est pas nécessaire que l'eau soit courante, ni même très abondante ; faute de cours d'eau ou de mare, il suffit d'un petit abreuvoir, pavé et cimenté, qu'on alimente avec de l'eau de puits.

LOUIS. Les canards paraissent peu difficiles sur la nourriture ?

LE MAITRE. En effet, ils sont doués d'un appétit vorace, et, pour le satisfaire, ils ne peuvent regarder de bien près au choix des aliments ; aussi se contentent-ils modestement des restes de la cuisine, des débris de toute sorte, d'herbes, de colimaçons, etc., et font surtout leur régal des graines que dédaignent les autres volailles. On peut donc élever des canards à très peu de frais et en retirer un certain profit.

GUSTAVE. La ponte des canards commence ordinairement de bonne heure ?

LE MAITRE. Elle commence dès la fin de février et dure pendant trois mois environ, à raison de 5 œufs par semaine, lorsqu'on a soin de les enlever chaque jour.

HENRI. Les œufs de canards sont plus gros, je crois, que les œufs de poule ?

LE MAITRE. Oui, et c'est pour cela qu'on n'en donne que dix ou douze à couver. C'est ordinairement une poule qu'on charge du soin de couver les œufs de cane, et cette mère d'emprunt s'attache aux canetons comme à ses poussins.

L'incubation dure 29 jours. Quand les petits sont éclos, on les conserve pendant une quinzaine de jours dans un endroit séparé et assez chaud, en leur donnant de la mie de pain mêlée de jaunes d'œufs. On peut ensuite les laisser en liberté et les nourrir supplémentairement avec de la farine d'orge ou des pommes de terres cuites et de l'eau de vaisselle. Dès l'âge de huit à dix mois, les jeunes canards ont pris leur entier développement, et ils peuvent être vendus de 3 à 4 fr. pièce, sans avoir besoin, le plus souvent, d'être soumis à un engraissement particulier. Vous pouvez évaluer ce que peut donner une couvée de 12 canards, en tenant compte des accidents et de la nourriture additionnelle qu'on leur donne.

LOUIS. Il y a aussi la vente des œufs de cane qui ne couvent pas ?

LE MAITRE. Oui : 60 œufs environ par cane, soit, au prix de 15 centimes en moyenne, un produit annuel de 9 fr.: c'est un appoint qui compte.

Il nous reste à parler de l'oie, du dindon et du pigeon, ce que nous ferons prochainement.

---

§ II

De la Basse-Cour (*Suite*).

Elevage de l'Oie et du Dindon.

LE MAITRE. Il y a plusieurs espèces d'oies, mais l'oie commune, la petite oie domestique, blanche ou grise, est seule largement répandue ; c'est une variété de l'oie sauvage, ou plutôt c'est l'oie sauvage elle-même, réduite en domesticité. Elle a tout à fait oublié sa liberté et semble s'acommoder parfaitement de l'existence qui lui est faite dans la basse-cour. Elle obéit volontiers aux enfants chargés de la conduire dans les champs ; elle leur devient même affectueuse, reconnaît leurs soins et se conforme à leurs désirs.

LOUIS. C'est vrai : on conduit beaucoup plus facilement les oies que les chèvres.

LE MAITRE. En dépit du proverbe que vous connaissez (Bête comme une oie), cet animal est à la fois docile et intelligent. De plus, l'oie est très propre de sa nature ; elle fait soigneusement sa toilette et évite généralement les endroits fangeux. Aussi, les éleveurs qui s'y entendent font-ils coucher leurs oies sur une litière fraîche et toujours dans un lieu sain, aéré et spacieux.

GUSTAVE. Le plus souvent, au contraire, les oies sont entassées dans une écurie étroite, obscure et humide.

LE MAITRE. Ce qui nuit beaucoup à leur santé, en blessant d'ailleurs leurs goûts naturels.

LOUIS. Les éleveurs d'oies perdent beaucoup d'oisons.

LE MAITRE. Cela tient à la mauvaise disposition du réduit où ils sont confinés. Le fumier fermenté leur est notamment préjudiciable.

HENRI. La ponte de l'oie a lieu, je crois, dès le commencement de l'année ?

LE MAITRE. La ponte commence, en effet, en janvier ou février. Il n'y a qu'une couvée par an. On s'aperçoit que l'oie veut couver quand elle porte des fétus de paille à son bec ; elle doit pouvoir trouver alors, dans son local, un endroit sec, chaud et solitaire. Il est important de mettre à sa portée de la paille coupée, dont elle se forme un nid.

Louis. Quand les oisons sont éclos, on les place dans un nid fait avec de la laine, dit-on ?

Le Maitre. Oui : les oisons ont besoin de chaleur le premier jour ; aussi fait-on bien de les placer dans un panier, à quelque distance du feu. Quand toute la couvée est éclose, on rend les oisons à leur mère, qui leur témoigne généralement une grande tendresse.

Gustave. La nourriture des oisons se compose d'abord de mie de pain mouillée ?

Le Maitre. Oui : ce régime devient bientôt insuffisant, et alors on donne aux jeunes volatiles du son, de la farine grossière bien délayée, des pommes de terre écrasées, des herbes tendres et surtout des orties hachées.

Louis. Peu de temps après, on les envoie à l'eau...

Le Maitre. Où on les voit nager avec plaisir. Mais il faut éviter de les exposer à la pluie. A six mois, les jeunes oies ont acquis tout leur développement ; celles de la petite race domestique pèsent alors 3 à 4 kilog. et valent de 5 à 7 fr. pièce ; celles qui appartiennent à la grande race atteignent 8, même 10 kilogr. et se vendent de 12 à 15 fr. Mais la grande race ne réussit pas partout également. Ce n'est guère que dans la Haute-Garonne, le Gers et le Tarn que cette race prospère ; les environs de Toulouse en produisent annuellement 120 mille têtes !

Henri. C'est énorme.

Le Maitre. Et ce n'est là qu'une faible partie de la consommation de la France, qui atteint près de 2 millions de têtes ; la ville de Paris seule en consomme plus de 600 mille.

Louis. Au prix de 5 fr. en moyenne par tête, la consommation annuelle des oies à Paris représente donc une valeur de 3 millions de francs.

Le Maitre. Parfaitement, et celle de la France entière, 10 millions. Vous voyez que l'élevage des oies peut être considéré comme une des branches principales de l'économie rurale.

Et maintenant, passons au dindon.

Le dindon est le plus fort et le plus remarquable de nos animaux de basse-cour ; il est caractérisé d'ailleurs par une membrane rouge et charnue qui recouvre sa tête et s'étend sur une partie de son bec et même de son cou.

Le dindon est originaire de l'Amérique du Nord, où il vit encore à l'état sauvage. Il paraît avoir été introduit en France en 1518, et c'est à Bourges qu'il aurait d'abord été élevé ; mais ce ne fut que dans le siècle suivant que certains cultivateurs l'adoptèrent comme animal de basse-cour.

LOUIS. On le trouve aujourd'hui dans toutes les grandes fermes.

LE MAITRE. Et il y tient parfaitement sa place. Comme la poule, le dindon peut être élevé avec succès dans toutes les parties de la France. Il s'accommode de tous les climats, de tous les sols, de tous les aliments.

GUSTAVE. Il y a des dindons noirs, des gris et des blancs.

LE MAITRE. Oui ; mais on préfère les noirs, qui sont généralement plus robustes que les blancs et les bigarrés. La dinde fait deux pontes par année, l'une en février et l'autre en août. L'incubation dure 30 jours.

Les dindonneaux sont assez délicats dans leur jeune âge. Aussi ne leur donne-t-on tout d'abord que du pain trempé dans du vin ou du cidre, et, plus tard, une pâtée de farine d'orge, de maïs ou de sarrasin, mélangée avec du jaune d'œuf durci et des orties hachées. Ce n'est que lorsqu'ils ont *pris le rouge*, c'est-à-dire lorsque la membrane de leur tête s'est formée que les dindonneaux deviennent robustes et peuvent se passer de leur mère.

LOUIS. C'est alors qu'on peut les conduire au pâturage.

LE MAITRE. C'est alors qu'on *doit* les conduire aux champs : tenus habituellement dans les cours, les dindons sont inférieurs en qualité à ceux qui errent dans les bois et les friches, où ils vivent d'herbes et d'insectes, surtout des larves de coléoptères ; en automne, ils dévorent les glands avec avidité. Rentrés le soir à la ferme, les dindons doivent y trouver un abri suffisamment aéré et des mats garnis d'échelons pour se jucher commodément. Partout où les dindons sont tout simplement enfermés dans le poulailler, ils deviennent maigres et se couvrent de vermine.

LOUIS. Les meilleurs dindons sont, dit-on, ceux de la Sologne.

LE MAITRE. Oui : cela, parce qu'ils paissent librement

dans les landes du pays. Il en est de même dans les départements de la Meuse, des Vosges, etc. Les dindons élevés en Bourgogne, dans le Berry et en Picardie, où ils s'engraissent dans les chaumes après la récolte, sont également très recherchés. Dans le Morvan et sur certains points de la Flandre française, on fait avaler aux dindons qu'on veut engraisser des noix entières avec leurs coques.

HENRI. Singulier régime !

LE MAITRE. Régime qui augmente promptement le volume et la graisse des animaux qui y sont soumis, en ajoutant d'ailleurs à la qualité de la chair... à condition de n'en pas abuser

GUSTAVE. La chair doit être le principal produit du dindon ?

LE MAITRE. Oui : il s'en fait une énorme consommation dans les grandes villes, où elle se mange ordinairement fraîche ; dans les campagnes, on la conserve dans du saindoux. On utilise également la graisse du dindon, qui est beaucoup plus fine et plus délicate que celle de l'oie. Quant à ses œufs, ils ne sont pas assez abondants pour former un aliment journalier ; moins estimés d'ailleurs que les œufs de poule, ils n'en sont pas moins recherchés pour la confection de la pâtisserie. Enfin, la fiente de dindon, comme celle des poules, constitue un excellent engrais pour le jardinage.

Est-il donc étonnant que le dindon soit devenu comme un accessoire obligé de toute exploitation rurale ?

---

§ III

De la Basse-Cour (*Fin*).

Elevage du Pigeon.

Le Maitre. Mes amis, nous allons terminer nos entretiens sur les oiseaux de basse-cour par l'étude du pigeon, dont l'élevage constitue, pour certaines fermes, une industrie assez importante.

Il y a un nombre infini d'espèces de pigeons ; mais les plus répandues sont le *biset* et le *pigeon mondain*, qui vivent chez nous dans une sorte de captivité volontaire, logés dans des bâtiments construits, le plus souvent, en forme de tour, et qu'on nomme *pigeonniers* ou *colombiers*. Ces batiments sont ordinairement très élevés, bien enduits en dehors et garnis intérieurement de nombreuses cases ou cellules, dans lesquelles les pigeons pondent et élèvent leurs petits.

Gustave. La ponte des pigeons n'est, je crois, que de deux œufs ?

Le Maitre De deux beaux œufs blancs : vous avez raison. Mais cette ponte restreinte se renouvelle à peu près chaque mois chez le pigeon mondain.

Louis. Comment distingue-t-on le biset du pigeon mondain ?

Le Maitre. Le biset, ou pigeon commun, est petit, d'un plumage ordinairement cendré bleuâtre, avec le cou d'un vert doré, à reflets violacés, et deux bandes noires transversales sur l'aile ; de plus, le biset a le bec noirâtre et les pieds rouges : c'est la tige primitive de tous les autres pigeons. Le pigeon mondain est beaucoup plus gros que le biset, d'un plumage varié, avec un filet très rouge autour des yeux : c'est la race la plus productive ; elle alimente en grande partie les marchés de Paris. Cette race se distingue d'ailleurs par des qualités qui lui sont propres : la douceur des mœurs, l'amour de la société, l'attachement au colombier. En général, le père et la mère se partagent les soins de l'incubation et couvent alternativement leurs œufs. A leur naissance, les petits sont couverts d'un duvet blanc très léger, très clair-semé. Aussi sont-ils tenus chaudement par leurs parents, qui se relaient constamment auprès d'eux pendant leurs premiers jours. Il est à remarquer également que les jeunes pigeons ne reçoivent pas la becquée comme les autres oiseaux : au lieu d'ouvrir le bec, ils l'introduisent dans celui de leurs parents, où ils prennent eux-mêmes la nourriture que ceux-ci dégorgent pour eux !

LOUIS. C'est vrai : j'ai vu cela à la Warenne.

LE MAITRE. Cette manière de donner ou plutôt de prendre la nourriture se continue fort tard et ne cesse complètement que lorsque les pigeonneaux sont en état de chercher eux-mêmes leur nourriture.

GUSTAVE. On leur donne alors toutes sortes de graines.

LE MAITRE Oui, les pigeons sont essentiellement granivores.

LOUIS. Chez M. Martin, on leur donne des lentilles, des pois et des fèverolles.

LE MAITRE. On peut aussi utiliser à leur profit les criblures de blé, de seigle, d'orge, de colza et de navette, mais en s'abstenant de ces dernières, lorsqu'elles ne sont pas parfaitement mûres ; il en est de même lorsqu'elles sont germées.

GUSTAVE. Ne donne-t-on pas aussi du chènevis aux pigeons?

LE MAITRE. Oui ; mais il ne faut pas abuser de cette nourriture, qui est très échauffante et qui tue rapidement les animaux par les chaleurs.

Pour prévenir les inconvénients qu'entraîne l'emploi constant d'aliments secs, les éleveurs bien avisés ont soin d'y ajouter des betteraves et des pommes de terre crues ou cuites, des orties, de l'oseille, de la mie de pain, de la viande.

LOUIS. Même salée ?

LE MAITRE. Surtout salée. Il est établi que les pigeons aiment passionnément le sel et que cette substance les maintient en bonne santé, lorsqu'ils en prennent modérément et qu'ils trouvent de l'eau à leur portée, non seulement pour boire, mais pour se baigner.

JULES. Je sais que les pigeons aiment beaucoup à se baigner....

LE MAITRE. Et aussi, comme le font les poules, à se rouler dans la poussière des chemins, afin de se délivrer des parasites, c'est-à-dire de la vermine qui les tourmente.

LOUIS. Les pigeons se répandent volontiers dans les champs, et les cultivateurs prétendent qu'ils y font parfois des dégâts considérables.

LE MAITRE. Cela est vrai, mais seulement pour le temps des semailles ; bien qu'ils ne grattent pas comme les poules, les pigeons savent très bien écarter la terre avec le bec pour arriver jusqu'à la graine ; ils en dévorent même les jeunes pousses lorsqu'elles sortent à peine de terre.

GUSTAVE. C'est donc pour cela que l'autorité fait fermer les colombiers au printemps et à l'automne ?

LE MAITRE. Précisément. En d'autres temps, les pigeons se bornent à ramasser les graines perdues; lorsque cette nourriture leur fait défaut, ils se rejettent sur les baies et les petits fruits sauvages, même sur les insectes ou sur les escargots de petite taille.

LOUIS. On peut ainsi compter les pigeons au nombre des oiseaux utiles ?

LE MAITRE. Oui : les agronomes les plus autorisés s'accordent à reconnaître que le tort qu'ils peuvent faire pendant les semailles est largement compensé par les services qu'ils rendent à l'économie rurale aux autres époques de l'année. L'élevage du pigeon doit donc être recommandé ; il n'offre d'ailleurs aucune difficulté, et, s'il procure relativement peu de profit, il a du moins l'avantage de concourir à l'animation des maisons d'exploitation.

Questionnaire récapitulatif.

COURS INTERMÉDIAIRE. — 1° Qu'entend-on par animaux de basse-cour ? — Quels sont ces animaux ? — Sous quel nom désigne-t-on les oiseaux de basse-cour qui ont le bec pointu et les doigts des pieds isolés ? — Et ceux qui ont le bec large et les doigts réunis par une peau ? — Quel est le plus productif des oiseaux de basse-cour ? — A quel chiffre évalue-t-on le nombre de poules nourries en France ? — Quelle en est la valeur ?

— Combien d'œufs une poule donne-t-elle, en moyenne, par année ? — Quelle est la production totale des œufs en France ? — Pour quelle somme la seule ville de Paris en consomme-t-elle ? — A quelle époque de l'année ont lieu les couvées pour les poules ? — Comment reconnait-on les œufs qui doivent donner une poulette ? — Et un coq ? — Quelle est la durée de la couvaison ? — Quelles sont les meilleures races de poules élevées en France ? — Que savez-vous de la race campinoise belge et de la petite poule blanche des Ardennes ?

2° Quelle est la nourriture ordinaire des canards ? — A quel moment se fait la ponte de ces oiseaux ? — De combien d'œufs doivent se composer les couvées de canards ? — A quelle somme peut-on évaluer le produit d'une couvée de 12 canards ? — Que retire-t-on des œufs produits annuellement par la cane qui ne couve pas ? — Quelle est l'espèce d'oie la plus répandue ? — A quelle époque commence la ponte des oies ? — A quoi reconnait-on que l'oie veut couver ? — Pourquoi les éleveurs d'oies perdent-ils beaucoup d'oisons ? — De quoi doit se composer la nourriture de ces volatiles ? — Quels sont les départements où les oies de la grande race prospèrent le mieux ?

3° D'où nous est venu le dindon ? — Où et en quelle année fut-il d'abord élevé en France ? — Quels sont les meilleurs dindons ? — Combien la dinde fait-elle de pontes par année ? — Combien dure l'incubation chez le dindon ? — Quelle est la nourriture des dindonneaux ? — Quand doit-on les conduire aux champs ? — Citez les deux espèces de pigeons les plus répandues. — Comment se nomme le logement des pigeons ? — Quelle est la ponte du pigeon ? — Quelles sont les graines dont il fait sa nourriture ordinaire ? — Les plantes oléagineuses lui conviennent-elles ? — Comment procèdent, au sujet de la nourriture des pigeons, les éleveurs qui s'y entendent ? — Pourquoi les pigeons aiment-ils à se baigner et à se rouler dans la poussière ? — Que mangent-ils lorsque les graines leur font défaut dans les champs ? — Doit-on recommander l'élevage du pigeon ?

Cours supérieur. — 1° Quels sont les caractères auxquels on reconnait les oiseaux désignés sous le nom de *gallinacés* ? — Et les *palmipèdes* ? — A quel ordre appartient la poule ? — Et le canard ? — Que désigne-t-on sous le nom d'*oiseaux aquatiques* ? — A quel chiffre évalue-t-on le produit de la vente annuelle des poulets élevés par nos cultivateurs ? — Et celui de la vente des œufs ? — Dans quelle mesure cette production pourrait-elle être augmentée ? — A quelle somme s'élève la vente de nos œufs à l'Angleterre ? — A qui doit-on le moyen de connaître les œufs qui doivent donner une poule ou un coq ? — Que savez-vous de Columelle ? — Quels sont les soins à donner aux poules qui couvent ? — Qu'entend-on par *couveuses artificielles* ? — De quel peuple ancien étaient-elles connues ? — Faites-en connaître les inconvénients ? — Quelles sont les races de poules qui réussissent le mieux dans le nord de la France? — Que savez-vous des races de poules étrangères venues d'Asie?

2° Que faut-il faire pour que l'élevage du canard soit avantageux? — Quels soins comporte l'éducation bien entendue des canetons? — En quoi le proverbe : *Bête comme une oie*, manque-t-il d'exactitude? — Comment les oies doivent-elles être logées? — Quels sont les soins à donner aux couvées de l'oie? — Quand les oisons peuvent-ils aller à l'eau? — A quel âge les jeunes oies ont-elles acquis tout leur développement? — Que pèsent-elles alors et combien se vendent-elles? — A combien de têtes évalue-t-on la production annuelle des oies dans les environs de Toulouse? — Quel est le chiffre de la consommation annuelle de Paris en oies de toute espèce? — Celui de la consommation de la France? — Quelle somme cette consommation représente-t-elle pour Paris? — Pour la France entière?

3° Qu'est-ce que le dindon? — Par quoi est-il caractérisé? — Comment élève-t-on les dindons? — Comment doivent-ils être logés? — Qu'arrive-t-il lorsque les dindons sont tenus enfermés dans le poulailler? — Quels sont les dindons les plus estimés? — Pourquoi? — Comment procède-t-on, en Flandre et dans le Morvan, pour engraisser les dindons? — Quels sont les produits qu'on tire du dindon? — Comment distingue-t-on le pigeon biset du pigeon mondain? — Qu'offre de remarquable, chez le pigeon, la manière de donner la becquée? — Que doit-on donner aux pigeons pour éviter les inconvénients qu'entraîne l'emploi constant des aliments secs? — Quels sont les avantages du sel employé dans la nourriture des pigeons? — Ces volatiles peuvent-ils causer des dégâts dans les champs? — Doit-on les considérer comme des oiseaux utiles? — Qu'ont décidé à ce sujet les agronomes les plus autorisés?

Problèmes sur les animaux de basse-cour

COURS INTERMÉDIAIRE. — 1. — Une fermière porte au marché 500 œufs qu'elle vend 12 fr. le cent ; 10 paires de pigeons qu'on lui paie 3 fr. la paire ; 12 poulets vendus 4 fr. l'un, et 9 canards qu'elle vend 3 fr. la pièce. Quelle somme doit-elle rapporter? — R. 165 fr.

2. — Un cultivateur a acheté 7 douzaines de jeunes dindons à raison de 2 fr. 15 la pièce. Il a dépensé 48 fr. pour les élever ; 7 ont péri, et les autres ont été vendus au prix de 6 fr. 35 par tête. Quel a été le bénéfice du cultivateur? — R. 260 fr. 35.

3. — Une fermière porte au marché 27 douzaines d'œufs qu'elle vend 11 fr. 40 le cent, 7 poulets vendus 3 fr. 75 l'un, 14 canards vendus 3 fr. 25 chacun. Elle achète pour les besoins de sa famille, 25 mètres de toile revenant à 45 fr. et 4 douzaines de

mouchoirs qu'elle paie 7 fr. 40 l'une. Que lui reste-t-il après ces différents achats, si elle avait emporté 13 fr. 45? — R. 47 fr. 536.

4. — La poule ardennaise consomne en moyenne 0 lit. 06 d'avoine par jour. L'hectolitre coûte 9 fr. 26; et les éleveurs obtiennent de cette poule 3 œufs en 5 jours. On demande quel est leur bénéfice sur 10 poules, dans une année, si la douzaine d'œufs vaut 0 fr. 75. — R. Bénéfice : 116 fr. 6175.

5. — Dans une ferme où l'on s'occupe peu des oiseaux de basse-cour, on compte 40 poules appartenant toutes à l'espèce commune et donnant, en moyenne, 45 œufs par année. La fermière élève, bon an mal an, dix couvées de chacune 14 à 15 œufs, qui, faute de soins particuliers, donnent à peine 50 poulets. Les œufs sont pris à la ferme à raison de 7 fr. le cent et les poulets, au prix de 3 fr. 50 la paire. Quel profit cette fermière retire-t-elle annuellement de ses 40 poules, indépendamment de l'engrais, qui est supposé couvrir les frais supplémentaires de nourriture? — R. 213 fr. 50, ou 5 fr. 336 par poule.

6. — Beaucoup mieux avisée que sa voisine, une autre fermière, dont la basse-cour compte également 40 poules, applique à cette partie de l'exploitation les principes préconisés par M. Lemoine, éleveur à Crosne (Seine-et-Oise). Les poules que cette fermière entretient appartiennent exclusivement, soit à notre race française de Crèvecœur, soit à la race belge de la Campine. Elle obtient ainsi, sous déduction des œufs couvés, 70 œufs par poule et par année. De plus, les dix couvées auxquelles elle se borne, fournissent, non chacune 5 poulets, mais 10 au moins. Dans ces conditions, dire quel est le produit de cet élevage, sachant qu'en raison de leur qualité, les œufs et les poulets qui en sont l'objet se vendent, en moyenne, les premiers, 9 centimes, et les seconds, 4 fr. 25 la pièce. — R. 677 fr. ou 16 fr. 925 par poule.

7. — Paris consomme annuellement 11.000.000 de kilog. d'œufs, qui lui sont expédiés en paniers de 1040 œufs. Sachant que 16 œufs pèsent en moyenne 1 kilog., déterminer : 1° le poids d'un œuf, 2° celui d'un panier, 3° le nombre d'œufs consommés à Paris, 4° le nombre de paniers, 5° le nombre de poules nécessaires à cette production, en supposant que chaque poule puisse donner 120 œufs. — R. 1° 62 grammes 50; 2° 65 kilog.; 3° 176 millions; 4° 169.230 paniers, plus 80 œufs; 5° poules nécessaires 1.466.666.

8. — Une fermière a 30 poules de l'espèce commune, 15 canes, 12 oies et 8 dindes. Une poule de l'espèce commune, pond, en moyenne, 52 œufs par an, une cane 33, une oie 14, et une dinde 25. Sachant que, pour les couvées nouvelles et pour les besoins de sa maison, la même fermière a employé, dans l'année, 30 douzaines d'œufs de poules, 7 de cane, 4 d'oie et 2 de dinde, faire connaître : 1° combien elle a pu vendre d'œufs de chaque espèce 2° ce qu'elle a retiré d'argent de cette vente, au prix moyen de

8 fr. 50 le cent d'œufs ; 3° son bénéfice net, les frais de nourriture supplémentaire s'étant élevés à 39 fr. — R. 1° 1200 œufs de poule, 411 œufs de cane, 120 œufs d'oie, et 176 œufs de dinde ; 2° 162 fr. 095 ; 3° 123 fr. 095.

COURS SUPÉRIEUR. — 1. — Sur les indications fournies par un excellent ouvrage dû à M. E. Lemoine, éleveur à Crosne, un cultivateur a fait établir, dans la partie la mieux ombragée de son verger, un poulailler doublé en ciment, mesurant 2 m. 70 de largeur, sur une profondeur de 2 m. 20 et revenant à 260 fr., non compris le grillage en fil de fer anglais galvanisé, soit 68 m. carrés, à 2 fr. 90 le mètre. De plus, le cultivateur a payé 1° 20 scellements à 1 fr. 50; 2° 2 portes à 14 fr. l'une ; 3° une somme de 12 fr. 10 pour 2 perchoirs, 2 augettes en tôle galvanisée, 2 seaux, deux pondoirs et 2 échelles. — Quelle est la dépense totale de cette installation ? — R. 527 fr. 30.

2. — Le poulailler ainsi édifié dans un parquet de 200 mètres carrés, a reçu 45 poules de la race perfectionnée, dite de la Flèche, ayant coûté 4 fr. 75 l'une. Excellentes pondeuses, ces poules ont donné, dans l'année, chacune 90 œufs vendus au prix de 110 fr. le mille. En outre, on a obtenu, de douze couvées, 120 poulets à chair fine et blanche, enlevés à raison de 8 fr. 50 la paire. — Etablir le compte des recettes et des dépenses de cet élevage, en y faisant figurer, indépendamment du produit de la vente des œufs et des poulets : 1° les sommes payées pour l'installation du poulailler et l'acquisition des volailles, avec intérêts à 5 0/0 ; 2° la dépense supplémentaire de nourriture des volailles, évaluée à 8 fr. 20 par poule ; 3° enfin la valeur de l'engrais obtenu, à raison de 10 fr. par poule. — R. 1° Recettes : 1405 fr. 50. Dépenses : 619 fr. 79. D'où un bénéfice de 785 fr. 71, soit 17 fr. 46 par poule de race perfectionnée, au lieu de 5 fr, environ que donnent les races communes élevées sans soins spéciaux.

3. — Un marchand achète, à la campagne, des œufs à 5 centimes la pièce et les revend en ville à 90 centimes la douzaine. Il a gagné 15 fr. sur un marché. On demande combien il a vendu d'œufs, sachant que les frais de transport sont la moitié des droits d'entrée en ville, et que ces droits sont 1/15 du prix d'achat.— R. 750 œufs. (*Certificat d'études*, Juniville et Mouzon).

4. — Une coquetière, qui a acheté, à raison de 0 fr. 70 la douzaine, trois paniers d'œufs, contenant chacun 26 douzaines, a cassé 27 œufs dans le transport. Sachant qu'elle a vendu 6 centimes ceux qui lui restent, combien a-t-elle gagné ou perdu ? — R. Elle a perdu 0 fr. 06. (*Certificat d'études*, Château-Porcien, Buzancy, etc.)

5. — On expédie, chaque jour, de France en Angleterre, environ 170.000 œufs sur le pied de 0 fr. 90 la douzaine. On demande à combien ils reviennent rendus à Londres, sachant 1° qu'il

y en a en moyenne 5 pour 100 de cassés dans le trajet ; 2° qu'un œuf pèse environ 50 grammes ; 3° que le transport revient à 12 fr. 50 la tonne de 1000 kilog. Combien faut-il les revendre pour gagner 10 et demi pour 100 sur le prix de revient ? — R. 1° 0 fr. 955 ; 2° 1.055 la douzaine. soit au total 14206 fr. 15. — (*Concours cantonal*, Authon)

6. — Une fermière va au marché avec 26 douzaines d'œufs qu'elle se propose de vendre pour 24 fr. 96 ; en chemin, elle casse 6 œufs : combien doit-elle vendre la demi-douzaine du reste pour retirer la même somme ? — R. 0 fr. 488 (*Certificat d'études*, Filles, — Vosges.)

7. — On place dans une corbeille un nombre d'œufs compris entre 200 et 300, lesquels forment un nombre exact de douzaines et un nombre exact de dizaines. Quel est le nombre d'œufs ? — R. 240. (*Certificat d'études*, Hérault).

8. Une servante porte 15 douzaines d'œufs au marché, avec ordre de les vendre 0 fr. 90 la douzaine ; elle a déjà vendu 4 douzaines à ce prix, lorsqu'elle casse 6 œufs. A combien doit-elle vendre la douzaine de ce qui lui reste pour réparer sa perte ? — R. 0 fr. 95. (*Certificat d'études primaires* (Gironde).

9. — Il y a dans une basse-cour 18 poules qui, en un an, ont donné ensemble 2,106 œufs. Ces 18 poules ont consommé, dans le même temps : 1° 215 litres de criblures de blé à 8 francs l'hectolitre ; 2° 185 litres d'orge à 1 fr. 35 le décalitre ; 3° 50 kilogrammes de son à 16 francs les 100 kilog. Les 2.106 œufs œufs ont été vendus 1 fr. 80 les 26. On demande : 1° combien, en moyenne, chaque poule a pondu d'œufs ? 2° combien on a dépensé pour la nourriture de chaque poule ; 3° quel a été, en somme, le bénéfice de la ménagère ? — R. 1° 117 œufs ; 2° 2 fr. 78 ; 3° 95 fr. 62. (*Concours cantonal*, Briey).

10. — Une ménagère a vendu 15 douzaines et 9 œufs à raison de 7 pour 8 sous ; elle en a employé le prix à l'achat d'une étoffe qui coûte 0 fr. 30 le mètre : trouver combien elle a eu de mètres de longueur et combien cette étoffe couvrira de mètres carrés, si elle a 0m578 de largeur. — R. 1° 36 mètres ; 2° 20 m. carrés 80. (*Certificat d'études*, Doubs).

11. — On vend 13 poulets à 2 fr. 30 la paire ; 13 douzaines d'œufs à 0 fr. 05 l'œuf ; 17 livres de beurre à 1 fr. 60 le kilog. Combien a-t-on reçu ? — Après avoir prélevé sur cette somme le prix de 15 mètres de cretonne à 0 fr. 325 les 0m,50, combien pourra-t-on acheter de kilog. de viande à 0 fr. 80 la livre, avec le reste de l'argent ? — R. 1° 36 fr. 35 ; 2° 16 kilog. 625. (*Certificat d'études*, Vosges.)

12. — La femme d'un cultivateur porte au marché 7 douzaines et demie d'œufs, qu'elle compte vendre à raison de 0 fr. [illegible] pièce. En route, un accident lui en fait casser 8. On demande : 1° quel prix total elle espérait retirer de la vente de ses œufs ;

2° quelle perte lui fait éprouver l'accident? 3° à quel chiffre elle doit élever le prix des œufs qui lui restent pour approcher le plus possible du prix total qu'elle comptait retirer de la vente de ses 7 douzaines et demie à 0 fr. 12? — R. 1° 10 fr. 80; 0 fr. 96 3° 0 fr. 13. (*Certificat d'études*, Pas-de-Calais. — Filles.

EXERCICES DE RÉDACTION SUR LES OISEAUX DE BASSE-COUR

I. — La Poule. (*Narration*).

SOMMAIRE. — Ce qu'on entend par *oiseaux de basse-cour*. — Désigner les principaux. — Avantages de l'élevage de la poule. — Nombre de poules que la France nourrit ; — somme qu'elles rapportent annuellement, soit par la vente des œufs, soit par la vente des poulets. — Caractériser successivement les poules de la Bresse et du Maine, — les poules de la Campine et des Ardennes, — les poules cochinchinoises.

Les oiseaux de basse-cour sont ceux que les cultivateurs élèvent en vue des œufs et de la chair qu'ils fournissent.

Ces oiseaux sont principalement la poule, le canard, l'oie, le dindon et le pigeon.

La poule est l'oiseau de basse-cour par excellence ; elle coûte excessivement peu à nourrir, parce qu'elle vit notamment de graines qu'elle trouve dans les fumiers et qui y seraient perdues sans son intervention.

On évalue à 40 millions le nombre de poules qui existent en France, et à 4 milliards 800 millions de francs les œufs qu'elles donnent.

En admettant un prix moyen de 10 centimes par œuf, on voit que ce produit représente une valeur de 480 millions de francs !

De leur côté, les poulets portés au marché sont évalués à 120 millions de francs ; c'est donc, en totalité, une somme 600 millions que produit annuellement l'élevage de la poule en France !....

Il y a diverses races de poules : celles de la Bresse et du Maine sont surtout estimées ; encore les connaisseurs sont-ils loin de les recommander, parce qu'elles sont naturellement délicates et difficiles à dépayser.

Pour les départements du Nord et de l'Est, les meilleures poules sont les poules ardennaises, et surtout les poules de la Campine ou d'Anvers. Ces dernières sont dites pondeuses de *tous les jours*, et elles n'usurpent guère ce nom, car elles donnent ordinairement 24 œufs par mois pendant la belle saison : c'est la poule de prédilection de nos fermiers et cultivateurs les plus avancés.

La poule blanche des Ardennes n'est pas beaucoup moins

bonne pondeuse que la poule de Campine ; aussi la trouve-t-on, conjointement avec elle, dans la plupart de nos exploitations, où elle se suffit à peu près à elle-même, et où l'on ne peut lui faire qu'un seul reproche, celui d'être, comme l'ancienne poule du pays, un peu trop dévastatrice pour les jardins.

Parmi les poules étrangères que les expositions agricoles ont fait connaître, on distingue la poule cochinchinoise, dont les pattes sont emplumées jusqu'aux doigts. Toutefois, bien que les poules de cette race soient assez répandues en France, elles n'y sont pas admises comme volailles réellement productives, mais seulement comme volatiles de curiosité ou d'ornement.

En effet, les poules cochinchinoises produisent relativement peu ; et, tout en donnant des œufs fort remarquables par leur volume, elles rapportent au cultivateur moins qu'elles ne lui coûtent.

*
* *

II. — Le Canard. *(Autre narration).*

Sommaire. — Résumer succinctement, dans une seconde narration, ce qui a été dit en classe sur le canard domestique, en insistant uniquement sur les points suivants : — Importance de l'élevage du canard; — goût et instincts particuliers de ce volatile ; — sa ponte et ses couvées ; — produits annuels.

Comme la poule, le canard assure aux éleveurs un revenu qui est loin d'être sans valeur. Dans les fermes abondamment pourvues d'eau, l'élevage de ce volatile est même d'un meilleur rapport que celui de la poule.

En effet, le canard domestique ne paraît être heureux, que lorsqu'il est dans l'eau, et il ne l'est pas moins, peut-être, lorsqu'il se borne à remuer avec son bec la vase des marais ou les simples flaques d'eau de fumier, où il trouve en grande partie sa nourriture. Aussi lui a-t-on donné le nom de *barbotteux*, qui lui convient parfaitement.

Lorsque le canard a besoin d'un supplément de nourriture, il le trouve modestement dans les restes de la cuisine, et, au besoin, dans les criblures et menus grains dédaignés par les autres oiseaux de la basse-cour.

La ponte du canard commence dès la fin de février, et dure, en moyenne, trois mois, à raison de cinq œufs environ par semaine, lorsqu'on les enlève chaque jour à la pondeuse.

Il est rare qu'on fasse couver les œufs de canard par la cane qui les a pondus : c'est à une poule qu'on les confie, et cette mère d'emprunt s'acquitte à merveille de sa mission.

Dès l'âge de sept à huit mois, les jeunes canards peuvent être vendus au prix de 3 à 4 fr pièce.

Les œufs qui ne sont pas couvés sont, de leur côté, portés au marché On évalue à 9 fr., en moyenne, le produit annuel de la ponte d'une cane.

III. — L'Oie. (*Autre narration*).

SOMMAIRE. — Résumé de la causerie sur l'oie. — Idées à développer succinctement : Origine de l'oie domestique ; — elle fait mentir le proverbe... *Bête comme*, etc ; — ses instincts de propreté ; époque de sa ponte ; — soins qui doivent précéder, accompagner et suivre l'incubation. — Produits de la petite et de la grande race. — Ce que rapporte l'élevage des oies en France.

L'oie domestique élevée en France paraît être une variété de l'oie sauvage. Mais l'éducation lui a fait perdre les mœurs primitives de sa race, et elle semble s'accommoder parfaitement de sa situation dans la basse-cour de nos fermes.

Docile, intelligente même, quoi qu'en dise un proverbe insolent à son endroit, très propre de sa nature, elle évite avec un soin extrême les cloaques et la fange que le canard recherche ; elle ne se plaît d'ailleurs que dans les loges bien tenues où elle trouve de la litière souvent renouvelée.

L'oie commence ordinairement sa ponte au mois de janvier. On s'aperçoit qu'elle veut couver lorsqu'elle porte des brins de litière à son bec. Il faut alors qu'elle ait à sa portée de la paille coupée en menus morceaux ; on lui facilite ainsi la confection de son nid.

Pendant l'incubation, qui dure de 27 à 28 jours, la couveuse doit trouver auprès d'elle de quoi manger et boire.

De leur coté, pendant les premiers jours, les oisons ont besoin d'être tenus chaudement. Pour cela, on les enlève à la mère au fur et à mesure de l'éclosion pour les placer dans un panier garni de laine. Ce n'est que lorsque l'éclosion est complète qu'on rend les petits à leur mère.

La nourriture des oisons se compose d'abord de mie de pain mouillée, et bientôt d'une pâtée de son et de pommes de terre cuites et écrasées.

Dès l'âge de six à sept mois, les jeunes oies de l'espèce commune ont acquis tout leur développement ; elles pèsent alors de 3 à 4 kilogrammes et se vendent de 5 à 7 fr. la pièce.

Quant aux oies de la grande race, elles atteignent parfois 10 kilogrammes et valent de 12 à 15 fr ; mais ce n'est guère que dans quelques départements du midi que cette race peut prospérer. Les environs de Toulouse seuls en fournissent 120 mille têtes par année.

On évalue à deux millions de têtes la consommation annuelle

des oies en France. C'est donc au prix moyen de 5 fr. par tête, une somme ronde de 10 millions de francs que produit en France l'élevage des oies !...

IV. — Le Dindon.

Lettre de Charles à François.

SOMMAIRE.— S'inspirant de la causerie de l'école sur l'élevage du dindon, l'élève Charles écrit à un de ses camarades la lettre suivante, dans laquelle, après avoir caractérisé le volatile, il fait l'historique de son origine, — parle de sa ponte et des couvées, puis de la nourriture qui convient aux dindonneaux. — Il termine en faisant connaître les dindons les plus estimés et en relevant certaine particularité de leur engraissement.

Mon cher François,

Connais - tu le dindon ? — C'est le plus gros de nos oiseaux de basse - cour ; il est remarquable surtout par la membrane rouge et charnue qui lui recouvre la tête. Je veux t'en parler aujourd'hui et te dire ce que j'en ai appris hier en classe.

Le dindon nous est venu de l'Amérique du Nord ou Indes Occidentales, ce qui lui a fait donner aussi le nom de *coq d'Inde* et de *poule d'Inde*.

On croit que ce sont les missionnaires jésuites qui introduisirent ce volatile, d'abord en Espagne, puis en Angleterre, et enfin en France pendant le XVIe siècle. Ce qui est certain, c'est que les dindons furent longtemps désignés sous le nom *d'oiseaux des jésuites*.

Les dindes font deux pontes, l'une à la fin de l'hiver, l'autre à l'automne ; ce sont, dit-on, d'excellentes couveuses : une fois sur leurs œufs, elles ne les quittent plus que pour prendre rapidement leur nourriture. Le temps de la couvaison est en moyenne de 30 jours.

Les poussins de la dinde sont en général d'une délicatesse extrême. On les nourrit tout d'abord avec de la mie de pain trempée dans du lait, du cidre ou même du vin. On leur donne ensuite une pâtée faite avec de la farine d'orge, du sarrasin, des herbes hachées et des jaunes d'œufs.

Ce n'est que lorsque les dindonneaux ont pris le *rouge* qu'ils peuvent être conduits au pâturage, où ils vivent non seulement de graines perdues, mais aussi d'insectes et de larves de toutes sortes.

Le dindon s'accommode de toutes les températures ; mais il lui faut, pour la nuit, un abri parfaitement aéré et pourvu de perchoirs commodes et suffisamment éloignés les uns des autres.

Les dindons noirs passent pour être plus robustes que les gris. Les plus estimés sont ceux de la Sologne, de la Meuse, des Vosges et de la Bourgogne, où il s'engraissent rapidement dans les champs à l'issue de la moisson.

En certains endroits, on accélère l'engraissement des dindons en leur faisant avaler des noix entières avec leurs coques !

C'est ainsi, paraît-il, qu'on opère dans le Morvan, en Provence et même dans les Flandres.

La chair du dindon est plus délicate que celle de l'oie ; il en est de même de la graisse. Mais ses œufs ne valent pas ceux de la poule et ne sont recherchés que par les pâtissiers.

Si tu le veux bien, je t'entretiendrai prochainement du pigeon, autre volatile devenu, comme le dindon, l'accessoire obligé de nos exploitations agricoles.

CHARLES

V. — Le Pigeon.

Autre lettre de Charles à François.

SOMMAIRE. — Principales variétés du pigeon. — Le *biset* et *le pigeon mondain* : — ce qui caractérise chacune de ces variétés. — Première éducation du pigeon mondain. — A quel moment l'éleveur s'occupe-t-il seulement des couvées. — Nourriture spéciale ; — soins particuliers, gage de réussite.

Mon cher François,

Puisque tu veux bien me le permettre, je complète volontiers ma correspondance avec toi, sur les oiseaux de basse-cour, par quelques observations relatives à l'élevage du pigeon.

Comme tu le sais, j'en suis certain, le pigeon peut devenir, pour nos exploitations agricoles, une importante source de revenus. Il y en a de nombreuses variétés ; mais, en matière d'économie rurale, on distingue surtout le biset et le pigeon mondain, qui peuplent à peu près exclusivement nos colombiers de ferme.

Le biset, ou pigeon commun, est petit de taille, et le plus souvent, de couleur cendrée. Il a la gorge d'un beau vert doré, à reflets violacés avec bandes noires sur les ailes ; de plus, il a le bec noirâtre et les pieds rouges.

Le pigeon mondain est un peu plus gros que le biset ; il est d'ailleurs reconnaissable à un filet très rouge qu'il porte autour des yeux. Ce sont les pigeonneaux de cette variété qui fournissent en grande partie les marchés de Paris, où ils se vendent généralement bien.

Un des avantages de l'élevage du pigeon, c'est qu'on n'engraisse pas les pigeonnaux pour les vendre, et que, d'un autre côté, les soins de leur alimentation ne sont pas une bien lourde charge pour l'éleveur ; car ce sont les parents qui s'en acquittent, en dégorgeant dans leur bec une pâtée d'abord très claire, et qui s'épaissit à mesure que les petits grandissent et se fortifient.

On ne s'occupe donc réellement des couvées que lorsque les pigeonneaux sont en état de chercher et de prendre eux-mêmes leur nourriture, qui consiste principalement en vesces, pois et lentilles. Les pigeons, jeunes et vieux, s'accommodent également très bien des criblures de céréales et de toutes les graines de rebut que dédaignent ordinairement les autres oiseaux de basse-cour.

Seulement, il faut avoir soin de prévenir les inconvénients de ce régime, en plaçant à la portée des êtres intéressants qui s'y soumettent, soit des pommes de terre, soit des betteraves, soit des orties ou de l'oseille, le tout accompagné d'un baquet rempli d'eau.

Dans ces conditions, l'élevage du pigeon devient productif et doit être encouragé. Aussi, je te le recommande, mon cher François, pour le cas fort probable où, comme moi, tu embrasseras la noble et salutaire profession de cultivateur, celle de nos bons parents.

En attendant, je te serre cordialement la main.

CHARLES.

CHAPITRE VII

§ I

Notions d'économie rurale.

1° Utilité de l'agriculture. — Avantages de la vie des champs, comparée à celle des villes.

LE MAITRE. Savez-vous, mes enfants, pourquoi l'agriculture est de toutes les industries la plus utile et la plus nécessaire?

LOUIS. Parce qu'elle nous fournit le pain, dont nous ne pouvons nous passer.

LE MAITRE. Parce qu'elle nous fournit le pain, oui, et toutes les substances qui nous sont indispensables pour soutenir notre existence et assurer celle des animaux que nous élevons. C'est l'agriculture qui a civilisé le monde; sans la culture du sol, les populations ne pourraient vivre que de chasse et de pêche: elles retourneraient à l'état sauvage. Plus une nation s'adonne à l'agriculture, plus elle à de ressources et de vigueur.

En effet, l'agriculture ne se borne pas à être la nourrice du genre humain : elle est, en outre, la grande pourvoyeuse de l'industrie et du commerce ; elle leur fournit constamment des produits qui se transforment et se transportent comme à plaisir, grâce aux inventions nouvelles et aux chemins de fer. Pour les peuples, l'agriculture est à la fois une condition d'existence et de prospérité ; pour les individus qui s'en occupent, elle est le gage d'une vie heureuse, indépendante, enviable à tous les points de vue.

GUSTAVE. Pourtant il y a des cultivateurs qui se plaignent.

EDMOND Oui : ils disent que, chez eux, il faut travailler comme des nègres.

LE MAITRE. Sans doute, les travaux de l'agriculture sont pénibles ; mais ils ont cela d'avantageux qu'ils s'exécutent au grand air et qu'ils rendent forts et bien portants ceux qui s'y livrent. En est-il de même pour l'ouvrier des villes? Hélas! il s'en faut de beaucoup, mes enfants. La ville a des attraits particuliers, j'en conviens ; on y voit des gens toujours endimanchés, des magasins splendides, des cafés ornés de glaces gigantesques et dont les garçons vous servent en cravate blanche. Mais tout cela se paie fort cher : les vêtements, le loyer, les denrées alimentaires, tout est à prix d'or dans les villes où se portent le commerce et les forces industrielles du pays.

LOUIS. Il faut gagner beaucoup pour habiter la ville ?

LE MAITRE. Oui, vraiment ; l'ouvrier dont la journée se paie cinq, et parfois six francs, est obligé de tout dépenser pour la nourriture et l'entretien de sa famille. Il use donc sa vie en pure perte, ne pouvant, le plus souvent, ni conserver sa santé dans l'atmosphère impure des ateliers, ni se ménager, par l'épargne, le morceau de pain dont il aura besoin à la fin de sa carrière.

JULIEN. Et quand les salaires diminuent ?

GUSTAVE. Quand la besogne vient à manquer ?

LE MAITRE. Oh ! alors, alors... l'aumône devient la ressource de l'ouvrier...

LOUIS. A la campagne, les ouvriers sont rarement malheureux.

LE MAITRE. Parce qu'ils ont peu de besoins à satisfaire, parce qu'ils ne souffrent ni des chômages ni de l'abaissement des salaires, et que, propriétaires, fermiers ou simples journaliers agricoles, tous vivent, sinon des produits du sol, au moins du travail constant que comporte l'exploitation des terres ; tous savent d'ailleurs mettre dans leurs affaires l'économie et l'ordre qui en assurent la réussite.

LOUIS. A la ville, l'ouvrier n'a pas même un coin de jardin à sa disposition.

LE MAITRE. Hélas ! non : il est obligé d'acheter à beaux deniers comptants les légumes et les fruits dont il a besoin, tandis que l'ouvrier des champs trouve constamment chez lui le lait, le beurre, le fromage et les œufs que lui procure son petit ménage. S'il était bien compris, ce simple rapprochement de la situation des travailleurs, à la ville et à la campagne, pourrait modérer, supprimer même le mouvement d'émigration des habitants des campagnes vers les villes. Mais les économistes ont beau l'établir journellement, il y a toujours des campagnards aveugles qui se laissent tenter par les apparences et qui abandonnent, de gaité de cœur, le village où ils sont nés, pour se jeter dans les aventures. Ils ne veulent pas, disent-ils, envoyer leurs enfants à la charrue ni « *derrière les bêtes,* » et ils désertent les champs pour l'atelier, et attendant *le bureau !*... C'est-à dire qu'ils lâchent la proie pour l'ombre, le bonheur obscur, mais vrai, pour des joies chimériques, tourmentées et pleines de périls....

Faut-il demander pourquoi, dès lors, la production agricole diminue ? — pourquoi la main-d'œuvre est hors de prix ? — pourquoi enfin la vie est devenue incomparablement plus chère ?

Il n'est personne qui ne le sache, à la campagne comme à la ville; mais, ici et là, on paraît ignorer qu'avec des villages déserts et des villes trop peuplées, nous marchons à notre ruine.

Comment donc remédier à ce fâcheux état de choses ? — Comment retenir à la campagne ceux qui y sont nés ? — Il n'est pour cela qu'un seul moyen : c'est de leur donner l'instruction technique qui leur manque.

---

§ II

Notions d'économie rurale. (*Suite*).

2° Achat ou location d'un domaine. — Grande, moyenne et petite culture. — Nécessité des capitaux en agriculture.

LE MAITRE. Nous parlerons aujourd'hui des moyens dont le cultivateur doit disposer pour tirer le meilleur parti possible des terres qu'il exploite, soit en faisant simplement de l'*agriculture domestique*, qui consiste à produire pour consommer, soit en s'adonnant à l'*agriculture industrielle*, qui produit surtout en vue de la vente. Dans notre climat tempéré, la terre peut fournir une extrême variété de productions, mais nous ne les obtenons qu'au prix d'efforts constants et de travaux exécutés avec intelligence.

GUSTAVE. Oui, les travaux agricoles sont très multipliés.

LOUIS. Ils s'appliquent à la fois à la préparation du sol, aux ensemencements et à la récolte.

LE MAITRE. Parfaitement. Dans la petite culture, où l'on produit uniquement pour faire vivre le ménage, on se borne ordinairement aux travaux qui viennent d'être indiqués ; mais dans la moyenne, et surtout dans la grande culture, il y a encore les travaux de conservation et de mise en état des produits pour la vente, puis ceux que comportent l'élevage et la multiplication des animaux domestiques, enfin ceux que nécessite l'apprêt des produits de ces animaux. De là, pour les cultivateurs, propriétaires ou locataires du sol qu'ils exploitent, l'obligation d'avoir à leur disposition un roulement de fonds qui leur permettent de réaliser toutes les améliorations réclamées par la science.

En résumé, trois sortes de capitaux servent essentiellement à la production agricole : le capital foncier, le capital d'exploitation et le capital intellectuel.

LOUIS. Que faut-il entendre par ces mots, *capital foncier* ?

LE MAITRE. Le capital foncier est la somme de travail que le sol absorbe et qui ne fait qu'un avec lui, c'est-à dire les constructions, les clôtures, les défrichements, les irrigations, les chemins, les assainissements, les fumiers non épuisés.

LOUIS. Et le *capital d'exploitation* ?

LE MAITRE. Le capital d'exploitation est la somme représentative des animaux domestiques, des instruments aratoires, des fumiers, des semailles, des fruits pendants par racines, en un mot de l'ensemble des objets que les notaires désignent, dans les inventaires, sous le nom d'*immeubles par destination*. Le capital d'exploitation est le grand cheval de bataille de l'agriculture : avec lui, les bons cultivateurs marchent et s'avancent sans cesse vers le progrès. Ils ne visent pas à agrandir leurs exploitations, mais seulement à les améliorer ; au lieu d'employer leurs fonds libres en achats de nouvelles terres, ils les dépensent en perfectionnements de toute nature sur les anciennes. Aussi obtiennent-ils de magnifiques produits, et, par suite, des bénéfices réels. Au contraire, les cultivateurs qui ont la funeste manie de toujours acheter des terres, sans jamais se préoccuper de l'amélioration de celles qu'ils possèdent, ne peuvent obtenir que des produits chétifs, qui leur permettent à peine de rentrer dans leurs frais.

GUSTAE. Reste le *capital intellectuel*.

LE MAITRE. Le capital intellectuel n'est autre chose que l'habileté et le savoir du cultivateur, habileté et savoir s'étendant non seulement à l'art de la culture proprement dite, mais encore à l'art des constructions rurales, aux conditions qu'elles doivent remplir.

Je n'ai plus à revenir sur la nécessité du savoir chez le cultivateur ; mais je dois insister ici sur l'importante question des constructions rurales, l'une de celles dont dépend essentiellement le progrès agricole.

LOUIS. Les constructions rurales sont, je crois, la maison du cultivateur et ses dépendances ?

LE MAITRE. Oui : on désigne, sous ce nom, l'ensemble des constructions dont le cultivateur a besoin : 1° pour se loger avec sa famille et ses domestiques ; 2° pour abriter et soigner ses animaux de travail et de vente ; 3° pour remiser ses récoltes et installer son matériel agricole et son parc à fumier.

GUSTAVE. Les constructions rurales comprennent donc

à la fois la maison d'habitation du cultivateur, les écuries, les granges et les hangars?

Le Maitre. Exactement. L'habitation personnelle du cultivateur se compose d'une cuisine spacieuse, qui sert en même temps de salle à manger, et d'autant de chambres à coucher que le comporte le personnel de la maison. On y annexe un *fournil*, pour la préparation du pain, une *buanderie* pour le lessivage du linge, et une *remise*, où se conserve le bois de chauffage.

Louis. Chez M. Martin, il y a aussi une pièce distincte où l'on dépose le lait et les crêmeuses.

Le Maitre. C'est la *laiterie*, qui dépend également de l'habitation du cultivateur, et qu'on établit, soit à la cave, soit dans toute autre place basse et voûtée, afin de donner plus de fraîcheur au local.

Henri. Le logement du cultivateur compte ainsi cinq parties distinctes?

Le Maitre. Il faut y ajouter les *lieux d'aisances*, auxquels on ménage ordinairement un espace solitaire près de la remise à bois.

Gustave. Le logement des animaux domestiques se compose aussi de différentes parties?

Le Maitre. Les constructions affectées aux animaux domestiques comprennent : 1° l'*écurie*, pour les chevaux; 2° l'*étable*, pour les bêtes à cornes; 3° la *bergerie*, pour les moutons; 4° la *porcherie*, pour les porcs; 5° le *poulailler*, pour les volailles; 6° enfin le *colombier*, pour les pigeons.

Quant à la grange, dans laquelle entrent les voitures pour le déchargement des récoltes, et dont l'aire sert pour le battage des grains au fléau, elle comprend le *gerbier*, où s'entassent les céréales en gerbes, et le *fénil*, qui sert à serrer les fourrages.

Dans notre prochain entretien, nous verrons comment doit être aménagée chacune de nos constructions rurales, et cela, en observant les lois de la raison, et non celles de la routine, qui s'imposent trop souvent encore.

---

§ III

Notions d'économie rurale. (*Suite*).

3. — Des constructions rurales; — conditions qu'elles doivent remplir : — exposition, propreté, etc.

LE MAITRE. Jusqu'ici les améliorations réalisées en France, au point de vue de l'agriculture, se sont rarement étendues aux constructions. Sans doute, nos maisons de ferme n'ont pas précisément l'aspect repoussant des tanières du siècle dernier, dont un de nos grands économistes, M. Michel Chevalier, rappelait l'existence à l'occasion de l'exposition universelle de Londres. Mais combien nous sommes loin encore de l'Angleterre sous le rapport de l'édification des bâtiments agricoles !... Le plus souvent encore, nos cultivateurs, même les plus aisés, font leur demeure d'un rez-de-chaussée bas et humide, pavé à peine, boueux parfois, avec les fumiers et des eaux stagnantes jusque sur le seuil de la porte !...

EDMOND. C'est bien vrai ; nous voyons cela ici même.

LOUIS. Excepté à la ferme de la Warenne.

LE MAITRE. Parce que M. Martin connaît le prix de la santé, le premier de tous les biens, le plus précieux de tous les capitaux pour l'homme de labeur. Aussi, loin d'avoir l'aspect misérable des maisons de ferme du village, les bâtiments d'exploitation de la Warenne offrent un ensemble de constructions qui plaisent aux yeux, et qui justifient pleinement la qualification d'*usines de l'agriculture* qui leur a été judicieusement donnée. Ces bâtiments sont d'ailleurs admirablement situés sur un terrain sec, parfaitement aéré et exposé au midi. Pour rien au monde, M. Martin n'aurait voulu de l'exposition au nord, ni pour lui ni pour ses animaux domestiques, lui eût-on fait don de l'emplacement.

LOUIS. Pourquoi l'exposition au nord ne convient-elle pas ?

LE MAITRE. Parce que le vent froid et l'humidité, qui en est la conséquence pour les logements dans lesquels le soleil ne pénètre pas, prédispose aux maladies, notamment aux rhumatismes, aux scrofules, ou humeurs froides, etc.

LOUIS. Je comprends maintenant pourquoi la maison d'habitation de M. Martin fait exactement face au midi, — pourquoi aussi elle reçoit tour à tour le soleil à l'Est, au Sud et à l'Ouest, — pourquoi enfin elle n'a pas de fenêtres à l'aspect du nord : toutes ces dispositions ont été prises en vue de la santé des habitants.

LE MAITRE. La maison de M. Martin réunit non seulement les meilleures conditions hygiéniques, mais elle offre encore, intérieurement, les commodités les mieux entendues. Cette maison occupe seule le milieu et le point le plus élevé de la cour de la ferme, et ses ouvertures sont disposées de telle sorte que le maître peut avoir l'œil sur les autres bâtiments, tous également isolés entre eux. Les pièces du rez-de-chaussée, établies sur caves voûtées, sont au nombre de quatre, dont la principale est une cuisine spacieuse, qui sert en même temps de réfectoire pour les domestiques et les ouvriers agricoles ; un carrelage, toujours proprement tenu, y remplace le terrier légendaire des vieilles habitations, où il nuit doublement à la santé par la poussière et par les émanations qui s'en échappent. Les trois autres pièces sont planchéiées et servent de salle à manger, de bureau et de salon-bibliothèque. A l'étage sont les chambres à coucher de la famille.

GUSTAVE. La maison de M. Martin est un petit palais.

LOUIS. Elle ne ressemble vraiment guère à celle des autres cultivateurs du pays.

LE MAITRE. Non, et les constructions accessoires en diffèrent également sous tous les rapports.

C'est d'abord l'écurie et l'étable, qui sont disposées en commun, et dont le sol, soigneusement pavé, se trouve élevé au-dessus du niveau de la cour.

LOUIS. Oui : ce pavage est fait en briques sur champ, avec une pente qui facilite l'écoulement des urines.

LE MAITRE. Le fermier de la Warenne attache une très grande importance à ce que l'écurie et l'étable soient disposées pour recevoir, d'un côté, les chevaux, et, de l'autre, les bêtes à cornes.

JULIEN. Pourquoi cela ?

LE MAITRE. Parce que, dans ce cas, il y a d'abord moins de place utile de perdue pour le service, qui se fait librement entre les deux lignes d'animaux, et qu'on n'a besoin que d'un seul valet de nuit pour la surveillance. Vous avez dû remarquer que les fenêtres, hautes et étroites, sont disposées en face les unes des autres et qu'elles sont fermées d'un châssis fixe, garni d'un canevas ou grosse toile claire.

LOUIS. J'ai vu souvent cette sorte de vitrage, mais je n'en connais pas l'utilité.

LE MAITRE. Il permet l'introduction de l'air dans les écuries et empêche celle des mouches pendant l'été.

LOUIS. Chaque fenêtre est aussi pourvue, à l'intérieur, d'un volet en bois.

LE MAITRE. Oui : c'est un panneau mobile, qui s'ouvre surtout en l'absence des animaux, auxquels la trop grande lumière et les courants d'air sont également nuisibles.

Dans les écuries bien tenues, les fenêtres sont également pourvues de vasistas, sortes de petites hottes disposées de telle façon, que l'air, en entrant, va frapper le plafond.

LOUIS. Oui, il y a cela chez M. Martin.

LE MAITRE. Il y a aussi des rateliers et des mangeoires formés d'une seule pièce et toujours brillants de propreté. Chez la plupart de nos cultivateurs, les greniers à foin sont placés immédiatement au-dessus des écuries et des étables, dont ils ne sont séparés que par de simples claies; de sorte que la poussière du fourrage tombe sans cesse dans le ratelier, dans l'auge et sur les animaux, ce qui leur nuit essentiellement, en les dégoûtant de leur nourriture et en empêchant les fonctions de la peau. Le plus souvent aussi, des espèces de trappes pratiquées le long des murs, dans les claies qui servent de planchers, permettent de jeter le foin dans le ratelier, sans mesure aucune.

GUSTAVE. Les domestiques évitent ainsi de lier le foin.

LE MAITRE. C'est le gaspillage des fourrages, gaspillage qui se fait sans profit pour les animaux et même à leur grand détriment. A la Warenne, au contraire, les fourrages, remisés dans un local spécial, sont apportés à l'écurie à chaque repas et donnés aux animaux, après avoir été pesés et remués de façon à en faire sortir la poussière.

Louis. C'est vrai : chez M. Martin, le foin, la luzerne et le trèfle sont secoués, liés et placés sur une bascule avant d'être donnés aux bêtes ; et si le foin est trop sec, on le mouille.

Le Maitre. C'est une excellente pratique.

Gustave. Alors on ne fait jamais de poussière dans les écuries de M. Martin ?

Le Maitre. Jamais ; les murs et le plafond, badigeonnés chaque année au lait de chaux, restent blancs comme la neige. Jamais, non plus, les garçons de ferme ne manquent d'enlever les toiles d'araignées à mesure qu'elles se forment, ce qui ne se fait pas dans les autres écuries du village, où des générations d'araignées de toutes les espèces se succèdent paisiblement depuis nombre d'années. Ne l'oublions pas, mes enfants, les plus grands soins de propreté sont indispensables au maintien de la bonne santé des animaux domestiques en général, et, en particulier, des chevaux et des vaches.

---

§ IV

Notions d'économie rurale (*Fin*).

3. — Des constructions rurales ; — conditions qu'elles doivent remplir ; — exposition, propreté, etc. (*Fin.*)

Le Maitre. Mes enfants, il nous reste à parler de la bergerie et de la porcherie, c'est-à-dire du logement des moutons et de celui des porcs.

Le bâtiment destiné à la bergerie doit être tenu avec autant de propreté que celui de l'écurie et de l'étable. L'habitude qu'ont la plupart des cultivateurs de laisser la litière des moutons se consommer sur un sol infect, pendant une année entière, nuit énormément à la santé des animaux par suite des émanations délétères, malfaisantes, qui se dégagent des urines et de la paille en décomposition. Ce qu'il faut là encore, c'est un sol pavé, plus élevé que la cour, c'est une litière abondante et souvent renouvelée, un écoulement complet du purin vers la fosse au fumier, c'est aussi une bonne ventilation, assurée par des ouvertures offrant les mêmes dispositions que celles des étables.

Julien. Ordinairement les bergeries n'ont pour ouvertures que des lucarnes étroites.

Louis. Et ces lucarnes restent le plus souvent fermées.

Gustave. Parce que les cultivateurs prétendent que les moutons ont besoin de beaucoup de chaleur.

Le Maitre. Les cultivateurs sont, à cet égard, dans une erreur profonde : les moutons ont surtout besoin d'un air pur, frais en été, modérément chaud en hiver, d'un air qui se renouvelle sans cesse, grâce à l'action des vasistas ou soupiraux dont nous avons parlé. C'est par suite de la même erreur que certains éleveurs entassent leurs moutons dans des bergeries trop peu spacieuses, où les animaux les plus faibles sont, au moment des repas, bouleversés par les plus forts. Les meilleures bergeries sont celles dans lesquelles les animaux sont placés à raison d'une tête seulement par mètre carré, et où la hauteur n'est jamais inférieure à trois mètres.

LOUIS. Je ne sais quelles dimensions M. Martin a données à ses bergeries, mais les animaux y sont parfaitement à l'aise, et les plus faibles, comme les plus forts, arrivent sans peine à prendre leur nourriture au râtelier.

LE MAITRE. Parce que, outre le râtelier traditionnel, qui longe les murs, M. Martin a adopté le râtelier double, posé au milieu de la bergerie, et où les moutons peuvent manger des deux côtés à la fois.

LOUIS. L'habitation des porcs exige-t-elle les mêmes dimensions que celles des moutons?

LE MAITRE. Non : la porcherie diffère essentiellement des étables et des bergeries. Elle se compose de différentes loges affectées, ici aux truies mères, là aux porcelets ou jeunes porcs, ailleurs aux porcs soumis à l'engraissement. Les dimensions de ces loges varient selon la taille des animaux qu'elles reçoivent et n'ont ordinairement que deux mètres en tous sens, sauf celle des porcelets, qui doit être plus vaste et précédée d'une cour qui permette aux animaux de courir librement. Mais quelle que soit leur destination particulière, les loges à porcs doivent être tenues proprement. L'auge, dont chaque compartiment est pourvu, et dans laquelle on place la nourriture, doit également être nettoyée à chaque repas ; un volet s'ouvrant au dehors facilite cette double opération et permet de n'entrer dans chaque loge que pour en enlever le fumier et renouveler la litière.

LOUIS. A la Warenne, les loges des porcs qu'on engraisse n'ont pas de fenêtres ; elles ont seulement un petit volet percé de trous.

LE MAITRE. C'est que M. Martin, qui sait tant de choses, ne doit pas ignorer que l'obscurité favorise le bon et le bel engraissement, et il ne néglige rien pour l'obtenir. Il sait aussi que l'isolement y contribue efficacement. Aussi les loges des animaux qu'il engraisse pour la vente occupent-elles l'espace le plus solitaire de la cour de la ferme.

GUSTAVE. Oui, elles sont tout au fond de la grande remise.

LE MAITRE. Dans l'endroit le plus retiré du hangar : c'est bien cela. Là sont rangés les instruments aratoires auxquels on ne touche pas pendant la mauvaise saison. Les porcs logés dans le voisinage peuvent y reposer tranquillement et concourir largement à la richesse du fermier par un développement rapide.

Vous le voyez, mes enfants, pour que les animaux domestiques prospèrent, il faut surtout qu'ils soient convenablement logés, — qu'ils respirent un air pur, ni trop sec, ni trop humide, renouvelé sans cesse, c'est-à-dire dégagé des vapeurs malfaisantes du fumier. L'air pur leur est encore plus nécessaire que les aliments ; car, comme nous, ils en ont besoin vingt fois par minute, et, comme nous aussi, la plupart d'entre eux ne mangent que trois ou quatre fois par jour.

Dans un dernier entretien, nous nous occuperons de la comptabilité agricole, base de toute exploitation, grande ou petite.

Questionnaire récapitulatif

Cours intermédiaire. — Quelles sont les principales substances que nous devons à l'agriculture ? — De quoi les hommes vivraient-ils, s'ils cessaient de travailler la terre ? — Quelle est l'influence des travaux agricoles sur ceux qui s'y livrent ? — Pourquoi les ouvriers des villes sont-ils moins forts que les cultivateurs ? — Les ouvriers des champs font-ils bien d'abandonner le village pour aller vivre à la ville ? — Quel est le moyen de retenir les campagnards chez eux ? — Comment les cultivateurs peuvent-t-ils obtenir de meilleures récoltes ? — Qu'entend-t-on par *agriculture domestique* ? — par *agriculture industrielle* ? — En quoi consistent principalement les travaux agricoles dans la petite culture ? — Et ceux de la moyenne et de la grande culture ?

2° Qu'entend-on par *constructions rurales* ? — De quelles parties doit se composer l'habitation personnelle du cultivateur et le logement des animaux ? — Qu'est ce que la *grange* ? — le *gerbier* ? — le *fénil* ? — Dans quelles conditions la maison du cultivateur doit-elle être établie ? — Les écuries et les étables doivent-elles être pavées ? — Pourquoi ? — Par quel moyen peut-on renouveler l'air des écuries et les préserver des mouches ? — Quels sont les inconvénients des greniers à foin placés au-dessus des écuries? — Doit-on donner le foin aux animaux au moyen de trappes ? — Pourquoi ? — Convient-il de laisser pourrir le fumier dans les bergeries ? — Pourquoi ? — Quels sont les soins qu'exige la bonne tenue des loges à porcs? — Quelle est celle des loges qui doit être précédée d'une cour? — Pourquoi cette disposition?

COURS SUPÉRIEUR. — 1° Pourquoi dit-on que l'agriculture est la nourrice du genre humain et le grande pourvoyeuse de l'industrie et du commerce? — Quels sont les avantages de la vie à la campagne? — Pourquoi l'ouvrier des villes est-il moins heureux que l'ouvrier des champs? — Pourquoi les denrées nécessaires à la vie sont-elles d'un prix plus élevé qu'autrefois? — Comment l'instruction remédiera-t-elle à ce fâcheux état de choses? — Qu'est-ce que la distillerie? — la féculerie? — l'huilerie? — Quels avantages ces nouvelles industries peuvent-elles offrir au cultivateur? — Quelles sont les différentes sortes de capitaux dont la possession est nécessaire en agriculture? — Qu'est-ce que le *capital foncier*? — *le capital d'exploitation*? — le *capital intellectuel*? — Le capital intellectuel comprend-il uniquement le savoir du cultivateur?

2° En quoi les constructions rurales actuelles laissent-elles le plus souvent à désirer? — Comment doit-être située et construite l'habitation personnelle du cultivateur? — Et les écuries et étables? — Quels sont les avantages des logements d'animaux recevant à la fois les chevaux et les vaches? — A quoi servent les vasistas dans les écuries? — Quelle doit en être la disposition? — Comment les fourrages doivent-ils être présentés aux animaux? — Quelles sont les conditions nécessaires à la bonne tenue d'une bergerie? — Les cultivateurs ne sont-ils pas dans l'erreur relativement aux ouvertures et aux dimensions de leurs bergeries? — Quelle règle faut-il suivre à ce sujet? — Comment doivent être disposées les différentes sortes de loges à porcs? — Où faut-il placer les loges destinées aux porcs soumis à l'engraissement? — Pourquoi les animaux ont-ils surtout besoin de respirer un air pur?

§ V

Notions d'économie rurale. (*Suite*).

1. — Principes généraux de comptabilité agricole. — Le cultivateur est essentiellement un producteur de denrées devant servir à notre alimentation et à nos vêtements ; il a donc besoin, comme tout autre industriel, d'établir exactement son prix de revient et de le comparer à son prix de vente.

LE MAITRE. Mes enfants, la comptabilité agricole, dont nous avons à parler aujourd'hui, est une science extrêmement utile, car elle permet au cultivateur d'apprécier constamment les résultats de ses travaux. Comme tous les industriels, le cultivateur produit en vue de la vente, en vue du marché ; et, pour vendre à bénéfice, il faut pouvoir établir sciemment le prix de revient de chacune des denrées.

LOUIS. La comptabilité agricole consiste donc à tenir note des dépenses et des recettes du cultivateur ?

LE MAITRE. Oui ; mais elle ne se borne pas à ce rôle modeste : elle pénètre dans les moindres détails des opérations de celui qui l'emploie, elle éclaire sans cesse sa marche, en suivant dans toutes ses transformations le capital ou l'argent employé dans l'exploitation.

GUSTAVE. Alors le cultivateur a besoin de beaucoup de registres ?

LOUIS. Et il faut beaucoup de temps pour les tenir.

LE MAITRE. Non. Dans les grandes exploitations seulement, on ouvre un compte pour chacune des céréales ; on a le *compte froment*, le *compte seigle*, etc. De même pour les fourrages, pour les plantes industrielles, pour le bétail, pour la basse-cour, etc.

GUSTAVE. On a donc aussi un compte pour le foin, un autre pour le trèfle ?

JULIEN. Un autre encore pour les vaches laitières, les veaux, les génisses ?

LE MAITRE. Parfaitement. Et tous ces comptes sont établis de telle sorte qu'ils permettent au cultivateur de combiner ses opérations de la façon la plus profitable pour lui.

Louis. Dans chaque compte on fait figurer....

Le Maître. Les dépenses et les recettes qui y donnent lieu.

Louis. Ainsi, prenons le *compte froment* ; nous avons d'abord....

Le Maître. Le fumier et son transport, les journées d'attelage pour les divers labours, la semence, le hersage, le fauchage, les charrois, le battage....

Louis. C'est tout.

Le Maître. Non pas : il y a encore les contributions et le loyer des parcelles formant la sole du froment.

Gustave. C'est vrai : il faut tout compter.

Louis. Maintenant les recettes.

Le Maître. C'est-à-dire le produit de la vente du grain et de la paille. En comparant ce produit avec le montant des dépenses qu'il a faites, le cultivateur voit ce qu'il a gagné ou perdu ; de plus, en divisant le total de la dépense par le nombre d'hectolitres récoltés, il arrive à connaître exactement le prix de revient de l'hectolitre.

Gustave. On procède de même pour les autres céréales, pour les animaux achetés, nourris et vendus ?

Le Maître. Pour toutes les branches de l'exploitation.

Dans la moyenne et la petite culture, on se borne à la tenue de quatre comptes : un *compte de caisse*, un *compte de culture*, un *compte de bétail* et un *compte d'intérieur ou de ménage*.

Vous le voyez, la comptabilité agricole, dont on se fait un monstre inabordable, se présente à la pratique dans un état de simplification très satisfaisant.

Louis. En quoi consiste le compte de caisse ?

Le Maître. Le compte de caisse est une sorte de livre-journal, sur lequel on inscrit, jour par jour, toutes les recettes et toutes les dépenses de l'exploitation, pour les reporter à la fin de chaque semaine, soit aux recettes, soit aux dépenses des trois autres comptes.

Ainsi, dans une semaine, le cultivateur reçoit 800 fr. pour prix de la vente de divers animaux ; il inscrit cette somme à son compte de caisse ; il inscrit également, en plusieurs articles, le prix de la nourriture de ses bestiaux pour les sept jours écoulés. Le dimanche venu, il reporte aux recettes de son compte de bétail les 800 fr. encaissés et aux dépenses du même compte le total des sommes représentant la nourriture du bétail pendant le même temps.

LOUIS. Je comprends. S'il s'agit d'un paiement fait au charron, par exemple, la dépense est inscrite, à sa date, au compte de caisse, et reportée ensuite aux dépenses du compte de culture; s'il s'agit, au contraire, d'une vente de céréales, le prix de cette vente, inscrit au livre de caisse, est reporté aux recettes du compte de culture.

LE MAITRE. C'est bien cela.

Le compte de culture doit comprendre, outre le coût de tous les travaux des champs, l'achat et l'entretien des instruments qu'ils nécessitent; le cultivateur doit également y faire figurer le produit de ses récoltes, qu'elles soient vendues, données aux bestiaux, ou consommées chez lui. Il n'y a qu'un soin à prendre : c'est de porter au *débit*, c'est-à-dire aux dépenses du compte, toutes les sommes payées, de quelque nature qu'elles soient, et au *crédit*, ou recettes, toutes les sommes de l'espèce encaissées par le cultivateur. On procède de la même façon pour le compte de bétail dont nous avons parlé.

LOUIS. Reste le compte de ménage.

LE MAITRE. Ce compte se tient comme les trois autres, avec deux colonnes pour les chiffres; la première est destinée aux recettes, la seconde, aux dépenses. Mais, en raison de sa spécialité même, le compte de ménage demande un soin particulier. Rien de difficile quant aux recettes, qui se composent notamment des produits de la basse-cour. Il n'en est pas de même en ce qui concerne les dépenses : ces dernières donnent lieu à diverses inscriptions. Ainsi, le prix du beurre, du lait et des œufs consommés chez le cultivateur doit naturellement figurer aux dépenses; mais, de plus, il doit être porté au crédit ou recettes du compte de bétail.

GUSTAVE. Pourquoi cela?

LE MAITRE. Parce que, dans ce cas, l'exploitation se vend à elle-même, et l'opération n'en doit pas moins être régulièrement constatée dans les écritures. Il en est absolument de même du prix du blé dont on fait le pain chez le cultivateur.

JULIEN. On l'inscrit en dépenses au compte du ménage, et en recettes au compte de culture?

LE MAITRE. C'est bien cela.

LOUIS. A la Warenne, on fait tous les ans l'estimation du bétail, des chevaux, chariots, charrues, etc.

LE MAITRE. Cette estimation, qu'on nomme « *inventaire* », sert à établir la situation du cultivateur; elle montre, d'une part, ce qu'est devenu, dans l'année, le capital-matières, c'est-à-dire l'argent entré dans l'exploitation, et, d'autre part, elle fait connaître les sommes qui lui sont dues et celles qu'elle doit elle-même.

GUSTAVE. L'inventaire du cultivateur est donc le résumé de tout ce qu'il possède et de tout ce qu'il doit à la fin de chaque année?

LE MAITRE. Parfaitement. En termes de comptabilité, c'est son *actif* et son *passif* que l'industriel ou le commerçant établit, en procédant à son inventaire annuel. Le cultivateur connaît ainsi ce qu'il a gagné ou perdu sur l'ensemble de ses opérations de l'année; ses différents comptes lui apprennent quelles sont celles de ces opérations qui ont prospéré, celles qui ont baissé et celles qui le constituent en perte.

Vous le voyez, mes enfants, on peut dire de la comptabilité agricole ce qu'on a dit de la Providence : si elle n'existait pas, il faudrait l'inventer. L'instruction aidant, cette science deviendra bien certainement une cause active de progrès; elle parle d'ailleurs une langue que nous comprenons tous, celle de l'intérêt.

Questionnaire récapitulatif.

COURS INTERMÉDIAIRE. — Qu'est-ce que la comptabilité agricole? — La comptabilité agricole consiste-t-elle uniquement à tenir note des recettes et des dépenses d'une exploitation? — Que désigne-t-on sous le titre de *compte froment*? — Comment le cultivateur arrive-t-il à connaître à quel prix lui revient l'hectolitre de froment? — Comment désigne-t-on le livre-journal sur lequel on inscrit les recettes et les dépenses d'une exploitation? — De combien d'autres comptes se sert-on dans la moyenne et dans la petite culture? — Quels sont-ils? — Qu'entend-on par les mots *débit* et *crédit*? — Qu'est-ce qu'un *inven-*

taire en comptabilité ? — Sous quels noms désigne-t-on, en termes de commerce, les recettes et les dépenses d'une entreprise ?

COURS SUPÉRIEUR. — Quelle est l'utilité de la comptabilité agricole ? — Comment le cultivateur peut-il savoir s'il vend ses produits avec bénéfice ? — Quels sont les comptes qui doivent être tenus dans les grandes exploitations ? — Comment s'établit le *compte froment* ? — De quoi se composent : 1° les recettes, — 2° les dépenses de ce compte ? — Qu'est-ce que le *compte de caisse* ? — Donnez un exemple de l'inscription à ce compte d'une recette et d'une dépense ? — Qu'est-ce que le *compte de culture* — le *compte de bétail* ? — le *compte de ménage* ? — Quelles sont les recettes dont se compose le compte de ménage ? — Comment doit s'inscrire à ce dernier compte le prix des œufs consommés chez le cultivateur ? — A quoi sert l'*inventaire* chez un cultivateur ? — Que désigne-t-on, en comptabilité agricole, par les mots *actif* et *passif* ? — Quelle est la langue que parle la comptabilité ?

Problèmes sur l'économie rurale, les constructions agricoles, etc.

COURS INTERMÉDIAIRE. — 1. — Pour faire le torchis d'une écurie ayant 8 m. 20 de longueur sur 3 m. 50 de largeur, il a fallu 690 lattes, à 1 fr. 30 la botte de 50 ; plus 1 m. cube 44 de terre, à 2 fr. 50 le mètre ; 18 bottes de foin haché de 10 kilog., à 4 fr. 50 les 100 kilog. ; 2 journées et 1/2 de 12 heures, à 0 fr. 25 l'heure. — Dresser le mémoire de la dépense. — R. — Doit M. X.. à B..., maçon, pour le torchis d'une écurie :

1° 690 lattes, à 2 fr. 60 le cent.	17f 94
2° 1 mètre cube 44 de terre, à 2 fr. 50 le mètre....	3 60
3° 18 bottes de foin de 10 kilog., à 0 fr. 45........	8 10
4° 30 heures de travail, à 0 fr. 25................	7 50
Montant du mémoire........................	37 14

2. — Une prairie produit chaque année la quantité de foin nécessaire pour nourrir 13 bêtes à cornes. Cette année, la récolte n'a été que les 5/7 d'une année ordinaire ; pour cette raison, on ne conserve que 12 bêtes ; on demande pendant combien de temps on pourra les nourrir avec le produit de l'année ? — R. 282 jours environ.

3. — La toiture d'un colombier, élevé en forme de pavillon, se compose de quatre triangles égaux, mesurant 4 m. 50 de base, sur 3 m. 20 de hauteur : quelle en est la surface et que devra-t-elle coûter pour la remettre à neuf, en employant du zinc à 4 fr. 60 le mètre carré, et si la main-d'œuvre est payée à raison de 1 fr. 25 le mètre ? — R. 1° 28 m.c. 8 ; 2° 168 fr. 48.

4. — Une chèvre donne, en moyenne, 4 litres de lait par [illegible] sa nourriture, pendant le même temps, coûte 25 centimes : quel est, par jour et par semaine, (7 jours) le bénéfice de la pauvre femme qui l'entretient, si le lait obtenu se vend 20 centimes le litre ? — R. 1° 0 fr. 55 ; 2° 3 fr. 85.

5. — Les frais d'une exploitation de 79 ruches d'abeilles se sont élevés à 2 201 fr. 85 ; on a retiré 1975 kilog. de miel, à 1 fr. 39 le kilog. et 58 kilog. 460 de cire, à 3 fr. 85 le kilog. — Calculer : 1° le bénéfice total ; 2° le bénéfice moyen que l'on retire d'une ruche ? — R. 1° 768 fr. 97 ; 2° 9 fr. 73.

6. — Dans la construction des bergeries, on doit donner 1 m. carré par mouton. Quelle longueur donnera-t on à une bergerie de 6 mètres de largeur qui doit renfermer 72 moutons ? — R. 12 mètres.

7. — Un ouvrier de la ville, qui gagne 24 fr. 50 par semaine et fait 3 repas par jour, dépense chaque semaine, pour sa nourriture, 16 fr. 80, dont 4 fr. 35 pour les déjeuners et 8 fr. 75 pour les dîners. Il dépense, également, chaque semaine, 2 fr. 95 pour son logement, 0 fr. 75 pour son entretien et 1 fr. 10 pour ses outils. On demande : 1° combien cet ouvrier dépense, par semaine pour ses 7 repas du soir ; 2° combien il lui reste chaque semaine ; 3° ce qu'il aura économisé après 10 semaines de travail. — R. 1° 6 fr. 70 ; 2° 2 fr. 90 ; 3° 29 fr.

8. — Si cet ouvrier travaillait à la campagne, il [illegible] par semaine, 9 fr. 45 seulement ; mais il serait logé et [illegible] ne dépenserait que 0 fr. 55 pour son entretien. En [illegible] que la somme dépensée pour ses outils restât la même, [illegible] 1 fr. 10, combien gagnerait-il de moins, et combien lui resterait-il de plus, par semaine, et au bout de 10 semaines ? — R. 1° 15 fr. 05 cent. ; 2° 4 fr. 90 ; 3° 49 fr.

9. — Une laitière désire savoir ce que la vache qu'elle [illegible] lui dépense et lui rapporte par jour. Cette vache mange 7 k. [illegible] de foin, à 7 fr. le cent ; 27 kilog. de betteraves à 18 fr. le mille, 4 kilog. 500 de paille hachée, à 5 fr. le cent, et 3 litres de recoupes à 0 fr. 80 le décalitre. Elle donne 11 litres de lait à 0 fr. [illegible] et produit 30 kilog. de fumier à 10 fr. les mille kilog. — Dresser le compte de la laitière. — R. Dépenses, par jour, 1 fr. [illegible] recettes, id., 2 fr. 50 ; bénéfice net, 1 fr. 024.

10. — Au lieu de laisser couler, sans les utiliser, les urines des animaux provenant des étables, un fermier les dirige vers [illegible] fossé qu'il remplit de terres et de décombres. Sachant que [illegible] fermier retire ainsi 1 mètre cube 750 de terreau par [illegible] combien peut-il fumer d'ares de terrain par an, en [illegible] 35 m. cubes de ce terreau par hectare ? — R. 260 ares, ou [illegible] tares 60.

11. — Un boucher achète, au prix de 29 fr. 50, un [illegible]

kilog. Il dépense, en outre : entrée en ville, 3 fr. 25 par 100 kilog. ; abattoir, 0 fr. 35 ; autres frais, 1 fr. 25. Ce mouton a donné 16 kilog. 500 de viande, à 0 fr. 70 le demi-kilog., 13 hectog. de suif, à 1 fr. 10 le kilog., peau et laine, 5 f. 50 ; tête, pieds, intestins, 1 fr 15. Disposez ce compte par dépenses et recettes et cherchez le bénéfice ou la perte. — R. Recettes, 31 fr. 18 ; dépenses, 32 fr. 23 ; perte, 1 fr. 05.

12. — On veut faire construire une bergerie pour loger 145 brebis et 86 agneaux, en donnant 3 m. cubes 3/5 d'air par brebis et 2 m. 62 par agneau. La superficie de la bergerie étant de 204 m. 50, on demande quelle sera la hauteur ? — R. 3 m. 65. (*Certificat d'études primaires*, Yonne).

13. — Le litre de lait pèse environ 0 kilog. 958, et 100 kilog. de lait produisent, en moyenne, 12 kilog. 500 de fromage. D'après cela, combien a-t-il fallu de litres de lait pour faire 3 pains de fromage pesant, le 1er, 37 kilog., le 2e, 32 kilog., et le 3e 31 kilog. ? — R. 835 litres 07. (*Certificat d'études*, Filles, — Doubs).

14. — Combien de mètres cubes de terre faut-il enlever pour établir dans la cour d'une ferme une citerne pouvant contenir 785 décalitres d'eau, la maçonnerie à elle seule devant occuper 1825 décimètres cubes ? — R. 4 m. cubes 675. (*Certificat d'études*, Grand-Lemps, Isère).

15. — Un propriétaire a 150 brebis et 86 agneaux. Il sait qu'il faut au moins 3 m. cubes 3/5 d'air par brebis et 2 m. cubes 50 par agneau pour que le troupeau respire à l'aise, quand il est enfermé. La bergerie a 225 m. carrés de superficie ; dites quelle doit en être la hauteur. — R. 3 m. 356. (*Certificat d'études*, — Basses-Alpes.)

16. — On achète, pour en faire du cidre, 2.250 kilog. de pommes, à 4 fr. 70 le quintal. Sachant qu'il en faut 1.125 kilog. pour faire 7 hectol. 1/2 de cidre, et que les frais de fabrication s'élèvent à 0 fr. 80 par hectolitre de cidre, dire à combien reviendra le litre de cette boisson ? — R. 0 fr. 0785. (*Certificat d'études*, Garçons — Charleville, Mouzon, etc.)

17. — Le fumier placé dans le voisinage des rigoles, et lavé par les pluies, perd 1/3 de sa valeur. Dans une ferme où il y a 12 vaches produisant chacune, par jour, 56 kilog. de fumier quelle est la perte faite en une année, sachant que le mètre cube de fumier pèse 540 kilog. et coûte 4 fr. 50. — R. 681 f. 1/3. (*Certificat d'études*, Le Chesne).

18. — Un cultivateur fait paver une cour rectangulaire de [illegible] m. 60 de longueur et dont la largeur est égale aux deux tiers de la longueur. Il se sert pour cela de pavés de forme carrée ayant 0 m. 18 de côté. On demande le montant de la dépense totale, sachant : 1° que le mille de pavés coûte 140 fr. ; 2° que la main-d'œuvre revient à 4 fr. 15 le mètre carré, fourniture de

sable comprise. — R. 1373 fr. 30. (*Certificat d'études primaires*, Côtes-du-Nord).

19. — On creuse une fosse à purin pouvant contenir 453 hect. 125 décilit., ayant une longueur de 6 m. 25 et une largeur égale aux 4/5 de cette longueur. Quelle profondeur devra-t-on lui donner ? — R. 1 m. 45 (*Certificat d'études*, Longuyon — Meurthe-et-Moselle).

20. — Un are de terrain produit, en moyenne, 20 litres de blé ; les frais de culture s'élèvent à 80 fr. par hectare. Sachant que le blé se vend 23 fr. l'hectolitre, on demande quel est le produit net d'un champ de blé de 3 hectares 58 ? — R. 1360 fr. 40. (*Certificat d'études primaires*, Gironde).

21. — Le lait qu'on donne à un veau produit, dit-on, 7 pour cent de son poids en viande. Le kilog. de viande vaut 1 fr. 80, et le décalitre de lait pèse 10 kilog. 300. Trouver : 1° combien valent 50 litres de lait ainsi employés ; 2° quelle quantité de lait il faut pour produire 10 kilog. de viande. — R. 1° 6 fr. 489 ; 2° 138 litres 69. (*Certificat d'études*, Saint-Romans, Seine-Inférieure).

Cours supérieur. — 1. — Les meilleures litières en général sont celles qui contiennent le plus d'azote. La paille de sarrazin en contient 0.40 0/0 et celle de seigle 0.18 0/0. Quel sera le poids de la paille de seigle renfermant autant d'azote que 765 bottes de sarrazin du poids de 3 kilog. 750 ? — Quel serait encore le poids de la paille de pois équivalente ; on sait que cette dernière contient 1.78 0/0 d'azote ? — R. 1° 6375 kilog. ; 2° 644 kilog. 663 grammes.

2. — Un cultivateur veut faire bâtir une étable pour loger 2 bœufs d'attelage, 4 vaches, 4 élèves d'un à deux ans, et 18 moutons. On demande quelle doit être la surface intérieure de la construction, sachant qu'il faut pour un animal de chaque espèce, y compris la mangeoire, savoir : pour un bœuf, 5 mèt. carrés, 5 ; pour une vache, 6 m. carr. ; pour un élève, 4 m. c. ; et pour un mouton, 1 m. carré. On ne peut s'étendre, d'un côté, à plus de 6 mètres : quelle sera l'autre dimension de l'étable ? — R. 1° 69 mètres carrés ; 2° 11 m. 5.

3. — Suivant le plan qui en a été fait, la toiture en ardoises de la maison d'habitation d'un cultivateur se composera de 4 trapèzes égaux deux à deux. Les deux plus grands ont 8 m. 75 et 4 m. 80 de base, sur 3 m. 45 de hauteur, et les deux plus petits, 4 m. 15 et 2 m. 50 de base, sur 3 m. 45 de hauteur. Que paiera-t-on au couvreur chargé d'établir cette couverture, sachant que les ardoises coûtent 45 fr. le mille, — qu'elles ont 0 m. 293 de long, sur 0 m. 217 de large ; — que le recouvrement est de 0 m. 198 sur la longueur ; sachant, de plus, qu'un ouvrier peut couvrir 7 mètres carrés 3/7 par jour, à raison de 5 fr. 50 la

journée : enfin que, par ardoise, il faut deux clous de 570 au kilog., à 1 fr. 50 le kilog. ? — R. 213 fr. 02.

4. — Une bonne ruche renferme, en moyenne, 6 kilog. de miel dont le propriétaire peut s'emparer, à l'automne, en en laissant toutefois 1 kilog. et demi aux abeilles pour leur permettre de passer l'hiver. En outre, on retire 250 grammes de cire pour chaque kilog. de miel. Quel devrait être, d'après cela, le profit de 12 ruches, le miel valant 1 fr. 40 le kilog., et la cire 3 fr. 50 ? — R. 122 fr. 85. (*Certificat d'études*, Filles, — Chaumont, Raucourt, etc.)

5. — Pour couvrir la maison d'un cultivateur, on a employé des tuiles plates rectangulaires de 0 m. 25 de longueur, sur 0 m. 17 de largeur ; le toit est à deux pentes et chaque partie a la forme d'un rectangle de 15 mètres de longueur sur 6 m. de largeur. Les tuiles, en se recouvrant, perdent la moitié de leur surface. On demande la somme dépensée pour l'achat des tuiles nécessaires, si elles coûtent 195 fr. 50 le mille. — R. 1655 fr. 88. (*Certificat d'études*, Deux-Sèvres.)

6. — Un mouton gras peut donner, en viande, 56 p. 0/0 de son poids vivant et 8 p. 0/0 en suif. On estime la viande à 1 fr. 60 le kilog. et le suif, à 0 fr. 65 le demi-kilog. Dans ces conditions, dire ce qu'on a dû retirer, en poids, d'un mouton dont la viande a produit 31 fr. 36. — R. 19 kilog. 60 de viande et 2 kilog. 8 de suif. (*Certificat d'études*, Doubs).

7. — Un cultivateur a fait répandre sur ses terres 2748 mètres cubes d'une marne dont le poids est deux fois et demi celui de l'eau. Rendue sur place et étalée, cette marne revient à 0 fr. 23 le quintal métrique. On demande : 1° ce que le cultivateur a dépensé ; 2° à quel taux il a placé son argent, sachant que sa récolte lui a valu 177 fr. 50 de plus que l'année précédente, et que, grâce à cette amélioration, il a obtenu 293 fr. de primes dans les concours. — R. 1° 15801 fr. ; 2° 4 f. 24 p. 0/0. (*Certificat d'études*, Chavanges, — Aube.)

8. — Le plâtre vaut 2 fr. 25, le sel 18 fr. et le guano 45 fr. les 100 kilog. On mélange ces matières en égales proportions, et l'on sait que 200 kilog. du mélange suffisent pour un hectare. Quelle sera la dépense pour amender un champ rectangulaire dont les dimensions sont 138 m. et 50 m. 40 ? — R. 30 fr. 255. (*Certificat d'études*, Clermont, — Hérault).

9. — Le litre de lait se vend en détail 0 fr. 25. Une fermière a 3 vaches de bonne race : la première donne par jour 10 litres, la seconde 12 et la troisième 15. Elle porte son lait à la ville au moyen d'une voiture ; la nourriture du cheval en route coûte 0 f. 76, le temps perdu par la fermière et le cheval vaut 1 fr. 10. On demande quel est, dans ces conditions, le profit annuel ? — Si, au lieu de vendre son lait, cette fermière l'avait converti en beurre et en fromage, sachant que le litre de lait donne 0 k. 200

de fromage et 0 kil. 685 de beurre, quel eût été le produit annuel de la vacherie, le fromage valant 1 fr. 20 le kilog. et le beurre 2 fr. 50 ? — R. Produit annuel par la vente du lait : 2,677 f. 50 ; par la vente du beurre et du fromage, 3,743 fr. 98. (*Certificat d'études*, Filles, St-Benoist, — Indre).

10. — Un agriculteur achète 150 moutons de bonne race, à 23 fr. 75 l'un ; il les garde 3 mois 1/2. Pendant ce temps, ils consomment les herbes de 3 hectares 1/2 d'un pré sec loué à raison de 2 fr. 75 par décamètre carré. Ils consomment, en outre, 260 kilog. de foin, à 7 fr. 50 le quintal métrique. Le berger chargé de les garder est payé à raison de 3 fr. 25 par jour. Dire combien le cultivateur doit revendre le mouton pour faire un bénéfice net de 560 fr. — R. 36 fr. 30. (*Certificat d'études*, — Bouches-du-Rhône).

11. — Une ferme qui nourrit 37 vaches laitières, produit par jour 265 litres de lait, qui donnent 24 kilog. de beurre valant 2 fr. 75 le kilog. On y consomme 7 quintaux de fourrage valant 3 fr. 50 le quintal. Evaluer, par jour et par vache, la consommation en nature et en argent, la production en lait, en beurre, et enfin le bénéfice net qu'elle rapporte, le lait de beurre étant supposé payer la main-d'œuvre ? — R. 1° 18 kg. 918 ; 2° 0 f. 66 ; 3° 7 lit. 16 ; 4° 0 k. 648 ; 5° 1 fr. 14. — (*Examen des aspirantes institutrices*, Acad. de Clermont, — Brevet de 2e ordre.)

12. — Le lait renferme les 15/100 de son poids de crème, et la crème, à peu près 25 p. 0/0 de son poids de beurre. Combien, à ce compte, retirera-t-on de beurre de 150 litres de lait pesant chacun 1 kilog. 030 gr. ? Et quel sera le prix de ce beurre, à 0 fr. 85 le demi-kilog. — R. 1° 5 kil. 793 ; 2° 9 fr. 84. (*Certificat d'études*, Rethel et Grandpré).

13. — Un champ carré de 137 m, 70 de côté a coûté 41 fr. l'are et a produit, par hectare, 23 hectolitres de blé vendu 2 f. le décalitre. Les frais de culture sont de 12 p. 0/0 du produit brut. Quel est le revenu net de cette terre ? — R. 682 fr. 70. (*Certificat d'études*, Cruseilles, — Haute-Savoie).

14. — On estime 1° qu'avec 26 lit. 5 de lait on peut faire un kilog. de beurre ; 2° qu'une vache de race cotentine peut fournir annuellement 145 kilog. de beurre. On demande : 1° combien de litres de lait cette vache a dû fournir ; 2° ce qu'elle a rapporté, en supposant que 100 kilog. de beurre sont vendus 260 fr. D'un autre côté, le double litre de lait se vend, à la ville, 0 fr. 35. On demande lequel des deux modes d'exploitation est le meilleur. — R. 1° 3 842 lit. 5 ; 2° 377 fr. — Il serait préférable de vendre le lait ; le produit serait de 672 fr. 40, au lieu de 377 fr. (*Concours départemental du Calvados*, — Garçons).

15. — Un jeune homme, commis à la ville, reçoit un traitement de 1,100 fr. ; son logement lui coûte 80 fr. par an ; il paie [illegible] par jour au restaurant pour sa nourriture, dépense [illegible]

[illegible] son entretien, blanchissage, etc., et fait chaque mois, dans [illegible] famille, un voyage qui lui coûte 4 fr. — Son frère, journa[illegible] au village natal, gagne 2 fr. 85 par jour, en moyenne ; son logement lui coûte 50 fr. par an ; il dépense 527 fr. 25 pour sa nourriture et 102 fr. pour son entretien. On compte 60 jours de [illegible] chômage dans l'année de 365 jours. On demande : 1° quelle somme chacun des deux frères a épargnée au bout de l'année ? — R. Le commis, 26 fr. 50 ; le journalier, 190 fr. (*Certificat d'études*, — Aveyron).

16. — Pour la nourriture des animaux, 3 kilog. de pommes de terre équivalent à 1 kilog. de foin sec. Un hectare de bon terrain, cultivé en pommes de terre, en donne à peu près 235 hectolitres pesant 81 kilog. l'hectolitre, et 1 hectare de bon pré donne environ 5.000 kilog. de foin sec. Calculer, d'après cela, l'étendue qu'on devra cultiver en pommes de terre pour obtenir une quantité d'aliments équivalente à celle que fournit un hectare de pré. — R. 0 hectare 788. (*Aspirantes institutrices*, Académie de Paris — Brevet obligatoire).

17. — Une vache a donné, dans une année, assez de lait pour [illegible] 67 kilog. de beurre, dont le prix moyen a été de 2 fr. 80 le kilog. ; le prix du lait était alors de 0 fr. 20 le litre. On sait, d'autre part, qu'avec 100 litres de lait, on fabrique 4 kilog. 1/8 de beurre. Cela posé, on demande : 1° s'il est plus avantageux, [illegible] le propriétaire de cette vache, de vendre directement son [illegible] ou d'en faire du beurre ; 2° quel devrait être le prix du [illegible] de beurre pour qu'il fût indifférent de vendre le lait directement ou de le convertir en beurre ? — R. 1° Il est plus avantageux de vendre le lait ; le produit est de 137 fr. 20 ; 2° le kilog. [illegible] devrait se vendre 4 fr. 85. (*Aspirants instituteurs*, [illegible]. — Brevet simple.)

Exercices de rédaction sur l'économie rurale.

I. — Lettre de Joseph à son ami Auguste.

SOMMAIRE. — Joseph adresse à son ami le compte-rendu d'un livre qu'il a obtenu à la distribution des prix et qui a pour titre : *Petits Entretiens sur la vie des champs*, par P. Joigneaux. Il trouve ce livre intéressant et instructif. — Il y a lu et il cite les trois commandements de tout bon fermier. — Il explique ces commandements, qui ont trait, le 1er, à la bonne culture, le 2e, aux sarclages, le 3e, aux engrais. — Joseph termine en offrant à son ami de lui prêter son livre, auquel il attache un précieux souvenir.

Mon cher Auguste,

[illegible] te faire plaisir en t'adressant quelques mots au sujet [illegible] que j'ai obtenu, cette année, à la distribution des prix.

Il est intitulé : *Petits Entretiens sur la vie des champs*, par P. Joigneaux.

Non seulement ce livre est intéressant à cause des comparaisons et des histoires qu'on y trouve, mais il est surtout très instructif pour ceux qui, comme nous, se disposent à embrasser la profession de cultivateur.

Ainsi, j'ai lu avec intérêt les trois commandements que tout fermier doit observer pour avoir de bonnes récoltes. Je les sais même par cœur, et c'est de mémoire que je te les écris en ce moment :

1° Terrain ou sol ameubliras
Ou remueras profondément.

2° Terrain ou sol tu nettoieras
Et toujours bien exactement.

3° Richesse au sol tu maintiendras
Par le fumier ou autrement.

Les différents chapitres de l'ouvrage développent ces trois lois de notre code agricole.

Ainsi, le 1er commandement nous apprend qu'un bon laboureur doit ameublir le sol, c'est-à-dire, bien diviser la terre, la bien émietter, afin d'aider à la fois au développement de la racine des plantes, à l'aérage du sol et à la pénétration de l'eau de pluie.

Le 2e commandement nous fait connaître que le cultivateur diligent doit nettoyer le sol, c'est-à-dire sarcler, ôter les mauvaises herbes pour les détruire et les empêcher ainsi d'étouffer les bonnes plantes et d'absorber leur nourriture.

Enfin, le 3e commandemont nous rappelle que, pour conserver à la terre toute sa fertilité, il faut lui rendre, après la récolte, les vivres qu'elle a dépensés pour nourrir les plantes, ce qui se fait en fumant bien les champs.

Je le répète, le livre de M. Joigneaux est très instructif. Je pense que tu voudras le lire et l'étudier. Eh bien ! il est à ta disposition. Je te le prêterai très volontiers, car je sais que tu en auras grand soin. Je conserve ce livre comme un précieux souvenir de l'école, je le regarde comme un ami de la maison, qui m'apprendra ce que je devrai faire pour réussir dans la profession de cultivateur, que je me propose d'embrasser prochainement.

Tout à toi pour la vie,

JOSEPH.

***

II. — Lettre d'un villageois à un Parisien, son parent.

SOMMAIRE. — Antoine, jeune cultivateur, répond à un de ses cousins, qui l'a engagé à venir se fixer auprès de lui, à Paris, où il a fait une fortune rapide, et où il le protègera. Le jeune homme commence par remercier son parent. Il expose et discute ensuite les avantages de la vie des champs, et déduit les raisons qui lui font préférer le bonheur et le calme dont jouit le cultivateur à l'existence agitée et inquiète des grandes villes. — Il finit par refuser nettement la proposition qui lui est faite.(1)

Mon cher Cousin,

Je suis très sensible à la proposition que vous m'avez faite. Je ne doute pas que, grâce à votre protection et à vos bons conseils, je ne parvienne à me faire un sort à Paris. Toutefois, comme j'ai des goûts excessivement simples, et que j'aime la vie et les travaux des champs, je crois m'en tenir à cette vie et à ces travaux.

En y réfléchissant, je trouve que, de toutes les conditions, celle du cultivateur est de beaucoup la plus enviable. Sans doute, le fermier, qui est obligé d'entretenir un bétail nombreux, est exposé à faire des pertes ; je conviens même que ses récoltes ne lui donnent pas toujours un bien grand profit. Mais il trouve des compensations dans la diversité de ses produits. Il sait d'ailleurs se contenter de peu, et il fait, à l'avance, la part des évènements, se confiant en la Providence, qui n'abandonne jamais ceux qui se placent sous sa garde.

Si le cultivateur parvient rarement à la richesse, du moins il peut être certain de ne jamais manquer du nécessaire. D'un autre côté, il est indépendant, il vit au grand air, et, quoique pénibles, ses travaux sont toujours salutaires.

Peut-on en dire autant des ouvriers des villes? Je ne le crois pas. Vous avez réussi, vous, mon cher cousin : à force d'intelligence, de travail et d'étude, vous êtes arrivé à une position qui vous a permis d'augmenter chaque jour le bien-être de votre famille. Mais, parmi les autres travailleurs qui ont quitté le pays avec l'espoir de trouver ailleurs de gros salaires, je n'en connais aucun qui en soit arrivé là. Au contraire, après avoir absorbé leurs économies du village, la plupart végètent, eux et leurs enfants, confinés dans les quartiers les plus populeux et les plus malsains des villes industrielles, exposés à manquer de tout en cas de chômage.

Non, mon cher cousin, je ne saurais me résoudre à quitter le village, où mon père a fait, comme on dit, *ses affaires* en conduisant la charrue, pour aller tenter la fortune à Paris : je suis né et je reste cultivateur !

Veuillez agréer les remerciements et les regrets de

Votre bien reconnaissant,

ANTOINE.

(1) Ce sujet a été donné dans les concours cantonaux de Seine-et-Marne.

III. — Restez à la campagne (Narration).

Sommaire. — Vous raconterez qu'un enfant de la campagne, nommé Jean-Paul, fils unique d'une veuve, voulut, comme tant d'autres, chercher un emploi à la ville ; que cet emploi, qui consistait à faire les courses pour une maison d'épicerie, lui valut toutes sortes de déboires de la part de ses compagnons, dont il était devenu le valet et le souffre-douleur. Vous direz comment l'enfant désolé dut regagner son village, où sa mère lui fit fête, heureuse de ce retour subit ; — comment, dans sa joie, la pauvre femme se reprocha l'imprudence dont elle s'était rendue coupable en laissant partir son fils pour la ville ; comment enfin et pourquoi l'excellente mère conjura son enfant de rester auprès d'elle. — Vous conclurez en insistant sur l'aveuglement qui porte les jeunes gens à déserter leur village.

Jean-Paul, jeune villageois à peine âgé de treize ans, dégoûté des travaux des champs, voulut aller à la ville, comme tant d'autres qu'il connaissait. Sa mère, veuve depuis longtemps d'un petit cultivateur, combattit d'abord sa résolution ; mais elle ne parvint pas à le faire renoncer à son projet.

Jean-Paul partit.

Après avoir épuisé ses modiques ressources, il était parvenu à entrer dans un grand magasin d'épicerie pour faire les courses de l'établissement. Sans doute, le jeune campagnard s'acquittait de son mieux des commissions dont il était chargé ; mais il était de faible complexion, et il avait parfois de lourds colis à porter aux clients !

Aussi le pauvre enfant était-il chaque jour en butte aux railleries de ses compagnons ; les mauvais propos ne tarissaient pas à son endroit : on le traitait de lourdaud en l'appelant, non Jean-Paul, mais *Jean-Bête* ; finalement on le renvoyait à ses vaches...

Quelques jours se passèrent ainsi, et comme l'enfant, toujours triste, mangeait à peine et tombait dans une langueur extrême, le maître de la maison lui donna son congé.

Plus désolé que jamais, Jean-Paul en écrivit à sa mère et reprit, dès le lendemain, le chemin du village. Il marchait lentement et baissait la tête, honteux de sa déconvenue. En apercevant leur petite maison, et surtout en voyant sa mère, qui venait au-devant de lui, son cœur battit avec violence et ses joues devinrent toutes rouges.

Il comprenait enfin que là était pour lui le vrai bonheur !...

« Ils t'ont trouvé trop faible, mon cher enfant ! s'écria la bonne femme, après avoir embrassé son fils ; mais Dieu soit loué ! ajouta-t-elle bientôt : ne grandis pas, ne vieillis pas, mon cher Jean-Paul ; garde pour nous seuls tes treize ans, tes cheveux blonds, ton œil pur et ce visage candide, qui n'ont pu trouver grâce devant les loustics de la ville ; reste, reste petit, faible, innocent, reste au village avec ta mère !

« Ah ! j'étais bien imprudente en te laissant aller dans une grande ville, au milieu des dangers de toutes sortes, loin d'une mère que tu aimes et dont tu fais la joie. Tu eusses bientôt oublié mes leçons, et c'eût été en vain que je me serais donné tant de peine ! Reste avec moi ; n'y a-t-il donc plus chez nous, une botte de foin à faner, une gerbe à lier, un seul coin de terre à bêcher ? Reste à la campagne, mon cher enfant ; reste avec ceux qui te connaissent et qui t'aiment. »

Oui, triste aveuglement que celui qui pousse ainsi tant de jeunes gens vers la ville !

[illegible]

TABLE DES MATIÈRES

1° Entretiens

2° Questionnaires récapitulatifs.

3° Problèmes d'application.

4° Exercices de Rédaction

Imprimerie C. Colin, 17, route nationale, Charleville.

www.ingramcontent.com/pod-product-compliance
Ingram Content Group UK Ltd.
Pitfield, Milton Keynes, MK11 3LW, UK
UKHW020101200726
13856UKWH00002B/316